다시

실내건축이란 무엇인가?

다시 실내건축이란 무엇인가?

2018년 1월 25일 1쇄 발행
2020년 12월 4일 2쇄 발행

발행인 김기현
발행처 시공문화사(Spacetime)
디자인 이원재

등록 1993년 3월 12일
주소 서울시 서대문구 독립문공원길 13 극동프라자 5층
전화 02) 3147-1212, 2323
팩스 02) 3147-2626

http://www.spacetime.co.kr
spacetime@korea.com

ISBN 978-89-5592-395-7 (93540)
정가 18,000원

다시 실내건축이란 무엇인가?

글/그림_ **권기태**

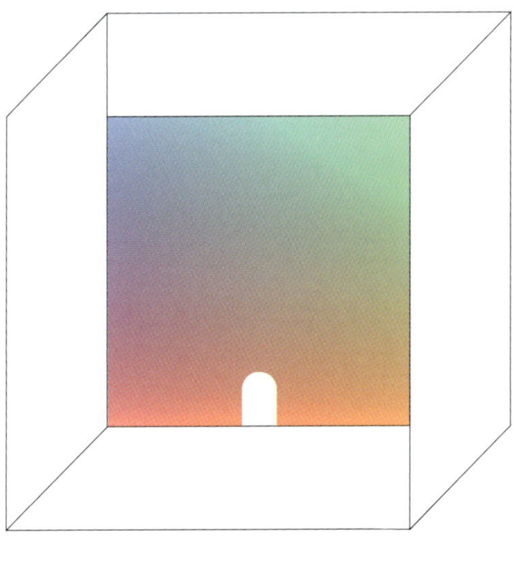

Spacetime

프롤로그

포장마차에서 소주 한잔 하며 나눌 수 있는 이야기로 끝나서는 안 된다…

처음 한국에 들어와 한국의 실내건축을 공부해야겠다는 마음으로 대형서점을 샅샅이 뒤졌지만 건축이나 타 디자인 분야와는 너무나 비교될 정도로 몇몇 이론서나 그림책, 교재 몇 권 꽂혀 있는 것이 전부였다. 그게 아니면 교양서적 코너의 일명 '아줌마 인테리어' 책들이 다였고, 그나마 이론서나 교재들도 대부분 실전과 따로 노는 연구 중심이나 해외 서적의 복제판 정도였다. 전공 잡지 몇 권 사들고 돌아가면서 이건 아니다 싶었다.

그렇게 시간이 지나고 한국의 실무생활을 겪으면서 느낀 것들, 대학에서 학생들을 가르치면서 느낀 것들에 대한 생각이 어느 정도 정리될 즈음, 그것이 디자인에 대한 이야기이건, 실무생활에 대한 이야기이건, 사람관계에 대한 이야기이건, 교육에 관한 이야기이건, 실내건축을 시작하려는 후배들에게 들려주고 싶고 들려줘야만 하는 아직 수면위로 올라오지 못한 이야기들이 솔직하게 발가벗겨질 필요성이 있다는 생각이 들었다.

특히, 대학에서 갓 구워낸(?) 신입 디자이너들의 풋풋한 디자인 토론이나 연차가 쌓인 때 묻은 선배 디자이너들의 푸념 섞인 현실논쟁들 모두가 다 소중하고 가치 있는 대화들이다. 그 가치 있는 얘기들이 제대로 발전적이 되어야 함에도 불구하고, 다음 날 술기운을 이기고 겨우 깨어나면 기억상실증에 걸린 채로 또 다시 반복되는 현실로 돌아가는 모습에 무기력해지는 오늘의 젊은 디자이너들에게, 아주 개인적인 작은 이야기부터 나름 거창한 '개똥철학'까지 실내건축에 관련된 솔직한 이야기들을 공론화하고 활자화하는 것이 필요하다는 생각으로 시작한 것이 이 책의 출발점이다.

실전에서 디자인하기 위해서는 이론적인 '병법'도 필요하지만 살기 위한 구체적인 '싸움의 기술'도 필요하다. 그런 관점에서 이 책은 후자에 가깝다. 어려울 수밖에 없어서 어려운 설명이 따라야 하는 것과 관계없이 어려워야 소위 '있어 보이는' 어려운 책들의 반대쪽에 서서 가볍게 전달해 주고 그 가벼움 이상으로 무언가를 전달할 수 있는 이야기들…

어떤 디자인을 하더라도 수학문제 풀듯 정해진 과정을 거쳐 정답을 찾는다는 게 무의미하다는 것을 모르는 디자이너는 없을 것이다. 그만큼 디자인을 풀어나가는 방법론이나 디자이너의 개인적 성향에 따라 다양하고 자유로운 디자인이 나올 수 있다는 점에서 '어떻게 디자인하라'라는 말만큼 폭력(?)적인 표현도 없을 것이다. 이는 개인이나 집단, 또는 그 시대의 편향된 주장이나 시각의 때가 묻은 독재적 주장일 수 있기 때문이다.

공간디자인은 어떨까? '공간'이라는 단어를 붙임으로 인해 그나마 방대한 디자인 범주에서 한 층 범위는 좁혀졌다고 볼 수 있긴 하지만 그래도 역시 '이렇게 디자인해야 제대로 된 공간디자인이다'라고 정의 내린다는 것은 쉽지 않은 이야기이다.

하나하나 처음부터 다시 짚어 보고 디자이너 개인의 개성과 현 시대의 상식적인 공감대 사이에서 적절한 합일점을 찾아야 하는 관점에서 이 책이 그러한 도우미의 역할을 했으면 하는 바람을 가져본다.

겨울이 지나는 길목에서

권기태

● 차례

1

뭔가 안 풀릴 때, 하던 일이 잘못된 방향으로 가고 있을 때 습관적으로
내뱉는 말이 있다. 다시!
설계담당교수에게 설계과제를 들고 갔다가 좌절하게 만드는 말, 다시!
사회에 뛰어들어 설계사무실에서 처음으로 꼬박 밤을 새워 상사나
소장에게 체크 받던 설계안에 메아리처럼 들려오는 말, 다시!
시공현장에서 디자인과 다르게 결과물이 만들어져 있을때 현장책임자에게
날아오는 하늘이 무너지는 소리, 부수고 다시!
친구들과 같이 공모전 준비를 하며 몇날 며칠을 고민하여 나온 실망스러운
디자인에 망연자실해 술집으로 향하며 부르짖는 한마디,

"처음부터 다시!"

그래도 우리는 이 한 마디에 기운을 얻을 때가 많다.
디자인한다는 것이 시도 때도 없이 '다시'를 외쳐야 하는 작업일지라도
'zero'에서 출발하는 것이 아니기에 우리는 오늘도 '다시'를 외치며
마음을 새로 다진다.

신입 디자이너여, 지금까지 힘들었다면 오늘부터
마음을 가다듬고 힘차게 '다시' 뛸 준비를 하자.

신입 인테리어 디자이너여, 다시!

여기서 말하는 '신입'이란
사회에 갓 뛰어든
신입사원과
인테리어 공부를 이제 시작하는
초보 디자이너까지
아울러 지칭하는 말이다

인테리어디자인을
시작하려는
미래의 후배들에게

이쪽 계통에 종사하다 보면 주변에서 듣는 질문이 참 많다.
그만큼 생활에 깊숙이 자리하고 있는 분야라서
많이 알고 있을 것 같으면서 의외로 잘 모르는 분야가
인테리어디자인이다.
주로 접하게 되는 질문들을 중심으로 이야기해보자.

실내건축은 족보가 없다?

필자는 학부에서 건축을 전공했다. 어릴 때부터 그림 그리기를 좋아하고 [그림을 업(業)으로 하는 사람들에게 보여주기엔 보잘 것 없는 수준이지만] 뭐든지 만드는 걸 좋아했다. 한 가정의 가장이 된 지금도 아이들 마냥 만화책을 좋아하고 장난감을 좋아한다. 이제는 완구로서의 장난감 수준이 아니라 아마추어 모델러를 취미로 할 만큼 프라모델을 만들기 위한 웬만한 도구는 다 갖추고 있다. [생각보다 돈이 많이 드는 취미이긴 하다] 직업상 여유가 잘 나지 않아 푸근한 여유를 갖고 취미활동을 하기란 사실상 불가능하지만 가끔씩 짬이 난다 싶으면 플라스틱 모형을 조립하고 도색하는 여유를 부리는 것도 다 이런 성격 때문이다. 완성된 모형을 보고 있으면 설계를 끝냈을 때와 비교할 수는 없지만 무언가를 완성했다는 소박한 성취감도 느낄 수 있어 좋다.

Kow Yokoyama 디자인의 Ma.K 시리즈
무언가 만들고 도색하고 표현하는 과정에서 느껴지는 쾌감은 완제품과는 또 다른 매력이 있다.

주변 분들은 아직도 어린애 같다고 이야기하지만 그저 다양한 취미 중 하나라고 웃어넘긴다. 이런 취향 때문인지 길가다가도 무언가 만들어지는 현장이 보이면 눈을 떼지 못한 채 한참을 걸음을 멈추고 관찰하는 습성이 있다. 고등학교를 졸업하고 건축을 전공으로 선택한 가장 큰 이유도 이런 성격 때문이 아닌가 생각된다. 처음 대학을 들어가면 신입생 환영회 자리에서 선배들과 대면할 기회가 생기는데 이 때 선배들이 주로 물어보는 질문 중 하나가 '왜 건축과를 선택했느냐?' 라는 질문이다.

이런 질문에는 몇 가지 유형의 예상된 답들이 있다.

> 1번 유형_ 어릴 때부터 내 집을 지어보는 게 소원이었습니다. [참 순진도 하다]
> 2번 유형_ 미대를 진학하려다가 부모님의 반대로 건축과를 선택했습니다. [미술 잘하면 건축도 잘할 수 있다고 생각하고 있다]
> 3번 유형_ 집에 친척 분이 건축을 하시는데 권유로 왔습니다. [건축이 얼마나 힘든 직업인지 조금은 알고 있을 가능성이 높다]
> 4번 유형_ 성적에 맞춰 왔습니다. [제일 한심한 유형이다]

다른 동기들 사이에서도 그런 친구들이 더러 있었는데 필자의 경우는 2번 유형이었다. 가족 중 형님이 산업디자인을 전공하고 있었고 화장실독서(?)의 대부분이 디자인 서적이었으니 그 영향을 무시 못했던 것 같다. 대학에서 학생을 가르치는 지금도 신입생 면접 때 왜 실내건축을 지원했냐고 물어보면 위의 유형에서 벗어나는 경우가 거의 없다. 여기에 시대가 변했는지 이제는 거꾸로 학생들의 질문이 하나 덧붙는다.

"교수님, 여기 졸업하면 돈 많이 버나요?"

참 난감한 질문이다. 고등학교를 갓 졸업한 친구들의 머릿속에 벌써부터 돈을 우선시하는 풍조가 형성되어 있다는 거다. 현실적인 문제를 고민하고 있다고 긍정적으로 받아들여야 할지, 세상이 뭔가 잘못 돌아가고 있다고 슬퍼해야 될지 판단이 잘 안 되는 순간이다.

필자가 대학 다닐 때만 하더라도 실내건축 관련 전공은 거의 전무하다시피 했다. 그만큼 실내건축 분야가 학문으로서 자리 잡은지 얼마 되지 않았다는 말인데, 이런 환경이다 보니 대학에서 초창기에 실내건축 관련 전공을 신설할 당시만 해도 건축전공자가 건축의 하위학문[?]으로 실내건축을 가르치기도 하고 미대 관련 전공자가 디자인 위주로 실내건축을 가르치기도 하는 경우가 적지 않았다. 현장에서도 건축을 형님 삼고 미술을 애인 삼는 관계를 가지고 진행되는 분야이다 보니, 여러 관련계통의 전문가들이 실내건축을 가르친다는 것이 말이 안 되는 것 같으면서도 어찌 보면 맞는 것처럼 보이기도 한다.

이런 복잡한 틈바구니 속에서 만들어진 학문이다 보니, 학문의 정체성도 타 학문에 비해 약한 것이 사실이고 핏줄로 생각하면 소위 '혼혈아'같은 인상을 줄 수도 있다. 이런 분위기에서 실제 인테리어를 공부하고 싶어 하는 친구들이 혼란을 일으키는 것은 당연한 이야기이다. 어디서 어떻게 시작해야 되는 건지, 예비 대학생의 당당한 질문처럼 돈도 많이 벌고 비전은 있는 분야인지, 미적 소질이 없으면 공부하기 힘든 학문인지 등등 어느 것 하나 간단 명쾌하게 대답해 주기 쉽지 않다. 이런 애매함 속에서 사회가 진일보할수록 실내건축이라는 학문도 제자리 잡기를 하고 있고 이제는 꽤나 튼튼한 모습으로 성장하고 있다는 것은 그나마 다행스러운 모습이다.

그림을 잘 그려야 인테리어 할 수 있나요?

맞는 말이기도 하고 아닌 말이기도 하다. 그런 대답이 어디 있냐고 되물을지도 모르지만 실제로 그렇다. 그림 잘 그리는 인테리어 디자이너도 많고, 화려한 스케치로 클라이언트의 눈도장을 찍게 만드는 재주 있는 디자이너를 보면 내심 부럽기까지 하다. 하지만 정작 스케치를 잘하고 그림을 잘 그리는 것도 깊이 들어가 보면 창작을 위한 도구 중 하나에 불과하다는 점을 이해해야 한다.

독일 프랑크푸르트에 위치한 건축박물관(germany architecture museum) [이 건축물은 독일 건축가 오스발트 웅거스가 설계한 건축물로 공간 속에 또 다른 공간을 만들어, 내부에서 또 다른 외부적 공간을 경험할 수 있도록 풍부한 공간감을 연출하고 있다. 유럽여

웅거스(Oswald M. Ungers)의 건축박물관
공간 속에 또 다른 공간을 만들어 관람자로 하여금 내부에서 다시 외부를 경험할 수 있도록 한 건축가의 철학이 돋보이는 작품이다.

행을 가는 친구들은 꼭 한번 방문해 볼 가치가 있는 건물이다]을 방문했을 때 느꼈던 점을 예로 들어 설명해 보자.

필자가 방문했을 당시에 건축가 알도 로시(aldo rossi)[이탈리아 출신으로 유럽의 전통과 현대적 합리성을 바탕으로 확고하고 강렬한 이미지의 디자인을 추구한 건축가]의 스케치와 모형, 도면 등이 전시되고 있었는데, 한국에서 책으로만 접해보던 느낌과는 사뭇 색다른 경험이었다. 놀랍도록 간결한 형태, 명확한 비례, 기하학적 볼륨감 등이 그의 스케치와 모형에서 뿜어져 나오고 있었다. [영화 '스타워즈'를 보면 동양의 기(氣)로 해석할 수 있는 '포스'(force)라는 단어가 자주 등장하는데, 그의 작업에서 느껴지는 포스는 광선검 보다도 더 날카로웠다]

알도 로시의 스케치를 보면 하나 눈여겨 볼 점이 있다. 속된 말로 '그림 참 못 그린다'이다. 잘 그린다, 못 그린다의 기준을 어디에 두고 판단하느냐에 따라 해석이 달라질 수 있겠지만 우리나라 미대입시교육을 받은 전형적인 잣대를 들이대고 바라보면 분명 못그린 그림에 속한다. 하지만 중요한 것은 앞서 밝혔듯이 표현하고자 하는 것들을 정확하게 표현하고 있다는 점이다. 빛을 끌어들이는 방법에 대한 자신의 생각이나 공간에 대한 자신의 생각을 강하고 명확하게 표현하고 있다는 점에서 개인적으로는 단순히 테크닉이 뛰어난 그림보다 이런 스케치가 훨씬 가치 있고 잘 그린 그림이라고 주장한다.

결론적으로, 그림을 잘 그린다는 것과 공간이 아름답게 나온다는 것이 반드시 일맥상통하지는 않는다는 점을 이해해야 한다. 조금만 공부해보면 스케치 하나는 끝내주는데 작품은 실망스러운 디자이너를 경험할 때가 반드시[?] 있을 것이다. 다시 말해, 스케치는 멋진 공간을 창조하기 위한 아이디어 도출의 도구 정도로 이해하자. 스케치 테크닉이 좀 떨어진다 하더라도 자신의 아이디어를 표현할 수 있는 훈련만 어

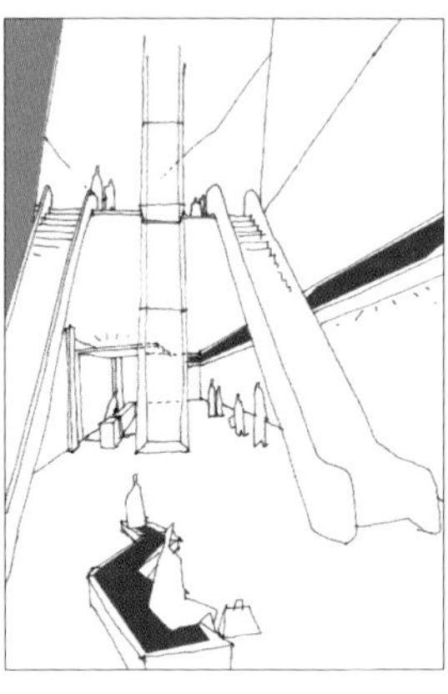

스케치는 잘 그리는 것이 중요한 것이 아니라,
보는 사람으로 하여금 디자이너의
생각을 제대로 보여주는 것이 중요하다.

Aldo Rossi의 개념 스케치
건축가를 직접 만나서 대화를 나누어 보지 않아도 그가 말하고자 하는 것이 무엇인지 느껴지지 않는가?

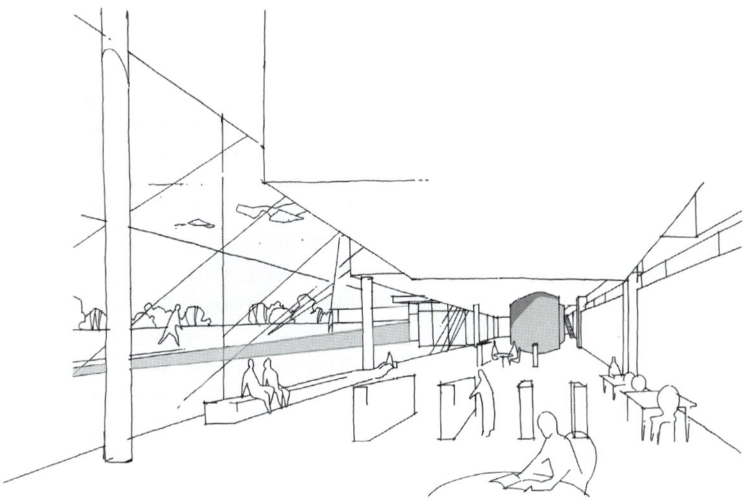

디자인이 구체적으로 완성된 작업의 공간을 스케치할 때는 보는 이가 무엇을 봐야하는지 강조해서 스케치하는 것이 중요하다.

느 정도 뒤따른다면 디자인하는데 큰 문제가 되지 않는다. 지지리도[?] 못그리는 수많은 훌륭한 인테리어디자이너가 전국적으로 활동하고 있으니, 미술시간에 성적 안 좋았다고 너무 걱정하거나 주눅 들지 말고 많이 보고 많이 경험하는데 집중하는 것이 훨씬 중요하다 하겠다.

인테리어하면 돈 많이 버나요?

정말 조심스러운 질문이다. 이 질문에 대한 각자의 판단을 위해서는 우선 역사를 가로질러 우리나라 경제구도의 흐름을 파악할 필요가 있다. 과거 급속한 공업화와 기계화 시대를 거쳐 현재의 물질적 풍요를 얻기까지 우리나라 경제발전의 주요 관심사는 '양적 팽창'이었다.

양적 팽창이 한계에 다다르는 20세기 후반과 21세기를 맞이하면서 '질적 풍요'에 눈을 돌리기 시작하고 국가는 새로운 경쟁력을 확보하기 위한 기반으로 지식정보화기반산업, 서비스산업, 디자인산업 등의 무형의 자산에 집중하게 된다. '웰빙'(well-being)이 생활의 새로운 키워드가 되고 개개인의 개성이 뚜렷해지고 삶을 바라보는 시각도 다양해지면서 '삶을 살아낸다'는 관점에서 '생활을 즐긴다'는 국민들의 문화적 성숙을 토대로 한 마케팅이 새로운 경제시장의 주요 전략으로 대두되었다.

이러한 시대변화로 볼 때, 우리나라에서 국가나 기업차원에서 디자인 마케팅을 본격적으로 무대 위에 올려놓고 '디자인이 경쟁력이다'라는 구호를 외치기 시작한 건 그리 오래 되지 않았다. 1970년대, 현재 LG전자의 전신이라 할 수 있는 '금성전자'의 TV 광고 문구는 '순간의 선택이 10년을 좌우한다'였다. 그만큼 튼튼하고 기능에 충실한 제품이 구매자의 선택 기준이었고 오래 쓸 수 있는 튼튼한 제품이면 그걸로 충분했다. [필자의 기억에 우리 집 거실을 차지하고 있던 금성 이코노 TV는 어린 나이였던 내가 봐도 참 촌스러웠다고 생각된다] 그러다가 먹고 살만한 시대로 경제가 급성장하고 인터넷이라는 괴물이 등장하면서 수많은 정보매체를 통한 문화수준의 전반적 향상이 급속도로 이루어진다. 선진 외국의 생활상을 보며 그들이 사용하는 물건과 그들이 생활하는 공간에 대한 동경이 바로 내 주위에서 체험하고 만질 수 있는 현실로 바뀌기 시작한 것이다. 더 이상은 견고하고 오래 쓰는 제품이 최고가 아니라 '이왕이면 다홍치마'라고 기능상 큰 차이가 없으면 예쁜것을 선택하려는 소비자의 안목에 초점이 맞추어지고, 기업마다 팔을 걷어 부치고 기술개발과 동시에 본격적인 디자인마케팅 전략을 세운다.

간단한 예를 들어보자. 요즘 전자마트를 가보면 냉장고, 세탁기, 에어컨 할 것 없이 온통 색(color)의 옷을 입고 구매자를 기다리고 있다. '백색가전'이라는 단어는 '구식'이라는 단어와 동의어가 되고 축적된 기술기반 위에 디자인으로 승부하는 시대가 온 것이다.

문제는 다른 문화권에 비해 너무 짧은 시간 안에 제대로 소화할 시간도 없이 밀려들어왔다는 점에 주목할 필요가 있

신입생을 받기 위한 면접 자리에서 종종 듣게 되는 질문들이다. 아무리 곰곰이 생각해 봐도 마땅한 답이 떠오르지 않는 당황스러운 질문이다.

다. 현재의 중국으로 눈을 돌려보면 과거의 한국시장이 어땠는지 충분히 이해될 것이다.

이런 디자인 혁명 안에서 인테리어디자인분야도 높은 파고의 정점을 정신없이 달렸다. [개인적으로는 타 분야에 비해 사회적 성숙도는 상대적으로 뒤쳐져 있다고 판단되지만] 더 이상 다방커피를 마시지 않는 신세대 층을 겨냥한 커피전문점들이 우후죽순처럼 생기고 그에 어울리는 품격 있는 새로운 디자인이 양산되고 신종문화산업에 부합하는 새로운 공간개념들이 속출했다.

문제는 소비자들이 인테리어디자인의 가치를 인식하고 그에 상응하는 눈높이를 갖출 사이도 없이, 개념 없는[?] 업자들의 횡포 속에 디자이너들 스스로가 자기 살을 파먹는 경쟁구도를 만들어 그 사회적 가치를 평가절하 시키고 근로구조의 악순환을 고착시켰다는 점이다. 진행형의 표현이긴 하지만 이제는 많이 좋아지고 있다. 의식 있는 선배 디자이너들이 닦아 놓은 토대위에 싱싱한 젊은 디자이너들의 피가 수혈되면서 패기 넘치고 품격 있는 디자인시장을 형성하는데 고군분투하고 있다.

인테리어 시장이 진화하고 있는 지금, 현재형으로 처음의 질문에 대답해야 한다면 돈 많이 벌기 힘든 직종임에 틀림없을 것이다. 이 일을 죽어라 좋아하지 않고는, 또는 돈 벌려고 악착같이 달려들지 않고는 타 분야에 비해 많은 대가를 받을 수 있는 직종은 아니다. 하지만 위에서 설명한 시대흐름을 바탕으로 한 미래형으로 대답한다면 타 디자인 분야가 사회적으로 제대로 된 눈높이를 형성해 가고 있는 것처럼 인테리어 디자인분야 또한 그 잠재가능성이 큰 직종이라고 봐야 한다. [주식투자로 보면 우량주는 아니더라도 아직 저평가된 성장주라고 할 수 있을까?]

돈을 떠나서 마지막으로 질문에 동문서답을 하자면,

'좋아하지' 않고는 절대로 할 수 없는 직업이다.
돈보다 이 점을 먼저 꼭! 꼭! 명심하자.

수학 같은 거 잘해야 되지 않나요?

이 질문은 예비대학생들의 학부모님들께 많이 듣는 질문이다. '우리 아이가 수학을 잘 못하는데 전공 공부하기 힘들지 않을까요?'라는 식이다.

답부터 애기하자. 수학 잘하면 좋다. 하지만 못해도 별 지장은 없다. 더하기, 빼기, 곱하기, 나누기만 잘하면 실내건축 전공하는데 큰 지장 없다. 물론 학문적으로는 공간의 구조적 원리를 이해하는 과정에서 수학적인 지식이 있으면 도움이 되겠지만, 건축공학처럼 구조 공학적 계산에 필요한 수학적 지식을 요구하지는 않는다. 물량(공사에 필요한 모든 물품과 수량) 뽑고 견적(공사에 들어가는 비용) 뽑을 수 있는 기본적인 산수 정도면 충분하다.

건축과 실내건축의 차이점은 뭔가요?

가장 많이 듣는 질문이다. 작업 범위에 있어 중첩되거나 경계가 명확하지 않은 부분이 있어 사실 전공자들도 약간씩 혼돈하거나 잘못 이해하는 경우가 있다. 크게 보면 근원적으로 그 지향점은 같다고 볼 수 있다. 두 분야 모두 사람이 생활하는 일체의 물리적 환경을 보다 아름답게 창조하는 학문이다. 자세한 건 뒤에 다시 설명하겠지만 실질적으로 사회가 발전할수록 두 분야는 그 전문성에서 있어서 각각의 업무영역의 분할이 선명해지고 있다.

여기서 간단히 구분하는 정도로만 설명하면 건축은 건물의 뼈대를 만드는 작업이고 실내건축은 만들어 놓은 뼈대에

실내건축을 내부공간에만 국한시켜 생각하면 곤란하다.
제대로 된 공간은 내부와 외부, 건축과 실내건축의
커뮤니케이션 위에 탄생되기 때문이다.

살[살은 건축도 붙이기 때문에 개인적으로 '근육'이라고 주장한다]을 붙이고 화장을 하는 작업이라고 보면 된다. 예전에는 건축이 어디까지의 살을 붙이고 실내건축으로 넘겨줘야 하는지 애매모호한 부분이 많았지만 시장규모가 커지면서 건축과 실내건축 사이의 협업을 통해 작업영역이 적절히 분화되는 구도로 진화하고 있는 중이다.

아는 만큼 보인다

'디자인은 자신이 알고 있는 딱 그만큼만 나온다.'
재능이 없고 실력이 모자란다고 좌절하기 전에
얼마나 갈구했는지부터 되돌아보라.

똑같은 것도 보는 사람에 따라 다르게 보인다

'아는 만큼 보인다.'

디자인하는 사람이면 한 번쯤은 들어본 표현일 것이다. 신참 디자이너가 상사나 선배, 교수들로부터 이런 표현을 들으면 묘하게 주눅이 들곤 하는데, 자신이 얼마나 알고 있는지 타 학문처럼 명확하지 않아서 더욱 그렇다. 매스컴에 자주 등장하는 몇몇 스타 디자이너를 제외하면 과연 누가 자신의 디자인에 자신감을 갖고 충분히 많이 알고 있다고 뻔뻔하게 얘기할 수 있을까?

대부분의 디자이너들이 작품을 완성하고 나면 일말의 아쉬움을 이야기하고 자신의 부족함을 겸손하게 둘러 표현하는 것이 일반적이다. [겸손이 미덕이라고 배운 우리 사회의 관습적 표현인데, 다른 관점에서 보면 이러한 겸손이 디자인에 굴레를 씌우는 '독毒'이 될 수도 있다] 그만큼 디자인 분야는 이론과 감성이 복잡하게 얽혀 있어 자신이 배우고 경험한 기반에 대해 누군가와 비교해 우열을 이야기하기 힘들다. 그래서 정치하는 사람들처럼 인맥이나 학력, 배경의 공통점을 묶어 같은 목소리를 내는 그룹이나 조직을 만들고 세력을 형성해 자신의 앎의 수준에 대한 불안함에 대해 위안(?)을 얻기도 한다.

이렇듯 신참 디자이너에게 '아는 만큼 보인다.' 라는 말은 소위 '도(道)닦는' 표현처럼 다가온다. 조계종 종정으로 재임하셨던 성철스님의 '산은 산이요, 물은 물이로다.' 라는 말씀을 우리 같은 범인(凡人)이 들었을 때 듣는 사람에 따라 이해하는 방법도 제각각이듯이, 내공(?)이 쌓인 디자이너가 신출내기와의 토론이나 대화에서 커뮤니케이션이 이루어지지 않을 때나 디자이너와 클라이언트 사이에서 벽을 느낄 때 가장 생각나는 말이 바로 '아는 만큼 보인다'이다. 코끼리를 배운 적이 있어야 코끼리 다리를 만지면서 느낀 점을 주고받을 것 아닌가?

좋은 디자이너가 되고 싶다면 자신의 재능을 탓하기보다 이러한 '앎'에 대한 욕구부터 활활 불태우고 가득 채우자.

알려고 하는 만큼만 보인다

40평형대 아파트 인테리어 작업을 의뢰받고 즐겁게 디자인한 경험담이다. 원래 이쪽 방면에서 가장 까다롭고 돈 안 되는 작업이 주거 공간이다. 그래서 되도록이면 아는 지인을 통해 주택 인테리어 해달라면 슬그머니 핑계를 대고 뒤로 빠지는 경우가 많다. 물론 강남의 최고급 아파트를 손대는 경우처럼 공사비용에 큰 부담 없이 디자이너의 역량을 자유롭게 펼쳐 볼 수 있는 환경만 제공된다면 디자이너로서는 크나큰 축복이겠지만, 그런 일이 마음먹은 대로 하늘에서 뚝 떨어질 리가 없다.

벽지 마감에서부터 도장 마감상태, 바닥 공사 중 생길 수 있는 조그만 잔 흠집들, 모서리가 날카로워 다칠 수 있는 마감부의 스크래치, 문을 열고 닫을 때 생기는 미세한 소음 등

같은 디자인도 보는 시각에 따라 달라진다.
자신이 아는 만큼 이해할 수밖에 없고 이러한 이해의 기반이 결국 자신의
디자인에 직, 간접적으로 영향을 미친다.
굳이 정답을 찾는 다기 보다 많이 보고, 많이 부딪히고, 많이 경험하자.
그전에 이해했다고 생각했던 것들이 다시 보일 것이다.

생활하면서 부딪힐 수 있는 모든 조그만 것들 하나하나에 예민하게 신경을 써야 하니, 열심히 공사 끝내 놓고도 욕 들어 먹을 소지가 다분하고 노력에 비해 남길 수 있는 이윤도 얼마 안 되는 대표적 공사종류에 속한다. 아는 분의 말을 좀 과장해서 이야기하면, 주거인테리어 공사를 끝내고 클라이언트와 원수 안 되면 다행이란 말까지 할 정도니 얼마나 신경이 많이 쓰이는 작업인지 충분히 짐작이 가고도 남는다.

본격적으로 이 작업을 시작하기 전에 진행 중이던 선행 프로젝트가 있어 일이 시작되고 얼마의 시간이 지나 처음으로 클라이언트를 만나볼 수 있었다. 몇 마디의 대화가 오고 가는 가운데 느낀 첫 인상은 한마디로 '아니올시다'였다.

보통 디자이너들이 제일 일하기 싫어하는 경우가 클라이언트가 일을 좌지우지하려 들고 마감재 선정까지 디자이너가 잡은 전체개념과 무관하게 전문가 의견을 무시하고 자기 마음대로 하려는 공격적인 자세를 취할 때이다. 그런데 이 분에게서 받은 첫 느낌이 딱 그랬다. 그래도 어쩌겠나? 벌써 한쪽 다리는 빠져있고 이제 와서 발 빼자니 같이 작업하는 분들께 불편한 마음이 들고… 착잡한 기분이었다. 그래서 편하게 마음먹기로 했다. 항상 디자인할 때 마음속에 가지는 최소한의 기준처럼 사는 사람의 취향과 기준을 최대한 존중하고, 설득하려 든다거나 새롭게 표현해 보려고 욕심내지 말자고 마음먹고 일은 시작되었다.

그렇게 며칠이 흘렀는데 문제가 생겼다. 일이 재미가 없어지는 거다. 아무리 일을 일로만 바라보려 애써도 디자인하는 사람들 특유의 근성은 어찌할 수 없나 보다. 자신이 한 디자인 결과물은 다 자식 같은데 미운 자식 떡이라도 하나 더 줘야 되지 않겠는가? 그런데 점입가경이다. 우리가 못미더웠는지 이 분이 욕실공사비가 너무 드는 것 같다고 어디 다른 업체의 견적을 가져온 것이다.

그 정도 평수면 ○○만원이면 충분히 해결할 수 있다는 얘기를 듣는 순간, 올라오는 감정을 꾹 내리누르고 설명했다. '욕조는 어느 제품을 사용한다고 하던가요?' '벽과 바닥에 사용하는 타일이 어느 회사의 어떤 제품이라고 얘기해 주던가요?' '공사범위는요?' 이런 식으로 하나하나 짚어보니 정확한 사양이 아무것도 없더란다. 그냥 그 정도 평수면 얼마에 해결할 수 있다고 욕실업자가 큰소리 뻥뻥 쳤다는 얘기인데, [이런 사람들 때문에 아직도 우리나라에서 실내건축가들의 디자인 환경이 엉망이라는 푸념을 할 때가 있다. 이 얘기는 뒤에서 자세히 짚어보기로 하자] 이런 상황이라면 줄 떡은커녕 준 떡까지도 뺏고 싶은 심정이 된다. 하지만 다행스럽게도 공사가 진행되어 감에 따라 클라이언트에 대한 선입견도 하나 둘 달라지기 시작했다. 첫 인상과는 달리 클라이언트는 생각보다 화통했고 [이래서 첫인상에 얽매이면 안 되나 보다] 어느 정도 신뢰도 쌓이면서 클라이언트도 진행 중인 디자인 결과물에 천천히 만족해 가는 눈치였다.

어느 날 클라이언트로부터 저녁식사 초대를 받았다. 수다도 떨고 살아가는 이야기도 나누며 오랬만에 편안한 분위기의 대화가 오고 가는 와중에 그 분이 한 얘기가 지금도 기억에 남는다.

> "요즘은 어딜 가도 그냥 보이지 않는답니다. 마감재를 뭘 썼고 걸레받이가 얼마나 높고 천장에 조명이 어떻게 처리되어 있는지, 보는 것 하나하나 우리 집 내부와 비교해 보게 되요."

결과는 해피엔딩이었다. 남은 공사 일정이 끝나고 늦은 밤에 아이 방 문 앞에 이름을 딴 명판까지 손수 붙이는 작업이 끝나고 아무도 없는 텅 빈 집의 모든 조명을 다 켜 보았을 때의 느낌을 지금도 지울 수 없다. 이 맛에 다들 인테리어 한단다. [물론 필자도 그렇다]

처음 클라이언트와 간접조명[조명을 숨겨 벽체 등의 반사면을 통해 빛을 쏘는 조명방식. wall washing이라고도 한다]을 설명하면

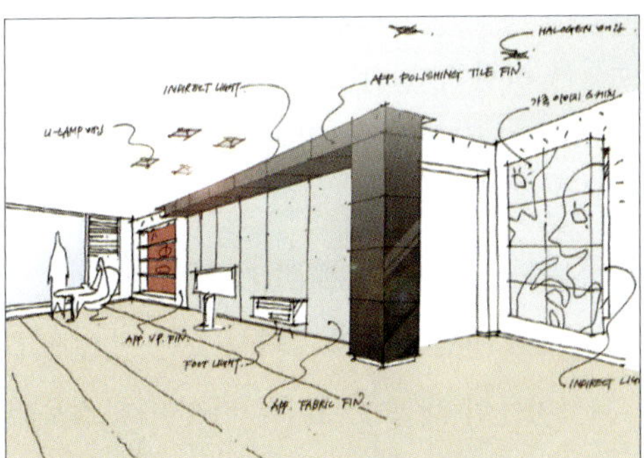

거실 이미지 스케치
클라이언트에게 설명하기 위한 거실 전체 분위기와 사용할 마감재료, 디자인 아이디어에 대한 러프 스케치

서도 갸우뚱하던 분이 나중에는 간접조명이 느껴지는 실내 분위기까지 스스로 설명할 경지가 되었으니 디자이너에게 이보다 더 큰 뿌듯함이 어디 있겠는가? 이 클라이언트의 경험담을 통해서도 알 수 있듯이 우리 주위의 수많은 매체와 주변의 물리적 환경을 통해 접할 수 있는 멋진 디자인들은 무궁무진하다. 학생들에게 강의시간에 디자인 과제를 내어주고 해오라고 시키면 몇몇 학생들이 간혹 목멘 소리를 하는 경우가 있다.

> "교수님, 맨 땅에 헤딩할 수도 없고 몇 가지 사례라도 좀 보여 주시면 안 될까요?"

어떻게 대답해 주는 것이 학생들 교육에 도움이 될까?
 주변에 널린 환경 모두가 본인의 디자인 자료이니 감나무에서 떨어지는 감 받아먹으려는 태도는 버리고 스스로 뒤지고 다니면서 체득하는 것이 훨씬 더 효율적이라고 설명한다. 물론 그 전에 대표적 사례와 디자인에 필요한 각론적인 부분들은 짚고 넘어간다는 전제하에서 말이다.

갈구해야 본인에게 체화된 디자인 모티브가 된다. 위의 예시처럼 클라이언트 스스로 관심을 가지고 다시 보면 평소에 무심코 지나쳤던 모든 것들이 새롭게 보이기 시작한다. 질문했던 학생의 열의가 그 정도가 되도록 일깨워주지 못한 필자의 잘못도 있지만 스스로 독수리의 눈을 하고 주변을 관찰하고 느끼고 싶어 하는 열정이 부족했던 학생에게도 문제가 있다.

아는 만큼 보인다. 똑같은 현상이나 사물일지라도 아는 만큼만 보인다. 더 정확히 얘기하면,

'알려고 하는 만큼만 보인다.'

초보 디자이너의 가장 첫걸음이 되는 말이므로 이 글을 읽는 초보 디자이너들은 다시 한 번 가슴에 아로새기길 바란다. 오늘부터 눈을 날카롭게 뜨고 주변을 둘러보자. 어제 봤던 평범한 건물의 입구가 오늘 보면 또 다른 세계로 들어가는 천국의 문으로 보일 지도 모른다.

소변기 위의 파리 그래픽
정확한 조준(?)을 위한 위트넘치는 디자인

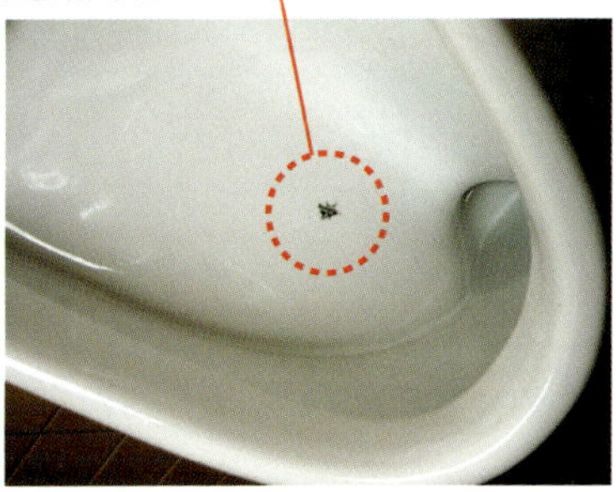

일상에서 스쳐 지나는 것들 안에 숨은 그림 찾기처럼 우리를 즐겁게 하는 디자인들은 무궁무진하다. 다시 한 번 호기심 가득한 눈빛으로 주변을 둘러보라. 배울 것들로 가득 차 있다는 것을 느낄 것이다.

공간을 구경하는 사람, 공간을 보는 사람, 공간을 관찰하는 사람, 공간에서 생활하는 사람 등, 보는 시각에 따라 느끼는 것도 달라지게 마련이다. 많이 보고 많이 경험하자.
디자인을 공부로만 생각하면 우물 안 개구리가 될 수밖에 없다.

인테리어 디자이너의 행복이란?

일은 돈 벌기 위한 수단일 뿐이고 생활의 행복은 다른 곳에서 찾아야 한다면 그만큼 불행한 인생도 없다.
창조적인 직업만큼 고된 작업도 없고 창조적인 작업만큼 즐거운 직업도 없다.

그래서 디자인이라는 직업은 마약과도 같다.
다만 중독되는 만큼 이성적이어야 행복할 수 있다.

밤샘 증후군?

한 후배디자이너와의 술자리 대화에서 한동안 잊고 지내다가 나 스스로에게 다시 묻게 된 질문이다. 우리 인테리어 디자이너들에게 행복이란 무엇일까? 사실 행복의 가치나 척도를 직업군 별로 나눈다는 것 자체가 모순이겠지만 일반적으로 디자인 관련 직종에 종사하는 사람들이 바라보는 삶의 행복은 일반인들과는 유별난 양상을 띠는 경우가 적지 않다.

작업 성격이 그런 유별남을 요구해서 그렇기도 하지만 대부분 타고 난 체질인 듯하다. 특히, 수도 없이 날밤을 새는 인테리어 디자이너들은 '밤샘 증후군'의 영향 때문인지 삶을 바라보는 가치까지도 독특해지는 경우들이 많다.

지금은 떨어져 있어 자주 보지는 못하는 아끼는 후배 디자이너가 한명 있는데 이 친구가 대표적인 밤샘증후군 환자(?)였다. [본인은 아니라고 우길지 모르지만 내 진단으로 보면 분명 밤샘 바이러스 말기 환자다] 대단한 일 욕심쟁이인데다 아직 결혼도 하지 않았으니 바이러스에 노출되기 딱 좋은 환경이다. 도대체 애인도 하나 없는지 거의 매일을 사무실에서 살다시피 한다. 보통의 직원들은 항상 불만을 입에 달고 다니고 일에 대해 만족하지 못하고 마지못해 일하는 인상마저 풍긴다. 그 친구라고 해서 예외는 아니다. 이것저것 불평도 많고 푸념도 하고 힘들어도 한다. 하지만 일하는 그 친구의 표정을 보고 있으면 그 생활이 행복이고 삶의 전부인 것처럼 보인다. 옆에서 보면 안타까운 마음마저 들지만 그 친구는 오히려 그걸 즐기는 듯 보인다. 데리고 일하는 상사 입장에서야 행복하겠지만 정작 이 친구 본인에게서 찾을 수 있는 진정한 행복이란 무엇일까?

행복의 조건

실제로 디자인 작업을 해 보면 일에 대한 집착이나 욕심이라는 것이 한도 끝도 없다. 일을 일로서만 바라본다면 디자인 욕심도 금전적 가치 이상으로 생기지 않아야 정상적인 직장인이겠지만 실상은 그렇지 않은 것이 이 디자인이라는 놈이다. 우스갯소리로 노동절에도 우리는 쉬지 못한단다. 우리는 노동자가 아니라 디자이너라나?

내 경험으로 봐도 경제적 가치와 디자인 욕심은 아무런 상관곡선을 그리지 않는다. 디자이너는 본능적으로 좋은 평가에 목말라하고 클라이언트가 만족해하는 모습을 보고 싶어 한다. 동료 디자이너들 간에도 인정받고자 하는 마음에 치열한 경쟁을 마다하지 않는다. 경제가 비집고 들어올 틈이 없다. 그 동물적(?) 욕구의 그늘에 햇볕도 받지 못하는 '워커홀릭'(workaholic)들이 자라나고 있다. 과연 이들은 진정 행복할까?

건축가 루이스 칸(Louis i. Kahn, 1901년생, 미국 펜실버니아대, 예일대의 건축과 교수로 재직. 1970~80년대에 본격적으로 인정받기 시작하면서 솔크 연구소, 방글라데시 국회의사당과 같은 주옥

같은 건축물들을 남겼다. 침묵과 빛을 주제로 절제된 건축언어를 사용하여 본인만의 건축철학을 구축한 미국의 대표적 건축가)의 삶을 보면서 그의 초인적 장인기질에 매료되었던 때가 있었다. 마치 나라 잃은 독립투사를 보는 기분이었다. 그에게 건축은 나라이자 신이었다. 가족, 건강, 경제적 가치보다 건축에 모든 에너지를 쏟아 부은 그의 삶은 필자의 대학생활의 기준이었다. 마지막 삶의 마침표를 찍을 무렵, 그의 사무실 운영은 부도직전 상태였고 공항로비에서 신원불명으로 생을 마감할 시점에도 그는 진행 중인 프로젝트로 여행 중이었다. 생을 마감하던 시점에 그는 과연 행복했을까?

가구업계에서 일하고 있는 아내가 두 달이라는 짧지 않은 시간을 중국에서 보낸 적이 있다. 아홉 살 난 딸아이 얼굴이 밟히는지, 중국인 특유의 '만만디' 습성 때문에 일이 잘 풀리지 않아 스트레스를 받았는지 꽤나 힘들어하는 문자를 받은 적이 있다. 출장 전에도 잠깐 고민을 하긴 했지만, 결국은 나의 말로만 후원과 가족들의 전폭적인(?) 지원을 등에 입고 별 어려움 없이 출장길에 올랐던 터라 문자를 받고 내심 놀랐다.

프로젝트가 잘 마무리되고 나름 인정을 받은 것 같아 한편으론 기쁘기도 했지만 어딘가 서글픈 마음이 드는 건 남편으로서 어찌할 수 없는 부분인가 보다. 아내에게 물어 보고 싶다. 지친 몸을 이끌고 한국에 입국하자마자 공항에 마중 나온 남편과 몇 시간을 보내고, 다시 직장으로 돌아가기 위해 역으로 향하는 내 뒷모습을 보고 있는 당신은 행복한지… 그러는 나는 행복한지….

학교의 졸업반 학생들은 작품전 준비를 위해 수많은 밤을 설계와 씨름하며 보낸다. 설계실이 식당이 되고 침실이 되고 전쟁터로 변한다. 흡연실의 재떨이는 물 안줘도 무럭무럭 잘도 자란다. 마감이 끝난 설계실을 들어가 보면 처절한 전쟁을 치르고 난 냄새 고약한 폐허가 되어버린다.

이렇게 고생하는 제자들의 고뇌를 조금이나마 나눌려는 마음에 덩달아 밤을 새우는 의욕적인 교수님들이 적지 않다. 간혹 새벽에 설계실 문을 열고 들어가 보면 한마디로 가관이다. 한쪽 귀퉁이에서 머리는 엉망이 되어 잠들어 있는 친구[여기서 여자, 남자란 존재하지 않는다], 배고픔을 달래기 위해 컵라면에 얼굴을 박고 있는 친구, 모형 만들다가 옷이 엉망이 되어 있거나 칼에 베여 손가락에 밴드를 감고 있는 친구, 아이디어가 안 나와 머리를 쥐어뜯고 있는 친구, 심지어 서로 의견이 맞지 않아 언성을 높이며 신사적인(?) 싸움이 벌어지는 팀도 적지 않게 발견된다. 달밤에 체조하는 도인들도 간혹 눈에 띈다.

무언가에 치열하게 미쳐 있는 이들을 대하고 있노라면 아름다워 보이기까지 한다. 이들에게 입버릇처럼 하는 말이 있다. [나 들으라고도 하는 소리다] 다 아는 이야기지만 몇 번을 강조해도 지나침이 없는 말이다.

'이왕 해야 되는 일이라면 즐기면서 하자.'

하지만 이 말이 무색하리만치 힘들어 보인다. 이 친구들은 정말 행복할까?

어렵게 몇 대 일, 몇 십 대 일의 경쟁률을 뚫고 입사한 신입사원이 하루가 멀다 하고 복사만 하고 잔심부름만 한다. 학교에서 그 고생을 하며 디자이너의 꿈을 불태운 노력에 비해 갈 길이 멀다. 이들에게 행복은 얼마나 멀리 느껴질까?

위의 질문들에 대한 답을 알았다면 벌써 히말라야 꼭대기에서 물 한모금 안 먹고 하늘과 대화를 나누고 있을 테지만 사실 질문한 나에게도 쉬지 않고 묻는 질문이라 그 답을 모른다. 디자인이 멋지게 나오고, 공모전에서 당선되고, 시공이 아름다운 결실을 맺었을 때의 성취감들로만 우리 디자이너들의 행복을 찾기에는 어딘가 석연치 않은 구석이 있다. 결국 답은 우리들 각자가 찾아야 한다.

6년 가까운 시간을 외국에서 보내고 한국행 비행기 안에서 스스로에게 한 약속이 있었다.

> '일주일에 한 번씩 물어보자. 너 지금 행복하냐고.'

지금은 어느 멋진 분의 조언으로 그 질문이 바뀌었다.

> '일주일에 한 번씩 물어보자. 너 지금 행복할 가능성이 있냐고.'

행복은 진행형이다. 특히, 우리처럼 기나긴 마라톤을 해야

무언가를 창조한다는 것은 엄청난 인내와 노력이 필요한 작업이다. 그만큼 무엇을 하고 있는지, 하고 있는 일로 행복할 수 있는지 끊임없이 물어볼 필요가 있다.

하는 분야에서는 더 절실하게 필요한 사고이다. 인생의 행복과 일에 대한 행복을 동일선상에 놓고 판단할 수는 없겠지만 한 가지만은 확실하다. 무언가를 디자인하고 만들고 완성하는 창조적인 일을 직업으로 가졌다면 그 자체가 벌써 행복의 출발점이다.

한국 학생들과 유럽 학생들

목적이 분명하면 성취하는 바도 확실해진다.
우리나라 대학생들과 유럽학생들이 학업에 임하는 분위기들을 비교해 보고 우리 스스로를 돌아볼 부분은 없을지 생각해 보자.

유학 갔다 온 사람들이 입을 열 때마다 흔히들 하는 표현이 있다.

"내가 '미국'에 있을 때는 말이야. 어쩌고저쩌고…"

참 듣기 싫은 말이었다. 그런데 어느 날부터인가 대화 도중이나 강의시간 중에 자연스럽게 이런 표현을 하는 스스로를 발견하곤 흠칫 놀랜다. 말을 하는 나조차도 썩 듣기 좋은 표현이 아니라는 느낌을 가진다. 하물며 위와 같은 포현을 보면 당장 이유 모를 거부감부터 드는데 어떻게 제목처럼 뭉뚱그려 한 나라의 학생들과 다른 나라의 학생들을 싸잡아 비교할 수 있겠는가?

특정 집단끼리의 비교를 모든 학생들이 다 그렇다는 식으로 몰아붙여 말하고자 함은 아니다. 다만, 타 문화권에 있는 디자인 관련 전공 학생들이 어떤 학제 시스템 속에서 어떤 목표의식을 가지고 공부하는지 짚어보고 우리와 다른 점은 무엇인지, 혹여 우리에게 부족한 부분은 어떤 것들이 있는지, 우리 스스로를 돌아본다면 도움이 되는 부분이 있지 않을까에 대해 주관적인 시각을 전제에 두고 하는 이야기이다.

공부를 전투하듯 한다

요즘이야 학생들이 워낙 조숙해져 분위기가 많이 달라졌지만 필자의 초등학교 시절을 떠올려 보면 선생님께 어떻게든 잘 보이기 위해 수업시간 중에 부지런히 손들고 시키지도 않은 일을 나서서 하고 발표수업에 앞에 나가 얘기하고 싶어 안달을 냈던 기억이 있다. 무궁무진하게 알고 싶은 것도 많았고 누군가에게 인정받고 뽐내고 싶어 하는 기본적인 욕구가 행동으로 표출된 거라 생각된다.

그러다가 중학교, 고등학교를 거치면서 뒤로 숨기 시작하고 집단 속에 슬그머니 묻히는 게 습관이 된다. 알고 있어도 굳이 나서지 않고 누가 물으면 마지못해 겸손을 갖추고 얘기하는 것이 미덕이고 예의라고 듣고 자랐으니 당연히 이런 행동이 습관이 되어 버릴 수밖에 없다. 거기다 아는 걸 안다고 얘기해도 주변의 시선이 곱지만은 않다. 왠지 잘난 척 하는 놈이라는 소리를 들을 것 같고 무리에서 따돌림까지 당할 지도 모른다고 생각한다. 심지어 괜히 나섰다가 틀리면 주위의 비웃음을 사고 사랑의 매(?)를 맞을지도 모르는데 굳이 튈 필요가 있겠는가?

이런 교육이 몸에 젖은 친구들이 대학을 들어와 성인이 됐다고 한들 크게 달라지지 않는다. 교수가 과제한 내용을 보자고 하면 다들 먼저 체크받기를 꺼려한다. 다른 친구들의 수준을 보지 못한 상태에서 본인의 작업내용을 들이밀 용기가 생기지 않는 것이다. 이렇다 보니 디자인한 내용에 대해 설명해 보라고 하면 당당하게 얘기하는 것도 어려워들 한다. 그냥 교수가 알아서 보고 별 말없이 넘어가 주기만을 바라는 수동적인 자세를 취한다. 왜 비싼 등록금 내고 학교를 다니나 싶다. 스스로 관심 있는 전공을 선택해 그 공부를 하고 싶어서 대학에까지 들어왔으면서도 배우려고 하기보다 피하기에 급급하고 재수 없이 걸리지 않기만을 바라는 심정으로 디자인을 공부하는 친구들 대부분의 꿈이 뭐냐고 물으면 나중에 훌륭한 디자이너가 되고 싶단다.

이렇게 얘기하는 나 자신도 한국에서 자랐고 또래의 비슷한 습관이 몸에 베여 있는 상태에서 유학행 비행기에 올랐다. 다른 한국 유학생들도 대부분 그랬지만 사실 자신이 작업한 내용을 다른 친구들에게 선뜻 보여주고 의견을 물어본다는 게 어지간한 용기가 없으면 쉽지 않다. 사실, 한국에서는 설계시간 전에 서로 하는 표현들이 대충 이렇다.

"야, 너 뭐 좀 나왔니?"
라고 물으면 으레,
"제대로 한 게 있어야 말이지. 엉망이야."
라며 슬그머니 작업 중인 내용물을 뒤로 밀어 넣는다.

이런 습관을 가진 내가 독일에서 처음 접한 설계 크리틱(critic) 분위기에 주눅들 수밖에 없었던 것은 당연했다. 크리틱 시작 전에 서로들 못 보여줘서 안달을 내는 거다. 스스럼없이 서로 물어보고 토론을 하고 의견을 나누는데 교수도 필요 없겠다는 생각이 들었다.

이 친구들은 최대한 많은 의견들을 공유하는 것이 결국 본인의 디자인에 살이 되고 뼈가 된다고 생각한다. 자신이 가진 앎에 대한 욕구를 충족시키는데 모른다는 부끄러움이나 머뭇거림은 오히려 해가 된다고 생각하는 것이다. 사실,

어떨 때는 겸손이 뭔지도 모르는 건방짐이 가득한 애들처럼 보이기도 하지만 겸손하고 체면 따지는 사이에 얻는건 하나도 없는데도 계속 '에헴, 에헴.' 헛기침만 하고 있는 우리나라 학생들이 참 답답할 때가 있다.

독고다이

독일은 일반적으로 만 18세가 되면 부모로부터 독립한다. 사회구조가 독립할 만한 기본적인 시스템을 만들어 준 덕택도 있지만 18세가 넘어서도 부모의 보호 아래 생활하는 친구를 보면 덜 자란 친구처럼 무시(?)하는 모습을 보일 만큼 사고방식 자체가 개인적이고 독립적이다. 흔히 하는 속된 표현으로 '독고다이'다.

이렇다 보니, 은수저를 입에 물고 태어난 축복받은(?) 몇몇을 제외하고는 독일 대학생들 거의 대부분이 혼자 생활한다. 최근에는 독일도 등록금 제도가 생겨 학비를 내야 되는 상황으로 바뀌긴 했지만[사실, 한국의 등록금에 비하면 터무니없이 싼 금액이다] 생활비와 학업에 들어가는 대부분의 비용을 Bafoeg이라는 국가기관으로부터 이자 없이 빌려 학업이 끝나고 직장생활하면서 조금씩 갚아 나가는 제도가 일반화되어 있다 보니, 혼자 독립해서 생활할 수 있는 기본 구조는 잘 갖추어져 있는 셈이다. 친한 독일인에게 들은 말인데 그 친구가 하는 이야기가 꽤나 인상적이었다.

"가난하다고 해서 교육을 받을 수 없다면 가난은 대물림되고 그 사회는 결국 이분화 된다. 이는 사회의 붕괴를 의미하고 가지지 못한 자들의 분노가 종국에는 그 사회를 전복시킨다. 배울 능력이 있는 사람이 공평하게 교육받을 수 있는 기회가 주어질 때 그 사회는 비로소 건강해진다."

천문학적 액수의 사교육비를 지불해야만 성공할 것 같은 대한민국의 교육현실이 부끄러울 따름이다. [독일이라고 그런 학부모가 없는 건 아니다]

이런 분위기에서 공부하는 독일학생들에게 말 그대로 '공부'는 바로 중요한 '목적'이 된다. 우리처럼 성적 맞춰 부모가 가라는 대학 가고 스스로 무슨 공부를 왜 하는지도 불분명한 채로 무늬만 대학생인 일부 생각 없는 친구들과는 사뭇 대조적이다. 물론 독일대학생들처럼 독립적인 성향이 극단이 되면 같은 전공내의 공부하는 학우들 사이에서도 인간미 없는 경쟁만 남아 얼음인간들 같이 보일 수도 있지만 반대로 일단 친구가 되면 또 다른 가족이 될 정도로 둘도 없는 사이가 될 수 있는 것이 독일인들이다.

이런 분위기에서 공부를 하는 독일대학생들은 당연히 대학생활 내내 진지할 수밖에 없다. 한국인인 내가 보면 좀 낯간지럽다 싶을 만큼 진지한 눈빛들을 하고 강의에 임한다. 그만큼 절실히 홀로 투쟁해야 되는 세상을 살아야 하는 사회구조에서 자생력을 가지려면 진지한 자세로 공부하고 토론하는 것은 당연하다. 그게 사회라는 전장에서 홀로 살아남을 수 있는 무기니까.

우리나라 디자이너만 밤늦게까지 일하나?

이탈리아나 독일 같이 예술을 사랑하고 디자인을 존중하는 사회는 일하는 디자이너들도 그만큼 여유를 가지고 생활할 줄 알았다. 그런데 실상은 한국의 디자이너들처럼 힘들게 일한다. 실내건축하는 친구들 대부분이 야근에 잔업에 많은 업무량에 시달린다. 그렇다면 한국이나 전혀 차이가 없는 걸까? 아니다. 분명히 다르다.

대부분의 직장인들이 사람답게 일한다.(한국에도 독일처럼 그런 곳도 있고 아닌 곳도 있다. 다시 말하지만 전체적인 분위기를 이야기하는 것이지, 이분법적으로 한쪽이 무조건 그렇다는 말은 절대로, 절대로 아니다.) 정상적인 업무량을 소화하고 무리한 부분까지 억지로 끼워 맞추는 식으로 무식하게 밀어 붙이는 작업은 거의 없다. 사회적 인지도도 한국에 비해 상대적으로 높다. 삶을 즐길 수 있는 기본적인 여유도 누린다. 일하는 사람들 사이의 소통도 비교적 합리적이다.

밤을 새우긴 새우는데…

고정관념인지는 몰라도 위의 것들이 충족되어서인지 아름답게(?) 밤을 새우더라.

지나치리만큼 진지하다

각 나라마다 국민들 특유의 정서가 있다. 특히, 디자인 관련 분야의 종사자들이나 관련 학생들에게서 그 기질이 더 두드러지는데 독일학생들의 디자인 습득 방식은 지나치다 싶을 만큼 진지하다.

중도에 포기하거나 마지막에 얼버무리는 성향을 가진 학생들이야 어느 나라를 가도 꼭 있겠지만 과정 중에 파고드는 집요함이나 진지함은 우리나라 학생들과 많은 차이를 보이는 경향이 있다. 작업 도중 어떻게 해결해야 되는지 모르는 부분이 생기거나 현실적으로 어떻게 풀어나가는지 궁금한 부분이 생기면 이 친구들은 사돈에 팔촌까지 동원해서 도움을 청하고 검증을 받는다.

개인적인 생각으로는 작업 결과물에 그다지 드러나지도 않는 부분임에도 굳이 '오바'할 필요가 있나 싶을 만큼 열심이다. 어찌 보면 조금 미련해 보이기까지 한다. 어느 정도 요령만 이용하면 적당한 시간에 마무리할 수 있는데도 그러지 않는다. 예를 들어, 우리나라 학생들이 전공 과제를 진행해 가는 분위기를 보면 이런 대화를 주고받는 것이 일반적이다.

> "야, 이 부분 어떻게 처리하지?"
> "대충해. 우리가 지금 그것까지 알 필요 없잖아. 교수님도 그 부분에 대해서는 별 말씀 없으시던데?"
> "교수님께 한번 여쭤볼까?"

"매를 벌어라. 매를."

"헤헤, 그렇지? 그냥 대충 베껴야겠다. 시간도 없는데."

자기는 그러지 않았노라고 생각하는 사람도 있을 수 있겠지만 몇몇 튀는 학생들을 제외하고는 솔직히 대학 다니면서 이런 분위기가 지배적이었다는 점은 인정할 수밖에 없다. 한마디로 말해 서로가 연구하는 분위기를 북돋우기는커녕 주위 상황을 보고 묻어가는 분위기가 지배적이라는 점이다. 이는 우리나라사람들의 집단주의 기질과도 관계가 있어 보인다. 혼자보다는 무리를 만들고 혼자 하기보다는 어울려서 하는데 익숙하다는 점이다.

대학분위기도 그다지 다르지 않다. 게다가 입시지옥에서 갓 빠져나온 자유로움이 고개를 들 때쯤 대학은 그 자유로움을 누리기에 너무나도 이상적인 곳이다. 미팅도 하고 축제도 있고 MT도 있고 놀 건수도 많다. 당연히 공부나 과제를 해도 어울려 하는데 익숙하고 리포트를 내도 옆 친구 하는 만큼만 하면 된다. 반면 독일학생들은 거의 개인플레이(?)다. 혼자 공부하고 혼자 준비한다. 물론 동아리도 있고 어울려 노는 친구집단도 있지만 한국과 비교하면 정말 재미없을 만큼 개인적이다. 대학과 나를 1대1로 보고 대학에서 뽑아 먹을 것, 내가 해야 할 것에만 집중한다. 그러니 무언가 궁금하고 필요하면 당연히 강의시간 내에서 얻어야 된다고 생각한다. 같이 공부하는 학생들과의 분위기도 사회의 경쟁구도처럼 약간은 살벌하다. 이런 분위기에서 공부하는 학생들이 서로 눈맞춰가며 타협할 리가 없지 않겠는가?

같이 어울려 공부하며 서로 도움을 주고받는다거나 선후배 사이의 돈독한 관계를 통해 무언가 배울 수 있는 독특한 우리나라의 대학문화는 어느 나라에서도 찾아보기 힘든 자랑할 만한 부분이지만 동전의 양면처럼 이 장점이 평균만 하면 된다는 식의 맹점도 될 수 있다는 점은 한번 생각해 볼 부분이다.

교재가 없다?

각 나라마다 디자인에 대한 교육시스템이나 교육매체들이 다 제각각인 만큼 배우는 학생들의 학습태도도 매우 다양해질 수밖에 없다. 한국의 일반적인 대학문화와 독일의 대학문화에서 또 하나 큰 차이를 보이는 것이 '교재'에 대한 중요성이 다르다는 점이다.

물론 독일도 학교마다 다르고 전공마다 차이가 있긴 하지만 디자인 관련 전공의 경우는 한 학기 강의의 중심이 될 만한 메인 교재가 없는 교과목이 대부분이다. 인체공학이나 재료강의 또는 색채학이나 조명, 전시관련 수업의 경우도 매 강의 시간마다 교수가 그 날 수업에 필요한 자료들을 즉석에서 나눠주고 강의를 이끌어 나가고, 제도나 그래픽 관련 수업의 경우도 강의 때마다 진행되는 내용을 요약한 간단한 종이 한 장이 전부다. 설계스튜디오나 조형디자인 등의 실습위주의 교과목은 아예 교재가 없이 토론이나 발표 수업이 대부분이다. 돌아가면서 매 강의 때마다 학생들이 그 날 수업에 필요한 자료를 준비하고 발표하고 토론하다 보니, 상대적으로 자유롭고 잠이 덜 오는(?) 긴장감 넘치는 수업이 된다. 이러한 독일 강의실의 풍경은 교재만 뚫어져라 바라보다 꾸벅꾸벅 조는 우리네 강의실 풍경과 사뭇 대조적이다. 이런 식이다 보니 강의를 빼먹으면 그만큼 타격이 커지게 되고 초등학생들처럼 굳이 교수가 학생들의 출석을 부를 필요가 없어지게 된다. [개인적으로 독일에서 한 번도 출석 부르는 교수를 만나 본 적이 없고 '대출'이 뭔지도 모른다. 당연하다. 결석하면 본인만 손해라는 상식이 통하기 때문이다]

강의분위기 또한 교수가 학생들에게 일방적으로 전달하고 학생들이 받아들이는 수동적인 분위기에서 벗어나 학생들이 오히려 교수에게 자신의 생각을 설명하고 조언을 듣는 능동적인 상황을 연출해 낼 수 있다. 과연 한 학기가 다 지나고 나면 어느 쪽 학생들에게 남는 것이 많을까? 여기다 부수적인 장점까지 생긴다. 우리나라 대학생들이 매 학기 시작 즈음에 갖게 되는 교재비용에 대한 부담이 거의 없다는 점이다. [가난한 학생들에게 참 좋은 시스템이지 않나 생각된다] 강의 초반에 참고서적으로 알려주는 책이나 공부에 필요하다고 생각되는 책을 개인이 사는 것을 제외하고는 강의에서 일방적으로 교재를 선정하는 우리 모습과는 참 대조적이다.

어떤 방식이 좋고 나쁨을 떠나서 무엇인가 얻기 위해 스스로 선택해서 들어온 대학에서 어느 쪽의 자세가 필요한 것인지 곰곰이 생각해 볼 부분이다.

주절주절 비판은 많았지만 그래도 전체적으로는 서로 도와 주며 공부하는 한국의 대학문화가 가진 잠재력이 좋고 한국에서 일하는 디자이너들의 따뜻함이 좋다. 다만 우리만이 가진 좋은 문화의 요리위에 채워야 할 부족한 부분들이 토핑으로 얹혀 더 맛있는 요리가 되었으면 하는 바람이고, 이렇게 뛰어난 인적 소스가 제 맛을 가질 수 있게 해 줄 아름다운 사회적 시스템의 식기구들이 갖추어졌으면 하는 바람을 가져본다.

결국은
손맛이다

기술이 아날로그를 매장시키고 거의 모든 분야를 디지털로 바꿔 놓았다. 디자이너의 자존심도 그 트렌드를 견뎌내지 못하고 디지털 디자인으로 옮겨갔지만, 그래도 아이디어 발상의 정석은 아날로그임을 부인할 수는 없다.

디자인 역사가 항상 사인곡선을 그리며 반대방향을 뒤지듯 아날로그의 향수를 다시 찾는 이들이 점차 늘어나고 있다. 심지어 디지털기술과 아날로그 감성이 결합된 디지로그라는 변종도 탄생했다.

아무튼 디자인의 원형은 누가 뭐래도 아날로그적 '손맛'이다.

디지털이 아날로그를 매장시켰다

디자인은 전쟁이다. 군인이 전쟁터에서 살아남기 위해서, 그리고 전투에서 승리하기 위해서는 막강한 무기들은 필수조건이다. 과거의 전쟁은 주로 인력전(人力戰)이었다.

하지만 현대의 전쟁을 보면 어떠한가? 강대국들 사이에서는 무인전투기까지 등장할 정도로 첨단기술력을 앞세운 군사력을 과시하고 있다. 디자인 분야도 비슷한 상황이다. 과거 선배 디자이너들의 디자인도구는 한마디로 아날로그(analog)였다. 연필, 삼각자, T자, 제도판, 컴퍼스, 색연필, 마커, 전문 제도펜[그나마 제일 신식무기였다] 등이 그들의 유일한 디자인 도구이자 무기였다.

모든 디자인 작업들이 손을 통해 이루어지고 최종 결과물은 암모니아 냄새 풀풀 풍기는 청사진(blue print)을 통해 납품되었다. 그러다 보니, 선배 디자이너의 날렵한 손놀림과 섬세한 터치를 바라보는 신참 후배들은 마냥 놀랍고 신기하기만 했다. 도면 한 장, 한 장마다 디자이너의 손때가 묻어나고 아이디어 스케치나 손으로 작업된 투시도를 보고 있으면 그 디자이너가 의도한 바가 무엇인지, 강조하고자 하는 내용이 무엇인지 보는 이에게 그대로 전이되는 느낌이다.

요즘도 간혹 전공 관련 잡지를 통해 소개되는 작품 설명 안에 초기 아이디어 스케치나 손 투시도 작업이 실리는 경우가 있는데, 개인적으로는 화려한 컴퓨터 작업 결과물보다 더 맛깔스럽게 보일 때가 많다.

그래도 대세는 어쩔 수 없나보다. 언젠가부터 캐드(CAD)프로그램들이 모든 설계사무실의 도면 그리는 표준으로 바뀌고 이제는 사무실에서 제도판을 찾아보기란 더 이상 쉽지 않아졌다.

그만큼 도면작업의 속도도 빨라지고 수정도 간편해졌으며 더 이상 트레이싱지(tracing paper) [반투명한 종이로 청사진으로 구워내기 위한 원도면 작업에 주로 사용된다. 투명한 재질 때문에 아이디어 발전과정에서 이전 작업위에 덮어 지속적으로 사고를 발전시키는 용도로도 많이 사용된다] 위에 그려진 도면을 수정하기 위해 칼로 긁거나 지우개똥으로 책상을 뒤덮을 필요도 없게 되었다. 거기다 도면출력 기기들의 놀라운 기술발전을 통해 고해상도의 도면들을 쉽게 출력할 수 있게 되었으니, 옛날처럼 실수로 다 그려놓은 도면위에 커피 엎질러 놓고 죽고 싶은 심정이 될 필요도 없어졌다. 초보 디자이너들에겐 참 좋은(?) 세상이다.

청사진과 트레이싱지 위의 손 작업물들을 보고 있으면
디자이너의 가능성까지도 전이되는 듯 교감이 느껴진다.

시공은 아날로그다

각종 디지털 기술들이 대학생들의 각종 공모전이나 설계사무실의 현상설계에서 그 빛을 발하면서 현란한 표현기술과 각종 디지털 소스(source)들로 눈을 즐겁게 만드는 작품들이 매년 쉴 새 없이 쏟아져 나온다.

화려한 컴퓨터 기술들이 작품의 깊이와 무관하게 심사위원들의 눈을 현혹하는 경우들이 있어 문제가 되기도 하지만 디자인 의도를 효과적으로 표현할 수 있는 도구라는 점으로 볼 때, 인테리어디자인을 공부하고자 하는 학생들로서는 필수적으로 갖추어야 할 기술임에 틀림없다. [그래서 현상설계 규정 중에 메인투시도를 제외하고는 모두 흑백으로만 제출하라는 항목을 지정해 놓은 경우가 일반화되었다. 현란한 시각적 효과가 심사에 영향을 미칠 수 있다는 단점을 없애자는 취지로 보면 바람직해 보이긴 하나, 색채나 재료에 대한 느낌을 설명할 방법이 부족해 아쉬운 점도 없지 않다]

하지만 부정적인 면도 없지 않다. 많은 학생들이나 초보 디자이너들이 이러한 기술적 도구들이 디자인 과정의 중심에 있다고 생각한다는 데서 문제가 발생한다. 아이디어를 구상하고 뽑아내는 과정에서 필요로 하는 말랑말랑한(?) 아날로그적 요소들을 자꾸 옆으로 치워놓고 그 중심에 키보드와 모니터만 놓아둔다는 거다. 그러다 보니, 디지털로 표현할 수 없으면 아예 디자인에서 빠져 버리는 웃지 못 할 경우까지 생긴다. 고뇌 없는 직관적 화려함에만 집착하고 프로그램이 표현할 수 있는 시각적 효과에만 집착하는 경향을 보인다. 프로그램이 표현할 수 없으면 아예 생각조차 하지 않는 경우도 있다. 연필로 아이디어스케치 한번 안하고 바로 캐드에서 도면을 그리기 시작하는 학생들까지 생겼다. 통탄할 노릇이다.

시공은 디지털이 아니다. 우리 머릿속에서 상상할 수 있는 모든 아이디어들을 현실에서 보여주기 위해 목수가 망치 들고 톱 들고 성형을 하는 오리지널 아날로그이다. [기술이 발전하면서 첨단 건축공사에서는 디지털 기술이 문제를 해결해 주는 경우도 있긴 하지만] 그 아날로그 작업을 도와주는 수단으로서 디지털이 존재하는 것이지, 디지털이 목적이 되어 디자이너의 머릿속 아이디어를 헤집고 돌아다니면 곤란하다.

분명 초보 디자이너들에게는 익혀야 할 수많은 디지털 기술들이 있다. 하지만 그보다 더 중요한 것은 디자이너의 '손'

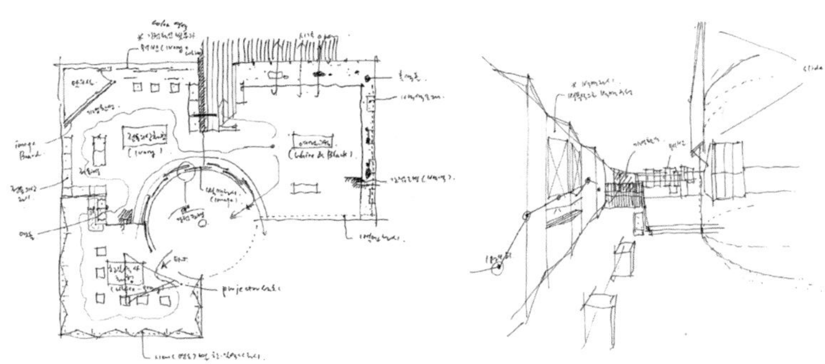

빠르고 쉽게 머릿속 디자인을 구체화하고 설명할 수 있는 가장 탁월한 방법은 누가 뭐래도 '손 스케치'이다.

이다. 내 머릿속이 컴퓨터와 연결된 칩이 박혀있는 인공두뇌가 아니라면 오늘부터 연필 들고 스케치하는 습관부터 들이자. 본인의 머릿속 아이디어가 손으로 옮겨지는데 걸리는 시간을 컴퓨터가 따라잡기도 불가능하거니와, 경험상 발상을 풀어가고 발전시키는 데는 뭐니 뭐니 해도 손맛이 최고다.

컴퓨터에 기대는 디자이너는 브레인이 될 수 없다. 자신의 손맛을 즐길 줄 아는 제대로 된 디자이너가 되자.

Episode

주제와 조금 비껴난 얘기이긴 하지만 손으로만 작업하던 시절의 에피소드이다. 대학교 졸업 작품 때였다. 그 때만 해도 컴퓨터로 출력된 패널은 그리 흔하지 않았을 때였고 대부분이 손으로 직접 도면을 그리고 패널에 일명 '누르기'라는 작업을 해서 다시 패널에 베껴 넣는 손 많이 가고 귀찮은 작업으로 작품이 준비된다.

주로 후배 도우미들이 완성된 도면을 다시 패널로 옮기는 작업들을 도와주게 되는데, 그러면서 후배들은 선배들의 작업을 통해 간접적인 교육을 받기도 하고 전체적인 디자인 과정을 이해하기도 한다. 교수님에게 배우는 지식과는 다른 별도의 생생한 경험을 얻는 셈이다. 작업과정이 이렇다 보니, 혹시라도 실수를 한다거나 마시던 음료수를 엎지르는 대형 사고(?)를 치는 날은 하늘이 무너져 내리는 기분이 된다. 나를 도와주던 후배는 워낙 손에 땀이 많은데다 선배의 일을 도와준다는 긴장감까지 더해져 패널이 땀의 습기로 울기까지 할 만큼 고단한 작업이었다. 말은 안했어도 그 후배는 패널이 운만큼 속으로 울었을 것 같다.

그 당시 내가 작업한 패널은 모두 연필터치로만 이루어진 흑백 패널이었는데, 마감 직전, 학과 교수님들이 모여 있는 가운데 열린 최종 크리티에서 사고 아닌 사고(?)가 일어났다. 외래교수님 한 분이 양복 안주머니에서 굵은 4B연필을 꺼내시더니, 내 패널이 마음에 안 들었는지, 본인의 스케치력을 과시하고 싶으셨는지 패널 위에 슥슥 터치를 하시는 게 아닌가. 안 그래도 며칠 동안 한 숨도 못잔 터라 어질어질하던 차에 하늘이 노래지고 알 수 없는 분노가 솟구치는 순간, 고마운 한 교수님의 제지로 일단 크리틱은 큰 문제없이 일단락 되었다. 그 시간 뒤에 이성을 잃은 나의 행동을 차마 여기서 밝힐 수는 없지만, 지금 생각해 보면 쓸데없는 객기가 아니었나 싶어 부끄럽고 죄송스럽다. 아쉽게도 지금은 그 당시 자료가 제대로 남아있지 않지만, [아날로그의 단점과 게으름의 결과이다] 아직도 그 손 때 묻은 패널이 머릿속에서 정확히 그려질 정도로 애착이 가던 작업이었다.

전공서적
고르고 읽기

전공서적은 디자인 아이디어의 바다이다.
평생 낚시를 한다 해도 바다에서 원하는 물고기만 낚기란 불가능하거니와, 그 중엔 병든 고기도 있고 먹지 못할 고기도 있고 맛없는 고기도 있어 낚은 노력만 아까울 수 있다.

맛있는 고기 낚기를 위한 몇 가지 팁을 준비했으니
요리할 준비를 하자.

많이 보는 게 남는 거다

대형서점을 가 봐도 생각보다 실내건축 관련 서적이 별로 없다. 많던데? 라고 고개를 갸우뚱하는 사람들도 있겠지만 사실 대부분의 인테리어 책들이 일반인들의 취미생활에 적합한 정도로 만들어진 책들이다.

예를 들어 DIY 가구 만들기, 풍수인테리어, 집 꾸미기, 주부가 할 수 있는 인테리어 아이디어, 경제적인 인테리어 소품 구매 정보 등에 관련된 책이 대다수를 차지하고 있다. 실제 전공자들이 정보나 지식을 얻기 위해, 또는 실내건축 전공 대학생들이 전공공부에 필요해서 발행된 책은 거의 대부분 대학교재에 가까운 서적들이거나 개인, 단체의 작품집 정도이다.

건축이나 타 디자인 분야에 비해 실내건축에 관련된 다양한 이론, 실질적인 디자인이나 담론에 관련된 책은 그다지 많지 않다. 그나마 위안이 되는 것은 전공 관련 잡지가 국내, 국외별로 다양하다는 정도이다. 이런 환경이다 보니 대부분 전공자들은 전공 서적만 주로 다루는 유통망을 통해 쉽게 구할 수 없는 책들을 구매하는 경우가 많다. 가격도 만만치 않다. 비쌀 수밖에 없다. 책에 들어가는 도판이나 자료에 대한 로열티도 지불해야 되고 사진자료가 많다 보니 인쇄방법이나 사용되는 종이의 단가도 상대적으로 비싸다. 이렇게 비싼 책들을 가난한 대학생들이나 박봉의 초보 디자이너들이 구매하기란 쉽지 않다. 그래도 책 욕심 많은 사람이 디자인도 잘

한다는 '믿거나 말거나' 심리가 있어서 그 비싼 책들을 눈물을 머금고 구매할 수밖에 없다. 많이 보는 게 남는 거니까. 실제로 책 몇 권 안보는 디자이너 중에 뛰어난 디자이너를 지금까지 본 적도 없거니와 혹시 있다면 외계인이거나 타고난 천재라는 것이 필자의 생각이다.

다시 말하지만 디자인 잘하려면 많이 보는 수밖에 없다. 많이 보자. 많이 볼수록 많이 알게 되고, 많이 알게 될수록 디자인 내공지수도 높아진다.

전공서적 이렇게 보자

이왕 사야 할 책이라면 어떤 기준으로 구매하는 것이 두고두고 자신의 디자인 작업에 도움이 되는 책이 될까? 사실 비싼 돈 들여 사 놓고도 1년 내내 거들떠도 안보는 책들이 책꽂이에서 햇빛과 먼지만 먹고 죽어가고 있는 경우가 적지 않다. 살 때는 혹해서 샀는데 실제로 1년 동안 한 번도 볼 필요가 없었다는 이야기이다.

안 그래도 바쁜 현대 사회에서 여유를 갖고 이 책 저 책 재미삼아 볼 시간을 내기란 거의 불가능하다. 결국 필요해야 손이 가고 그래야 사 놓은 책의 가치가 빛난다. 그래서 필자는 몇 가지 기준을 정해놓고 그 기준을 벗어나면 아무리 욕심나는 책이라도 지갑을 닫아 버릴 때가 많다. 어떤 책을 사는 것이 돈 아끼는 방법이고 어떤 방식으로 읽어야 도움이 될까?

첫째, 도면이 들어있는 책 위주로 산다.

외국서적 중에 국내에서는 잘 접하기 힘든 디자인 사례가 들어있는 책들을 보면 나중에 어떻게 참고가 될 지도 모른다는 생각에 덥석 사 놓고 먼지만 뽀얗게 쌓이는 경우가 허다하다. 도면이 나와 있지 않으면 실질적으로 자신의 디자인에 참고하거나 응용할 만한 가치가 상대적으로 떨어질 가능성이 높다는 말이다. 디자이너의 도면을 토대로 공간을 읽어낼 수 있는 근거가 있을 때, 제대로 도면을 읽어내는 훈련도 되고 설계시 참고자료로 활용될 가능성이 크다. 정작 사진보고 열심히 감탄한 뒤에 자신의 작업에서는 별로 응용하지 못하거나 연구할 만한 자료로서의 가치가 떨어지는 책들이 사진 위주로 만들어진 '그림책(?)' 들일 수 있다.

둘째, 저자의 논리나 사고가 들어있는 책을 산다.

잘 된 작품이건 그저 그런 작품이건, 혹은 작품이 아니라 자신의 생각만 풀어놓은 책이라 할지라도 지극히 객관적인 설명만 가득한 책은 손이 잘 가지 않는다. 이런 종류의 책은 읽다가 10분도 안 돼 잠들 가능성이 높다. 대학교재가 충분히 수면제 역할을 다 하고 있는데 굳이 또 다른 수면제까지 필요하지 않다는 말이다. 중요한 것은 책을 읽고 내가 고민할 수 있는 계기와 긴장을 만들어 줘야 한다는 점이다. 저자의 가치관이나 디자이너의 디자인에 대한 사고과정, 디자이너의 주장이 들어있는 책은 읽는 이로 하여금 다시 한 번 고민하고 자신의 작업과 빗대어 돌아볼 수 있는 계기를 만들어 준다.

셋째, 시간이 지나도 자료로 남을 가치가 있는 책들을 먼저 산다.

주머니 사정은 여의치 않은데 보고 싶은 책이 상대적으로 많다면 시간이 지나도 자료로서 활용할 가치가 있는 책들을 우선순위로 산다. 이런 종류의 책은 몇 년을 두고 몇 번씩 찾게 되는 책이고 다시 한 번 읽어보면 내공이 쌓인 만큼 다른 가치로 다가올 수 있다. 이런 습관 때문에 시간이 지날수록 상대적 가치가 떨어지는 잡지를 잘 안 사게 되는데 이것도 그다지 좋은 습관은 아니다.

넷째, 전공자라면 전공 관련 잡지 하나 이상은 꼭 구독하라.

다행히도 인테리어 관련 잡지는 국내외 할 것 없이 다양하게 구할 수 있으므로 적어도 하나 정도는 지속적으로 볼 필요가 있다. 업무가 바쁘다 보면 몇 개월 동안 한 번도 못 보게 되는 경우가 있는데 어느 날 읽어보면 디자인들이 생소해 보이기도 하고 트랜드를 잘 못 짚어 낼 수도 있다. 잡지를 자주 접하지 못한 자신이 부끄러울 때이다.

다섯째, 전공과 친척(?) 관계에 있는 잡지나 책을 보자.

개인적으로 가장 중요하게 생각하는 부분이다. 전공 잡지 이외에 건축전문잡지나 순수 디자인 전문잡지, 문화정보지, 대중적인 인테리어잡지 [전공자들의 경우, 대중적인 잡지를 수준 떨어진다고 기피하는 경우가 많은데, 전공 잡지 이상의 귀한 자료가 있는 책도 많거니와 클라이언트의 심리나 선호사항을 파악하는데 큰 도움이 될 수 있다] 등을 전공서적과 같이 보면 좀 더 입체적인 디자인 마인드를 형성하는데 도움이 될 수 있으니 여유가 있다면 하나 더 구독하자.

짬짬이 관련 분야의 단행본 서적들도 읽어두면 나무만 보다가 숲을 보지 못하는 좁은 시야를 벗어날 수 있으니 전공에만 파묻혀 머리가 굳어진다 싶을때 간간이 읽어보고 머리를 유연하게 만드는 여유도 부려보면 좋다. 만약 구매할 여유가 안된다면 서점 주인에겐 미안한 말이지만 그 자리에 쪼그리고 앉아서라도 다 읽어버리자.

보고 싶은 책도 봐야 할 책도 많다.
그래서 책읽기는 괴로우면서도 즐겁다.

2

대한민국의 모든 직장인들이 그러하겠지만 자신이 원하는 모습과 사회나
직장이 원하는 모습은 대부분 일치하지 않는다. 인생이 즐겁지 않다.
매일 출, 퇴근을 반복하지만 삶의 의미를 찾는 것조차 사치다.

"자, 다 집어치우고 사표를 던지자!"
그리고 그 다음은?

사회가 원하는 모습을 닮기 위해 한 걸음씩 전진할 때,
그 길의 끝에 자신이 원하던 모습이 나타나기 마련이다.
억세게 재수 없는 사람이 아니라면…
집어치우겠다는 만용은 버리고 자신을 업그레이드시키기 위한 시작으로
내딛는 용기를 보여 줄 때이다.

디자이너 집단에게는 버티기가 남는 장사다.

그 남는 장사가 인생이라면 버티기에서 즐기기로 마인드를 바꿔야 한다.
그게 진짜 남는 장사다.

사회가 원하는 디자이너

세상이 즐거운 사람들을 보면
직장이 바라는 것 위에
자신의 것을
만들어 가는 사람이다

진정한 프로가 되자

실내건축은 대부분이 '팀웍'을 기반으로 움직인다.
팀의 리더가 있고 리더를 중심으로 각자의 역할에 따라 맡은 바 업무를 수행한다. 작업의 완성도는 이들의 호흡이 얼마나 잘 맞아떨어지느냐에 달렸다.
그래서 필요한 것이 '프로'다.
팀의 한 명이라도 '아마추어'처럼 일하면 일의 결과도 아마추어가 된다.

나부터 '진정한 프로가 되자!'

어디를 가도 '프로'(professional)를 찾는다. 어느 분야에서나 프로를 외친다. 그런데 정작 진짜 프로는 잘 보이지 않는다. 프로를 가장한 아마추어가 너무도 많다. 일만 열심히 하면 프로가 될 수 있다는 착각에 빠진 신입사원들도 적지 않다. 인테리어디자인을 하는 우리에게 진정한 프로란 어떤 모습일까?

프린터 잉크가 다 되서…

과제마감일이 되면 학생들에게 가장 많이 듣는 말이다.

잔머리 굴리는 인간치고 성공하는 경우를 본 적이 없다. 같이 일하다 보면 팀 안에 꼭 한 두 명 정도 핑계를 밥 먹듯 하는 친구가 있다. 자신이 맡은 일을 다른 팀원의 도움 없이 해결하는 법이 없고 해결해 내지 못한 일에는 꼭 이유가 붙는다. 그렇게 상사나 다른 동료들에게 몇 번 찍히고 나면 다음부터는 그 친구가 말하는 모든 이유가 핑계로 들린다. 일로서 성공하지는 못하는 양치기소년이 되어 버린 불쌍한 경우다. 프로에게 핑계란 존재하지 않는다.

부득이하게 책임을 완수할 수 없는 상황이 발생하는 경우가 간혹 있는데, 이때는 팀원 모두가 대부분 납득하고 이해할 수 있는 상황일 때가 많다. 물론 경험이 쌓이고 노하우가 생기면 이런 부득이한 경우의 수도 치밀한 계획에 의해 줄여야 한다. 그게 바로 프로다. 대학의 학생들을 예로 들어보자.

실내건축 전공의 과제양은 타 전공들에 비해 만만치 않게 많다. 디자인해야 하는 업종이나 종류가 워낙 많고 다양하다 보니, 최대한 많이 디자인해볼 수밖에 없다. 보통 과제의 결과물은 출력물과 모형작업인데, 마감일에 과제를 받다 보면 꼭 몇 명의 입에서 나오는 이유 아닌 이유가 있다.

> "교수님, 어제 밤에 완성해서 출력하려고 했는데, 집에 프린터 잉크가 다 떨어져서 오늘 못 가져왔어요. 내일 제출하면 안 될까요?"

학생에 따라 정말인지 거짓인지 대충 감이 오지만 중요한 건 그게 아니다. 진짜 잉크가 다 떨어져서 출력을 못해온 친구라고 해서 거짓말한 친구보다 별반 나을게 없다는 점이다. 결과적으로 마감일에 맞춰 제출하지 못했다는 사실은 똑같다.

여기서 한번 곰곰이 생각해 보자. 밤을 새워 열심히 하고도 잉크가 다 떨어져 출력 못해온 친구라고 해서 다독여 줘야 할까? 속으로야 안타깝지만 겉으로는 호되게 호통을 친다. 자신에게 진정한 프로정신이 있었다면 제출에 대비해 본인의 프린터 잉크상태를 사전에 점검하고 있었어야 했고 만약의 사태에 대비해 여분의 잉크를 준비해 놓고 있어야 한다. 여기서 좀 더 나아가면 적어도 마감일 하루, 이틀 전에는 작업을 완료했어야 하고 불시의 상황에 대처할 시간적 여유를 벌어야 한다. 잉크부족 정도가 아니라 프린터가 아예 고장이 나버리면 어쩌겠는가? 클라이언트와의 미팅자리에서 프린터가 고장 나서 출력해오지 못했다고 변명하고 있을 수는 없지 않겠는가? [실제로 설계사무실에서 이런 일이 일어나는 경우는 거의 없지만 전문 출력소에서 출력된 결과물을 기다리느라 클라이언트와의 약속이 늦어지는 경우가 종종 발생하는데 이 역시 같은 이야기다] 내가 클라이언트라면 절대로 이런 친구에게는 일을 맡기지 않는다. 이렇듯 예측하지 못하는 상황에 대한 대응책을 미리 준비해 두는 습관이 몸에 베일 때 프로로서의 기본도 갖추어졌다고 말할 수 있다.

진짜 그럴만한 이유가 됐건 합리화시키기 위한 핑계가 됐건 더 이상 자신의 업무에서만큼은 자꾸 잔머리 굴리고 빠져나가려는 습관을 버리고 치밀한 계획에 의해 준비하는 습관을 들이도록 최선을 다하는 자세가 필요하다.

자신을 경영하는 오너가 되라

업체의 소장이나 대표를 만나 직원들에 관해 이러쿵저러쿵 얘기하는 걸 듣다보면 하나의 공통점이 있다. 직원들에게 주인의식이 없다는 이야기다. 반대로 업체에서 일하는 직원들과 만난 자리에서 자주 듣는 얘기 중 하나가 애사심이 생기지 않는다는 이야기다. 뼈 빠지게 일하는데도 그에 걸맞은 대우를 해주지 않는데 달리 방법이 없어 그만두지 못한다는 거다. 절이 싫으면 중이 떠나라고 대우를 제대로 해주지 않으면 그만두면 될 것 같지만 목구멍이 포도청이라고 그것도 쉽지 않다.

어느 쪽 손을 들어줘야 할까? 사실 둘 다 맞다. 오너 입장에서야 주인의식 없는 직원들이 불만인 게 당연하고 직원 입장에서야 정당한 대우를 못 받는다고 입이 나오는 게 당연하다. [자본주의 사회에서는 오너가 최선을 다해줘도 대부분의 직원들은 불만을 가질 수밖에 없다] 간혹 취업 나간 제자들이나 후배들에게 위와 같은 하소연을 듣고 있으면 모질게 농담한마디 던진다.

"더러우면 네가 사장해라."

좀 무책임한 말 같기도 하지만 뼈를 담은 말이다. 경험상 항상 투덜거리는 직원은 나중에도 절대 오너가 되지 못한다. 혹여 기적(?)이 일어나 사장이 된다고 하더라도 똑같이 직원들 욕을 입에 달고 살 가능성이 크다. 투덜거리는 시간에 차라리 준비를 하자. 더 나은 대우를 받을 수 있는 곳으로 옮길 수 있는 실력을 쌓던지, 왜 내가 투덜거릴 정도로 사무실 운영상태가 좋지 않은지 곰곰이 생각해 보고 더 좋은 환경을 만드는데 최선을 다하자. 자기 스스로가 오너가 된 기분으로 일해보라. 그러다 보면, 자연스럽게 회사의 재무구조가 눈에 들어오고 운영하기 위해 일을 따내는 방식도 익혀지며 더 나은 사무실 구조를 만들어 내기 위해 자신이 할 수 있는 일이 무엇인지도 눈에 보인다. 보통의 신입사원들은 부정적인 것들이 더 크게 눈에 들어오기 마련이다. 이왕 엉덩이 깔고 일해야 하는 직장이라면 부정적인 면들만 뒤지고 다니지 말고 긍정적인 점들을 찾아다니는 자세가 본인의 정신건강이나 미래의 비전을 위해서도 좋다.

스스로 오너가 되자. 그러면 어느 순간, 진짜 멋진 오너가 되어 있는 당신을 발견할 것이다.

항상 늦는 김군

'약속시간을 지켜라'

백번, 천번을 강조해도 지나침이 없는 말이다. 필자의 경우를 얘기해 보겠다. 난 원래 잠이 많다. 한 끼도 안 먹고 24시간을 자라면 잘 수 있는 끈기를 지녔다. 한때, 아침형 인간이 성공한다는 슬로건 아래 수많은 사람들이 유행처럼 새벽 5시에 기상한 적이 있다. 인테리어 분야처럼 밤샘작업이 많은 사람들에겐 죽으라는 소리처럼 들린다. 새벽 5시에 잠자리에 들 때도 허다한데 새벽 5시에 일어나라니…

아침형 인간에 대해서는 아직도 맞다, 아니다 말이 많지만 정답은 없다. 사람마다 타고난 체형이 있고 작가나 연구원들처럼 올빼미를 밥 먹듯 필요로 하는 업무구조가 있는데 이걸 억지로 바꾸기란 여간해선 쉽지 않은 노릇이다. [사실 이런 고질적인 인테리어 분야의 업무환경도 바꾸는 게 바람직하다]

하지만 이런 생활패턴을 가지고 있는 사람들에게도 프로가 되기 위해서 꼭 지켜야 하는 것이 있는데 그 중 하나가 약속시간이다. 늦는 사람은 항상 늦다. 이유가 있고 없고를 떠나서 항상 늦는데 이것 역시 습관의 문제이다. 학교 다닐 때를 떠올려 보라. 집이 아무리 가까워도 지각하는 친구는 계속 지각해서 선생님께 벌 받지 않던가?

약속시간에 늦으면 인생도 늦어진다. 진정한 프로가 되려면 10분 먼저 오진 못하더라도 절대로 늦지는 말자.

관리하자, 스케줄!

결국 일을 잘 한다는 것은 스케줄 관리를 어떻게 하느냐와 직결된다. 프로젝트가 시작되는 킥오프(kick off) 시점부터 클라이언트에게 마지막 결과물이 건네지는 종료시점까지 철저한 스케줄 관리가 필요하다. 프로는 마지막에 절대 허둥대지 않는다. 노련한 선배들을 보라. 어딘지 모르게 일하는데 여유가 있고 마감이 되는 시점까지 일이나 사람을 컨트롤하는 능력이 남다르다. 그만큼의 오랜 경험과 노하우 덕분이다. 그렇다면 이 노련한 선배의 경험을 최대한 앞당기는 방법은 무엇일까?

보통 프로젝트 하나가 끝나고 나서 그 일이 어떤 과정으로 진행되어 어떤 결과가 나왔는지 되짚어 보는 사람은 그다지 많지 않다. 지나간 시험 틀린 문제 확인하는 고통스러운 일을 다시 하고 싶지 않은 거다. 끝났다는 것으로만 만족한다. 이래서는 다음번 프로젝트 때도 유사한 실수나 잘못된 스케줄 관리를 반복할 소지가 높다. 진행된 프로젝트의 문제점이 무엇이었는지 어떻게 스케줄을 조절해서 어느 부분의 일정이 예상보다 지연되었는지 꼼꼼히 체크해서 동일한 실수를 반복하지 않도록 해야 한다. 인테리어 분야의 일은 단독 작업보다 팀워크를 통한 협업이 많다보니 굴러가든, 기어가든 마감시한이 되면 큰 사고가 터지지 않고서는 일은 마무리된다. 프로와 아마추어의 차이는 여기서 드러난다. 일이 양(quantity)으로 마무리되는지 질(quality)로서 마무리되는지 분석해 볼 필요가 있다.

학생 시절에 공모전 준비를 해 보면 스케줄 관리능력이 작품의 수준을 결정한다는 걸 확연히 알 수 있다. 마지막까지 평면 붙들고 늘어지는 친구의 작품이 좋은 상을 받기란 하늘의 별따기이다. [간혹 별 따는 친구를 본 적이 있기는 하지만 딴 별만 믿고 자신 있게 사회로 뛰어든 친구가 직장생활에서 헤매는걸 보면 정말 안타까울 따름이다]

효과적인 스케줄 관리가 작품의 질로 나타나고 이러한 훈련이 진정한 프로가 되기 위한 밑바탕이라는 점을 꼭 명심했으면 한다.

시키는 일만 하면 재미없다

인테리어 사무실에서 근무하는 직원들의 대부분은 상사가 시키는 일만 해내기도 벅찬 게 현실이다. 그러다 보니, 디자이너의 꿈을 갖고 갓 사회로 뛰어든 혈기왕성한 친구들은 쉽게 지치고 질릴 수밖에 없다. 위에서는 끈기를 가지고 시키는 일이나 열심히 하라고 닦달하지만 요즘 같이 톡톡 튀는 청개구리 세대에게는 고문일 수밖에 없다.

모 인테리어 사무실과 공동으로 일을 진행했을 때의 일이다. 개인적인 일을 마무리하고 전체 스케줄을 예상해서 저녁이 다 된 늦게야 일을 시작하려는 순간, 같이 일하게 될 사무실 직원으로부터 전화한통이 걸려왔다. 작업이 얼마나 진행되었는지 알고 싶다는 거다. '어, 이 놈 봐라'라는 생각이 들어 나중에 사무실 소장님에게 물어봤더니 그 친구의 원래 성향이 그렇게 적극적이라고 설명해 주는데 '요즘도 이런 직원이 있나'라는 생각이 들었다. 나중에도 그 의욕이 꺾이지 않기를 간절히 바란다.

방을 청소하려고 빗자루를 찾고 있는데, 청소하라는 엄마의 잔소리를 듣는 순간 맥이 풀려버리는 경험을 해 본적이 있을 것이다. 일도 똑같다. 디자인에 대한 의욕이 앞서 갈 때는 일이 즐겁지만 마지못해 해야 된다고 느끼면 그만큼 하기 싫은 일도 없다.

주변에 잘 나가는 디자이너들을 보라. 그들의 작품에서 잘해보이겠다는 욕구가 용솟음치는 게 느껴지지 않는가. 그래서 그들에게는 일이 즐겁고 지침이 없다. 늦은 시간까지 작업해도 마냥 즐겁다. 시키는 일만 하지 말고 스스로 찾아서 해보라. 다른 사람보다 30분 먼저 출근해서 인테리어잡지를 뜯어보고 전공서적을 읽어보라. 상사가 시키기 전에 오늘 자신이 해야 될 일이 무엇인지 먼저 시작해 보라. 직장에서 인정받고 상사로부터 받는 스트레스가 줄어들고 일이 즐거워지며 결국은 본인 스스로에게도 프로로 거듭날 수 있는 자양분으로 돌아올 것이다.

하기 싫은 일도 할 줄 알아야 한다

한 친구가 자기소개서를 들고 와서 좀 봐달라고 부탁한 적이 있다. 여느 20대들처럼 톡톡 튀는 발상과 자신감에 넘쳐 있는 소개서였다. 한참을 읽어 내려가다가 재미있는 문구를 발견했다.

'나는 내가 하고 싶은 일만 하면서 살고 싶다.'

시처럼 마지막 부분에 한 줄 남긴 말인데 묘한 뉘앙스가 담겨있다. 어찌 보면 당돌하고 어찌 보면 패기 넘치는 말로도 들린다. 하지만 내가 사장이라면 절대로 이런 친구는 안 뽑는다. 사회생활하면서 하고 싶은 일만 하면서 살 수 있는 축복받은 사람은 극히 소수에 불과하다.

그래서 직장인들 대부분은 투덜이 스머프로 살아간다. 궁극적으로야 하고 싶은 일만 하면서 살 수 있도록 자기 스스로를 계발하고 자기가치를 높여야겠지만 삶이 그리 호락호락하지만은 않다. 그렇다고 하기 싫은 일을 억지로 하면서 살 수는 없지 않겠는가. 위의 문구를 조금 바꾸어보자.

'나는 내가 하기 싫은 일을 하고 싶도록 만들면서 살고 싶다.'

이왕 해야만 하는 일이고 그 일이 가치가 있다고 판단되면 의식부터 바꾸자. 그리고 이 일의 어떤 부분이 나에게 도움이 될지 생각해 본다면 그나마 하기 싫던 일도 다른 시각으

다들
내 능력을
몰라보고...
김대리하고
다시는
말하나 봐라.
시키는
일만 해도
정신없는데
언제 공부해?
오너가
오너 다워야
오너지. 흥!
디자인은
위에서 다하고 우리는
맨날 잡일만 하고
난 언제 디자인 한번 하나?
꿈도 없고
비전도 없고
아... 불쌍한
하루살이
인생
김실장은
매일 우리한테만
일시켜 놓고
자긴 데이트하러 가고.
월급은
쥐꼬리만큼 주고
일은 죽어라
시키고...
도대체
허구헌날 야근이야.
때려치던가
해야지.
투덜거릴
시간 있으면
능력을 쌓아라.
임마.

로 보일 것이다.

포커페이스

한 때, 폭력이나 도박을 주제로 한 홍콩영화가 유행처럼 번진 적이 있었다. 영화의 느와르(noir)적 분위기에 매료되어 배우들의 표정이나 습관을 따라 해 본 청소년들도 엄청 많았다. [우스운 얘기지만 필자도 영화 첩혈쌍웅에 나오던 배우가 담배를 잘라 피는 걸 보고 멀쩡한 담배를 두 동강 내서 짧게 남은 담배를 피우던 때가 있었다. 덜 피우려는 의도였는지 긴 장초가 폼이 안 나서 그랬는지 지금은 웃음만 나온다]

도박 영화가 주류를 이루었는데 영화 속 배우들이 포커판을 벌일 때 표정들을 주목해 보면 재미있는 공통점을 발견할 수 있다. 감정적으로 쉽게 흥분되거나 얼굴에 당황 내지는 기뻐하는 감정들을 숨기지 못하는 타짜치고 이기는 경우를 본 적이 있는가? 항상 극 중 주인공은 얼굴에 철판 깔고 초지일관의 무표정으로 판을 싹쓸이한다. 옳고 그르고를 떠나서 얼마나 멋있어 보이는가.

디자인 작업도 이처럼 포커페이스(poker face)를 필요로 할 때가 많다. 연차가 짧은 직원일수록 팀 작업을 할 때, 서로의 의견충돌이 생기면 바로 얼굴에 감정이 묻어 나오고 상사나 클라이언트 앞에서 실수를 할 때면 얼굴이 붉게 상기된다. 현장에서 일이 잘못 돌아가고 있으면 버럭 화부터 내고 마감

인테리어 현장은 전쟁터이다. 전쟁터에서 긴장하거나 약한 모습을 보이면 진다. 가장 힘들기도 하지만 가장 중요하기도 한 것이 흔들림 없는 자세이다.

일정에 쫓기면 바쁘다고 허둥대는 모습이 얼굴에 바로 드러나 주변 사람까지 불안하게 만든다. 상사로부터 하기 싫은 업무를 받으면 바로 인상을 쓰고 설계검토 과정에서 수정지시가 내려지면 바로 얼굴이 짜증을 낸다. 이러다 보면 결국 자신의 인생만 짜증나게 된다.

다른 직업들도 그렇지만 특히, 인테리어 분야는 사람을 상대로 하는 업무가 반 이상이다. 사람상대에서 자신의 감정을 컨트롤하지 못하면 디자인하는데 아무리 많은 공을 들인다 하더라도 좋은 결과물이 나오기 어렵다. 속으로야 마음이 상하고 짜증스럽더라도 유연한 얼굴을 하고 그 때 그 때 상황에 차분히 대처하는 훈련을 하다보면 결국은 주변 사람들도 자신을 도와주기 마련이고 일도 즐겁게 마무리 지을 수 있다.

초보 디자이너들이여, 오늘부터 거울보고 얼굴에 철판 까는 훈련을 하자.

삶을 즐겨라!

개인적으로 사회에 갓 뛰어든 신입 디자이너들에게 가장 힘주어 말하고 싶은 내용이다.

일과 삶에 있어 최소한의 경계선을 두어야 한다. 고개를 갸우뚱할 수도 있겠지만 우리는 전통적으로 일을 위해 모든 걸 아끼지 않고 희생하는 사람이 프로의 전형인 것처럼 세뇌(?)당해 왔다. 특히, 순수예술 분야의 대가들 중 몇몇 작가들은 정신분열 증상에 자해에 마약까지 하면서 주옥같은 작품을 남겼고 후대에 그 삶의 깊이와 창작 정신을 높이 평가하여 엄청난 가격에 그들이 남긴 작품들을 구매한다. 순수예술과 인테리어디자인을 비교하기에 다소 무리가 있긴 하지만 인테리어 디자인은 이와는 다른 관점에서 볼 필요가 있다. 디자인하는 자신이 즐거워야 디자인결과물에서 생활하는 사람들이 즐거워할 수 있는 공간이 나온다. 자신의 삶이 스트레스 덩어리인데 어떻게 다른 사람들에게 아름다운 공간을 선사할 수 있단 말인가.

일에만 파묻혀 자신을 혹사시키지 말고 자신에게 주어진 삶과 일을 조화롭게 분배할 수 있는 현명함을 가지자. 거기서 나오는 즐거움을 에너지 삼아 사람들이 안락하게 생활할 수 있는 공간을 디자인할 때 비로소 진정한 프로 디자이너가 될 수 있다고 믿는다.

지금까지 얘기한 것들은 실내건축분야에서 프로가 되기 위한 가장 기초적인 이야기들이다. 이 외에도 프로로 성장하기 위해 익혀야 할 것들이 너무도 많다. 한 번에 이루어지지 않는다.

모든 것이 '습관'의 문제다. 꾸준히 자신을 채찍질하고 큰 눈을 하고 세상을 마주하다 보면 어느새 자신을 본받고 따르고 싶어 하는 수많은 후배디자이너들이 당신을 존경스러운 눈빛으로 바라보고 있을 것이다.

am 9:00 ~ 9:30
사무실 청소가 하루의 시작인 신입 디자이너. 신나게 청소하는 긍정적 마인드를 가진 신입이 과연 몇 명이나 될까? 사실 그만큼 의욕을 만들어 주지 않는 환경인 경우가 많다.

am 9:30 ~ 10:00
일이란 것이 일단 시작하기만 하면 되는데 그 시작이라는 것이 그리 쉽지만은 않다.
'일단 커피 한잔 마시고…'
이 말이 습관이 되어 커피마시는 게 업무가 되어 버리는 아침.

am 10:00~ 12:00
인터넷이 업무를 망치기 일쑤다. 그만큼 관심거리도 많아지고 볼 것도 많아진 시대를 살고 있다. 하루가 길다고 생각하고 오전 내내 딴 짓하는 사무실의 풍경이 낯설지만은 않을 것이다.

pm 12:00 ~ 1:00
하루일과 중 가장 즐거운 시간이 밥시간이다. 특히 신입에게는…?

pm 1:00 ~ 1:30
점심 먹고 커피한잔이나 담배한대는 당연하게 받아들이는 것이 일반적인 직장인들의 습관이다. 이제는 직장 내에서 담배 필 공간도 거의 사라지긴 했지만 디자인하는 사람들에게는 아직 흔한 풍경이다.

pm 1:30 ~ 2:00
딱 잠 오는 시간이다. 상사의 눈치를 피해가며 책상에 머리를 붙일 수 있을 때가 가장 행복한 시간이다.

pm 2:00 ~ 5:00
오후가 지나면서 슬슬 긴장감이 생기고 상사의 눈치도 보이고 하루업무량에 대한 부담도 되고 일을 안 하려야 안 할 수 없다.

am 5:30 ~ 6:00
말뿐이긴 하지만 슬슬 정규업무 시간이 끝나가고 집중력이 떨어진다.

pm 6:00 ~ 7:00
야근 준비를 위해 저녁을 먹을 때 과연 즐거운 신입이 몇이나 될까? 간혹 바깥공기도 마실 겸 나가서 먹는 것이 기분전환에 도움이 될지도 모르긴 하겠지만.

pm 7:00 ~ 7:30
식사를 했는데 커피한잔이 빠질 수 있겠는가? 지는 저녁노을을 보면서 신세 한탄하는 신입디자이너 시절을 겪어보지 않은 사람은 또 몇이 될까?

pm 8:00 ~ ?
밤에 집중이 잘된다는 핑계 아닌 핑계로 밀린 업무를 시작하지만 과연 몇 시간동안 몰두할 수 있는지 묻고 싶다.

pm ? am ?
신입 디자이너여. 오늘 당신은 보람찬 하루를 보냈는가?

과장된 이야기이긴 하지만 위 얘기의 주인공이 제대로 일한 시간이 몇 시간쯤 될까?

열두시까지 야근했다면 대략 7~8시간 정도이다. 과연 야근했다고 말할 수 있는 업무시간일까?

업무구조상의 어쩔 수 없는 야근도 있겠지만 기존 업무관행과 신입디자이너 스스로 자신의 잘못된 습관을 짚어 볼 필요가 있는 이야기이다.

‘쟁이’가 되기보단 ‘디자이너’가 되자

한 분야에서 장인기질을 지켜야 성공하는 직업도 있고 자신의 전공분야 뿐 아니라 이것저것 많이 알면 많이 알수록 좋은 직업이 있다.
디자인이라는 타이틀을 걸고 일하는 직종은 시대가 발전하면 할수록 더욱 세분화된다. 그만큼 한 분야 내에서 소화해야 할 기술이나 지식의 축적된 깊이가 시대발전과 같이 상승곡선을 그리는 분야이다.
이에 따른 한계상황도 파생되기 시작한다.
분야간 교집합에 ‘공동화’가 생기고 어느 분야도 전문가라고 나서지 못하는 기현상이 발생한다.

이제는 전문성의 그래프 반대쪽으로
‘경계허물기’가 필요한 때이다.

'쟁이'라는 단어의 사전적 의미를 보면 '그것이 나타내는 속성을 많이 가진 사람'을 뜻하는 말로 명사 뒤에 붙어 그 명사에 관련된 속성이 두드러지는 사람을 일컫는 표현이다. 사전적 의미와는 별개로 이 쟁이라는 말은 사용하는 분야나 상황에 따라 부정적 이미지와 긍정적 이미지를 넘나드는 뉘앙스를 풍길 때가 많다. 한 방면의 전문가적인 솜씨와 정신을 칭송하는 듯 들리다가도 한 가지에만 몰두하는 '오타쿠'적인 느낌을 받을 때도 있다.

'쟁이'는 우물 안 개구리?

인테리어 디자인 분야에서 쟁이라는 표현을 들을 때면 슬쩍 심기가 불편해지는 경우가 있다. 불편하단 말은 별로 듣기 좋은 말로 들리지 않는단 얘긴데 왜 그럴까? 문화나 예술 전반에 대한 이해가 부족한 상태에서 전공분야 하나에만 몰두하는 우물 안개구리처럼 격하된 느낌이 드는 게 가장 큰 이유이다.

예를 들어, 칠-쟁이, 도배-쟁이 식의 표현은 결국은 칠만 알고 도배만 아는 한 가지 기술에 국한된 사람을 낮추어 지칭하는 말이다. 그럼 건축-쟁이, 인테리어-쟁이 라고 부른다면 건축만 알고 인테리어만 아는 편중적인 지식을 가진 사람이라는 뉘앙스를 풍길 수 있다고 볼 수 있는데 실제, 위와 같이 부르는 사람이 없다는 게 다행이긴 하다. [대신'-업자'라는 표현 때문에 디자이너로서 자긍심이 무너질 때가 있다] 주로 쟁이라는 단어를 붙일 때는 한 가지 특정기술을 가진 사람을 일컬을 때가 많다 보니 건축이나 인테리어처럼 여러 가지 기술이나 지식이 필요한 경우에는 갖다 붙이기 애매해서 그럴 수 있겠다 싶지만 좀 더 크게 볼 필요가 있다. 문화에서 예술, 예술에서 디자인, 디자인에서 세분화된 가지 중 하나인 인테리어 분야로 점점 작업범위를 한정시켜 가다보면 쟁이라는 표현만 없을 뿐이지 결국은 한 분야에만 편중된 쟁이가 될 가능성이 없지 않다. 실제 건축이나 인테리어에 종사하는 수많은 디자이너들이 쟁이화 되어있고 자신의 분야에 고착된 관점 위주로 디자인을 하고 있는 게 현실이다. 그러다 보니, 다른 분야에서 이 분야로 뛰어든 사람들은 되도록이면 인정해 주지 않으려는 암묵적인 종족주의(?)가 표출될 때도 있다.

팔방미인

인테리어 디자인은 실제로는 아메바처럼 영역의 한계를 규정짓기 애매한 분야이다. 우선, 공학과 디자인의 양다리를 걸치고 있다는 점에서 예쁜 그림만 그리고 있을 수만 없다. 그리고 시각디자인, 광고디자인, 제품디자인, 가구디자인 등 타 디자인 분야와 주고받는 관계를 통해 제대로 완성된 디자인 결과물이 나온다는 점에서 내부마감만 하는 걸로 무게 중심을 두면 곤란할 수 있다. 또한, 불특정 다수의 생활과 가장 직접적으로 맞물려 있기 때문에 대중문화를 이해하고 소화할 수 있는 안목도 필요하다. 이 밖에도 각 디자인 분야들

간의 컨버전스(convergence)가 가장 필요한 분야 중 하나이다보니 인테리어 디자이너는 쟁이가 되기보단 진정한 디자이너가 되기 위한 시각과 지식을 갖출 필요가 있다.

우리에게 익히 알려진 디자이너 필립 스탁(Pilippe Starck)과 카림 라시드(Carim Rashid)를 예로 들어보자.

필립 스탁은 디자이너 앞에 수식어가 달려 아무개 분야 디자이너가 아니라 액면그대로 그냥 디자이너이다. 독학으로 공부한 그에게 어디 분야 출신이라는 말은 어울리지 않는다. 천재적 감성을 가지고 닥치는 대로(?) 디자인한다. 제품에서부터 가구, 인테리어, 건축, 조명 등등 그에게 한계란 없어 보인다.

카림 라시드를 보자. 그 역시 건축, 인테리어, 산업디자인 등 많은 분야를 공부했고 다양한 디자인 분야의 작품들을 선보였다. 우리에게 익숙한 현대카드, 기업 '한화'의 CI 디자인도 카림 라시드의 작품이다. 카림 라시드의 경우, CI 디자인에는 별로 경험이 없어서였는지 독특한 안목 때문이었는지 그가 작업한 한화 CI는 기존 CI들에서 본 적이 없는 희귀한 트라이서클(tri-circle)로 만들어져 있는데, 말들이 많긴 하지만 오히려 정형에서 벗어난 과감한 시도로 보여 진다. [우리나라처럼 보수적인 사회에서 이러한 시도를 디자인 분야 학생이 했어도 우리나라의 보수적인 클라이언트 층에서 받아 들였을지 궁금하긴 하다]

이들 두 사람에게 어느 특정 분야에 대한 전통적인 선입관은 존재하지 않는 것처럼 보인다. 이 두 디자이너의 작업처럼 분야를 넘나드는 다양한 노력을 하다 보면, 그만큼 각 분야 별로 항상 새로운 것들이 눈에 보이고 고정관념을 벗어난 새로운 시각을 가질 수 있는 능력을 쌓을 수 있다.

우리나라는 학벌이 어디이고 전공이 무엇인가에 따라 할 수 있는 일도 한계도 정해져 버리는 것이 일반적이다. 그 사람이 갖고 있는 재주나 능력을 믿고 일을 맡기기보다는 학벌이라는 후광이 더 크게 느껴지는 게 현실이다 보니, 다른 분야에 관심을 가지는 것조차 사치로 느껴지거나 쓸모없는 것처럼 생각되는 경우가 많다. 하지만 처음 얘기한 것처럼 쟁이로 머물지 않기 위해서는 이 분야, 저 분야를 기웃대며 항상 자유롭게 사고하고 과감하게 시도할 수 있는 진짜 디자이너가 될 용기를 가질 필요가 있다.

디자이너인가?
기술자인가?

무형의 디자인이 유형의 결과물을 생산하지 못하면
그것은 죽은 디자인이다.
실현될 수 없을까봐 주눅 드는 디자인보다 팔 걷어 부치고
해결하려고 시도하는 디자인이 훨씬 가치가 있는 것도
이런 이유에서다.

팔짱끼고 디자인만 논하는 권위적인 디자이너보다
현장에서 먼지 뒤집어쓰고 고생하는 디자이너가 필요하다.

Tesigner!

프로젝트가 있을 때마다 스스로에게 반복해서 물어보는 질문이다. 평소에는 열심히 디자이너라고 외치고 다니다가 현장 상황에 부딪히면 부딪힐수록 내 속의 '디자이너'(designer)는 자꾸 작아지고 '테크니션'(technician)이나 '엔지니어'(engineer)만 무럭무럭 자란다. 난 디자이너이고 싶은데 현장에서는 자꾸 기술자가 되란다.

이는 대부분의 인테리어디자이너들이 겪는 일반적인 상황이다. 물론 오랜 경험과 노하우를 가지고 있는 숙련된 디자이너는 웬만한 기술자 부럽지 않을 정도의 해박한 문제해결능력을 지니고 있지만 책상머리에서 도면만 치고 있는 초보 디자이너들에게는 참으로 막막한 이야기이다. 디자인을 해결하기 위해 시공에 적합한 디테일을 풀어내는 능력, 현장에서 발생하는 예기치 못한 문제에 대한 대처능력, 현장 기술자들을 관리하고 합리적인 협의를 통해 최선안을 도출해 내는 능력, 전체 공사스케줄을 조절하고 공사비용을 합리적으로 관리하는 능력 등등, 단순히 그림 잘 그리고 반짝이는 아이디어로만 승부하기에는 너무나 배울 것도 많은 게 인테리어다.

실내건축은 건축과 달리 하나의 업체가 설계, 시공, 감리를 모두 운영, 관리하는 구조가 일반적이다 보니, 디자이너의 역할도 그만큼 확대된다. 이러한 구조에 적응할 수 있는 인재를 양성하기 위해 대학들도 학문적 이론과 실무경험이라는 두 마리 토끼를 모두 잡기 위해 부단한 노력을 기울이고 있지만, 대학 교육의 특성상 한계에 부딪히는 경우가 대부분이다. 제대로 된 현장실습과 실질적인 산학협력을 통한 샌드위치방식의 교육시스템 개발이 절실한 부분이기도 하다.

인테리어디자이너는 페이퍼 아티스트(paper artist)가 되서는 곤란하다. 훌륭한 인테리어디자이너가 되기 위해서는 디자인과 동시에 실무를 해결할 수 있는 머리 둘 달린 초인이 되어야 한다.

닥치는 대로 익히자. 그 노력이 쌓이다 보면 당신은 진정한 'Tesigner'(Designer+Technician) 가 되어 있을 것이다.

이론가나 페이페 디자이너가 되는 순간, 당신은 인테리어 분야에서 가장 쓸모없는 부류가 될 수도 있다.

Episode

나의 경우는 실내건축을 독일에서 배운 상황이라 개인적으로 다른 사람들보다 오히려 더 힘든 부분들이 있었는데, 얘기는 못하고 속으로만 끙끙 앓았던 때가 있었다. 우선 현장에서 사용되는 모든 용어들이 생소했다. 과거 일본의 영향으로 말미암아, 대부분의 현장용어들이 일본어화되어 있어[이는 분명 체계적으로 수정되어야 되는 부분이다] 한국어로 뜻을 이해하고 다시 일본어로 단어를 익혀야 하는 상황이었다.

어느 날, 이래서는 안되겠다 싶어 조그만 메모용 노트를 마련해 현장에서 나오는 모든 생소한 용어들을 발음대로 받아 적고는 사무실로 돌아와 모든 수단과 방법을 가리지 않고 그 뜻을 하나하나 익혀갔다. 어떤 때는 받아 적은 단어를 아무리 뒤져봐도 찾을 수 없을 때가 있었는데, 나중에 아는 분이 잘못 받아 적은 걸 보고 웃어 넘어가는 부끄러운 경우도 있었다.

한동안 그렇게 뒤지고 공부해 어느 정도는 익숙해졌지만 아직도 가끔 생소한 단어를 들으면 되물어야 하는 경우가 있다. 중요한 점은 부끄러워하지 말자는 거다. 열심히 묻고 다니자. 부끄러움은 순간이지만 지식은 영원히 내 것이 된다. 물론 장벽이 용어뿐만 은 아니다. 디테일을 푸는 방법이나 재료를 적용하는 방법, 한국적 정서에 맞는 디자인, 이 모든 것들이 새로이 적응하고 공부해야만 되는 숙제였다.

그래서 나는 아직도 열심히 공부중이다.

멀티 플레이어가 되자

고대 이집트의 전설적인 건축가 '임호텝'이 액세스플로어를 알 필요가 있었을까? 친환경 디자인에 대한 지식이 있었을까? 21세기의 사회는 만능을 요구하기 시작했다. 기술이 다양해지면서 디자이너 한 명이 알아야 할 것도 엄청나게 늘어났다.

이제는 디자인 제대로 하려면 '멀티'가 되어야 한다.

집중력의 분배가 필요한 시대

시대가 변하고 컴퓨터기술이 발달하면서 멀티 플레이어(multi player)라는 단어는 너무나 익숙한 표현이 되었다. 인터넷으로 영화 틀어놓고 고스톱을 치면서 메신저로 채팅까지 하는 젊은 친구들을 보고 있으면 그저 놀라울 따름이다. 참고로 필자도 20대처럼 젊은 마인드를 가졌다고 우기고는 있기는 하지만 한 번에 여러 가지 일을 해내는데 그리 익숙하지 못하다. 한가지에만 목숨 거는 장인정신(?)이 삶을 사는 가장 올바른 자세라고 배워온 세대이니만큼 '멀티'가 익숙하지 않은 건 당연한 것 같다.

하지만 지금 우리가 살고 있는 시대는 그런 마음가짐을 아름답게 봐주기에 너무나 많은 정보와 새로운 기술들에 숨도 못 쉴 지경이 되어 버렸다. 특히, 인테리어 회사에 갓 입사한 신입 디자이너들은 충분히 이 심정을 이해할 수 있을 거다. 보통 인테리어 사무실을 꾸려나가기 위해서 한 번에 한 가지 프로젝트만을 진행하다가는 굶어죽기 딱 좋다. [물론, 고급디자인만 하는 소수의 인테리어사무실들은 예외가 되기도 하지만] 적어도 두 가지, 보통은 세 가지 이상의 프로젝트가 동시에 진행되는 경우가 일반적이다. 그러다 보니 초보 디자이너들에게 할당되는 작업량도 만만치 않다.

어떻게 대처해야 될까? 대부분은 혼란스러워 하고 짜증내고 힘겨워한다. 결국은 본인만 손해다. 적절히 집중력을 분배하는 훈련이 필요하다. 타고난 두뇌구조가 멀티라면 다행이겠지만 그렇지 못한 대부분의 초보디자이너들은 훈련을 통해서라도 이러한 업무구조를 몸에 익혀야 한다. 플래너(planner) 작성을 통해 분산된 생각을 정리하는 것도 좋은 방법이다. 사실, 꼼꼼하게 업무스케줄이나 해야 될 업무량을 적는다고 하더라도 원래 계획과 상관없이 벌어지는 돌발 상황으로 인해 계획대로 일을 진행하기가 여간 쉽지 않은 일이 인테리어 업무이다. 그래서 며칠 열심히 적다가 다 포기하고 사무실 한구석에서 먼지만 쌓여가는 플래너를 발견하는 경우가 적지 않다.

그래도 계속 적자. 조금만 끈기를 갖고 적다 보면 어느새 기록을 통해 생각이 정리되고 자신의 업무환경에 적합한 두뇌구조가 만들어질 것이다.

업무에서의 멀티

동시에 여러 가지 일을 효율적으로 분배해서 처리할 수 있는 노하우를 쌓아야 한다.

실제 현장에서 일을 하다 보면, 순수 디자인 작업 외에도 수많은 협력업체와의 전화업무, 시도 때도 없이 잡히는 회의, 현장에서 발생하는 문제처리, 전체 공사 스케줄관리, 작업자 관리, 물품 발주 관리, 클라이언트와의 미팅 등 한 눈에 들어오지 않는 광범위한 업무범위를 익혀야 한다. 갓 사무실에 입사한 신입의 눈으로 보면 '이걸 어떻게 한 번에 다?'라고 겁먹는 건 당연하다.

너무 걱정할 필요는 없다. 시간이 지나고 경험이 쌓이면 차근차근 몸에 베인다. 다만, 그 하나하나를 익힐 때 확실히 몸에 익히자. 부딪히고 깨지다 보면 몇 년 지나지 않아 나름대로 체계를 만들어 진행해 낼 수 있는 능력도 갖추어진다.

바로 이 때부터 진정한 프로로서의 첫걸음이 시작되는 것이다.

기술에서의 멀티

거장들의 시대처럼 한 사람이 모든 능력을 다 갖추기란 불가능한 시대에 살고 있다. 과거에는 건축가 누구누구가 아무개 작품을 디자인했다고 하면 그대로 받아들여졌지만 지금은 잡지에 어떤 작품의 대표 설계자가 표기되면 그 밑에 얼마나 많은 디자인 인력의 업무 분할이 이루어지고 기술력이 동원되어서 하나의 건축물이 탄생되었는지 쉽게 짐작하기 어려울 정도이다.

흔히 TV드라마 주인공이 한 고층건물을 가리키면서 '이 건축물 내가 설계한 거야'라고 자신 있게 자랑하는 경우가 종종 있는데 말도 안 되는 소리다. 요즘 고층빌딩이 누구 한 명의 디자인으로 떡하니 지어질 만큼 간단할 리가 없다. 그만큼 업무나 기술이 분업화, 전문화되어 있고 그에 맞는 전문가들이 각자의 전문영역에서 치열한 경쟁을 통해서 살아남아야 하는 상황이다.

책상머리에 앉아서 디자인만 열심히 한다고 훌륭한 디자이너가 될 수는 없다. 컴퓨터 형사 '가제트'의 만능 팔이 필요할 정도로 이것저것 두루 살피는 노하우가 쌓일때 비로소 디자인이 빛을 발한다.

그나마 실내건축은 디자이너 한 사람의 역량이 지배적인 작업이다. 그렇다 하더라도 이 안에서도 배워야 할 것들이 한두 가지가 아니다. 자신이 직접 해결해야 하는 기술도 있고 관련 기술에 관한 개론적인 지식도 익힐 수 있는 한 많이 익혀야 한다. 디자인만 하더라도 손으로 다 해결되던 시대에서 각종 디자인 툴(tool)들이 개발되면서 사회가 디자이너들로부터 요구하는 디자인 관련 프로그램들도 만만치 않다. 이런 상황에서 현실적으로 쉽지 않은 얘기지만, 대학은 학생들에게 최대한 많은 그래픽 프로그램과 툴들을 습득시켜 사회로 내보내고자 노력한다. 현대 사회에서 인테리어 디자이너로 성공하기 위해서는 한 가지 기술이나 프로그램만 다루는 기능인이 되어서는 곤란하기 때문이다. 지인 한 분이 학창 시절 필자에게 한 조언이다.

> "우리 분야에서 하나만 잘 하면 남 밑에서만 일하다 인생 끝난다."

생각해볼 필요가 있는 말이다. 오늘 도면 나왔는데 내일까지 3차원 렌더링(rendering)을 만들어 내라는 프로그램에 무지한 바보 같은 매니저가 되면 곤란하지 않겠는가?

사고에서의 멀티

한 가지 방향에만 몰두해서는 결코 좋은 디자인이 나올 수 없다. 디자인 작업 중에도 최대한 많은 생각을 동시에 해야 한다. 디자인 하나로 인해 파생될 수 있는 문제점뿐만 아니라, 설계상의 누락된 부분도 입체적으로 사고해야 한다.

동시다발적으로 몇 가지 프로젝트를 수행해야 한다면 적절한 사고의 분배도 필요하다. 한 번에 여러 가지를 생각하는 것이 혼란스러울수록 더 생각을 쪼갤 줄 알아야 한다. 하나의 스케줄 안에 한 쪽 업무와 다른 쪽 업무를 넘나들 때마다 사고를 끊어가는 훈련이 필요하다.

경력이 쌓이고 프로젝트 매니저(project manager)가 된 후에는 여러 방면의 전문가들과 협업을 원활히 진행하기 위해서 다방면에 대한 지식을 갖춘 이른바 팔방미인이 되어야 하고 사고의 재분배도 더욱 절실해진다. 그만큼 이쪽 방면에는 동시에 많은 생각을 소화해 낼 수 있는 인재를 필요로 한다.

쥐어짜기

과거 어머님들이 한약을 달여 삼베 천으로 꼭꼭 쥐어짜서 마지막 약 기운의 한 방울까지 모으는 애틋한 정성이 필요한 작업이 디자인이다.

200g을 짜서 마셔야만 만족할만한 약기운을 받는다고 생각해 보자. 199g을 마시고 약발을 못 받는다면 얼마나 억울하겠는가? 디자인도 이런 방식으로 생각하라. 199g의 노력으로 지쳐 포기하면 지금까지 짜낸 199g의 가치도 사라진다.

마지막 1g까지 짜낼 수 있는 끈기가 필요한 작업이 바로 '인테리어디자인'이다.

정답이 없는 작업

인테리어디자인이 힘들면서도 매력적인 이유 중 하나는 작업에 대한 정답이 없다는 거다. 보통 문제지 끝에 정답 페이지가 붙어있는 것처럼, 공간을 만들고 디자인 아이디어를 뽑는데 정답이 존재한다면 얼마나 행복할까 생각할 수도 있겠지만 반대로 생각하면 작업 자체가 얼마나 시시하고 재미없어질까 싶기도 하다. 하지만 아무리 재미있어도 정답이 없다는 점은 역시나 디자이너들에게 엄청난 압박으로 다가올 수밖에 없다.

보다 훌륭한 공간을 만들어내고 보다 좋은 아이디어를 끄집어내기 위한 '최선안'을 만들어내기 위해 말 그대로 온 머리와 가슴을 쥐어짜야 한다. 음료자판기의 음료수가 동전만 넣으면 찰칵하고 나오는 것처럼 공간에 대한 설계도 명쾌하게 인풋(input)과 아웃풋(output)이 결정되어 있다면 얼마나 편하겠냐마는 실상은 그렇지 못하다.

동전은 한도 끝도 없이 들어가는데 설계라는 자판기는 여간해서 음료수를 뱉어내지 않는다. 게다가 음료수가 나왔다 하더라도 원래 마시고 싶었던 음료수였는지 아닌지 자신이 서지 않는 작업이 디자인이다. 그래서 일반적으로 디자이너들은 여러 가지 음료수를 뽑아서 맛을 보는 실험들을 한다. 디자인 제안 작업에서 흔히들 만들어 내는 '대안'(alt)작업이 그것들 중 하나인데, 설계자 및 클라이언트가 이것저것 마셔보고 가장 맛있다고 생각되는 음료수를 선택하거나 칵테일

거의 다 와서 포기하면 고민을 시작도 못해본 것과
별반 차이가 없을 수 있다.
어느 한계점을 두드릴 때까지 고민, 또 고민하자.

처럼 섞어 마시는 과정으로 비유할 수 있다. 설명이야 이렇듯 간단해 보이지만 이 여러 가지 음료를 뽑아내기 위한 디자이너들의 즐거운(?) 고통은 이루 말할 수 없다. 500원을 넣었을 때 500원짜리 음료수가 나오리란 법이 없다. 정말 간혹, 자판기를 툭 쳤을 뿐인데 음료 캔 여러 개가 후드득 떨어지는 행운도 있긴 하지만 거의 대부분의 인테리어 작업은 인풋보다 아웃풋이 초라한 경우가 대부분이다.

그렇다면 이런 성격을 가진 인테리어디자인 작업에 왕도가 있을까? 정답은 없더라도 왕도는 있다.

"열심히 쥐어짜면 된다."

때로는 시간이 해결한다

경험에 비추어 볼 때, 결국 디자인은'시간싸움'이다. 더 많은 시간을 고민하고 더 많은 책을 보고 더 많은 도면을 그리다 보면 그만큼 더 훌륭한 디자인이 나올 가능성이 크다. 작업에 모든 신경을 다 쏟다 보면 밥 먹을 때나 생리현상을 해결할 때도 머릿속은 온통 작업에 대한 생각으로 가득 차게 된다. 한창 아이디어 구상에 빠지다 보면 출근길 지하철에서 몇 정거장을 지나쳐 지각하는 경우까지 생긴다.

번득이는 아이디어는 순간에 만들어지지 않는다. 결과물 없이 지나간 시간을 버려졌다고 아까워하거나 초조해하지 말고 오히려 누적되어 쌓인 시간의 힘을 믿어보자. 시간이라는 비가 지속적으로 내려야만 꿈쩍도 않던 땅에서 아이디어라는 싹이 올라오기 마련이다. 싹이 나오기 직전까지 내린 비를 아까워한다면 싹 틔우기란 절대로 불가능한 법이다.

머리로만 디자인하지 마라

그러면 가슴으로 디자인하라는 소리일까?

아니다. 손과 눈으로 디자인해야 한다. 많은 초보 디자이너들이 작업이 잘 풀리지 않아 머리를 쥐어짜고 힘들어 할 때를 관찰해 보면 한 가지 공통점이 있다. 손이 놀고 있다는 거다. 머릿속으로는 수만 가지 상상을 해 보며 뭔가를 만들어 내려 하지만 자기가 무슨 천재나 숙련된 디자이너도 아니고 팔짱을 끼고 미간을 찌푸린 채 무언가 떠올리려고 애쓰고 있는 모습을 보면 측은한 마음마저 든다.

구체적인 형태나 디자인을 상상하는 훈련이 쌓인 친구라면 문제가 다르겠지만 보통은 머릿속만 뒤죽박죽이 되고 시간만 흘러가기 일쑤이다. 많은 고민을 했음에도 결과적으로 눈앞에 보이는 결과물은 아무것도 없고 상사에게 한소리 듣기만을 기다리고 있어야 한다. 물론 이런 노력들이 전혀 도움이 안 된다고 말할 수는 없지만 경험상 차라리 그 시간에 뭔가를 보고 그리고 만들어 보고 눈으로 직접 확인해 보는 것이 훨씬 효과적일 수 있다.

잠시 머리는 떼어놓고 손이 앞서나가는 훈련을 해보라. 손 가는데로 끄적이고 만들다 보면 머리가 생각하지 못한 결과물이 거꾸로 아이디어를 제공할 수 있는 재료가 될 수 있다.

일반적으로는 머리가 생각한 것들을 손으로 표현하는 것이 순서겠지만 관점을 바꾸어 머리가 생각하기 전에 손이 앞서가는 훈련을 해보라. 그렇게 머리와 손이 서로 피드백(feedback)과정을 거치다 보면 훨씬 유연하고 풍부한 디자인 작업이 가능해진다. 생각이 정리되지 않은 상태에서 어떻게 그게 가능하냐고 반문하기 전에 한번 시도해보길 바란다. 손이 앞서간다는 말의 참뜻을 이해할 수 있을 것이다.

밀어 붙여라

앞서 언급한 대안 작업들을 진행하다 보면 중도에서 아이디어를 포기하는 경우들이 있는데, 자신의 작업에 대해 스스로가 신뢰하지 못하고 진행 중인 도면을 구겨버리고는 머리를 쥐어짜는 초보 디자이너들이 많다. 그래서는 디자인과정을 이해하는 안목을 쌓을 수 없다. 뚝심을 가지고 진행 중인 대안은 완료를 하는 것이 중요하다. 중간단계에서는 발견할 수 없는 장점들이 완료시점에 나타나기도 하고 선행 대안작업이 다음 대안작업의 바탕이 될 수도 있다. 그렇게 몇 가지 대안들이 모였을 때 비로소 '최적안'이 만들어 질 수 있다.

별보기와 하늘보기

인테리어 디자인은 작업특성상 한두 시간 안에 끝낼 수 있는

AM 9:30
고민 시작.
음...
이런
식으로...
AM 11:30
고민 중
다른
방법은
없을까?
PM 5:30
계속 고민 중
음...
PM 5:30
꿈에서 고민 중
Z
Z
z

일이 아니다. 적어도 설계에만 며칠에서 길게는 몇 달을 끄는 프로젝트들이 비일비재하다 보니 그만큼 지치기도 쉽다.

예를 들어, 두 달 정도의 스케줄을 가진 프로젝트를 작업 기간 내내 집중력을 유지하며 진행할 정도의 내공(?)을 가진 디자이너는 흔치 않다. 그래서 리듬을 탈 필요가 있다. 마치 통증부위에 마사지를 하듯 꼭 쥐었다 폈다를 조절해야 한다. 고도의 집중력으로 쥐어짜기를 하다가 천천히 풀어주고 관조하는 여유를 가져야 한다. 이런 식으로 리듬을 유지하면 미시적 관점의 '별보기'와 거시적 관점의 '하늘보기'가 가능해지고 프로젝트가 옆길로 빠지지 않고 균형을 유지할 수 있는 바탕이 된다. 특히, 대규모 프로젝트에서는 꼭 명심해야 할 부분이다.

정답이 없기 때문에 최선을 다한 디자인은 내자식처럼 예뻐 보인다. 자식 같기 때문에 머리를 쥐어뜯고 손을 괴롭히고 눈에 핏줄이 서더라도 행복할 수 있는 작업이 인테리어 디자인이다. 즐겁게 쥐어짜 보자. 자신의 내면에 발견하지 못했던 잠재력을 깨울 수 있는 좋은 과정이 될 것이다.

3

요리책에 나와 있는 김치 담그는 법을 보면 '배추를 소금물에 절이고 무채 썰고 미나리, 쪽파 준비하고 육수 만들고 이것저것 넣어 김치 소 만들고 절인 배추에 소를 넣고 겉잎으로 잘 싸서 김치냉장고에 보관했다 먹으면 된다'라는 식이다.
김치를 담그려면 필수적으로 당연히 알아야 할 내용이다.

그런데 왜 집집마다 김치 맛이 다 다를까?
노하우나 정성에 대한 2%가 다르기 때문이다.

실내건축 관련 교재들의 설명도 위에서 얘기한 김치 담그기 식이 대부분이다.

디자인의 깊이를 더하려면 기본 레시피에 2%를 더 얹어야 하는데 그런 부분들에 대한 이야기를 풀어내기에는 교재가 가지는 특성상 한계가 있다. 여기서 그 2%를 고민해 보자.

실내건축 해부학

관습에 자신도 모르게
세뇌당한 부분이 있는지
의심하는 곳부터
디자인은 출발한다.

대중성과 순수성의 경계위에서

예술의 경계가 무너지면서 장착물의 한계 또한 무너졌다.
디자인도 더 이상 대중 위에서 군림하던 시기에서 벗어나
대중과 함께 호흡하며 행보를 맞추는 자본주의의 마지막
버스에 올라탔으며, 무시당하고 폄하 당했던
경계 밖의 B급 문화나 키취들이 콧대 높았던 권위주의 예술에
쿠데타를 일으켰다.

와인이나 양주가 아무리 고급술이라지만
소주에 더 기분 좋게 취할 때도 많지 않은가?

1970, 80년대에 어린 시절을 보낸 세대라면 누구나 한번쯤은 통과의례처럼 지나온 추억을 하나 꺼내볼까 한다.

우리의 어린 시절을 풍요롭고 상상력 가득하게 만들어준 그 이름도 찬란한 '만화'이야기이다. 글도 못 읽던 코흘리개 시절부터 엄마 말씀 죽어라고 안 듣고 만화책을 끼고 지내던 시절이 있었다. 수업시간 중에 하라는 공부는 안하고 교과서 여백을 온통 아기공룡 둘리[김수정 작가의 보물섬 연재작]와 까치, 엄지[이현세 화백의 단골 주인공]로 도배를 하다 열심히 벌서고 혼났던 기억이 엊그제 같은데 이제는 딸아이가 케이블TV의 애니메이션만 끼고 산다고 잔소리하는 멋없는 아빠가 되어 버렸다. 지금은 대학가 주변에서나 유적 발굴하듯 찾아야 만날 수 있는 만화방이지만 어렸을 적엔 한동네의 중국집 수와 맞먹을 정도로 만화방이 성황을 이루었으니, 우리들의 놀이터는 그네 있고 시소 있는 진짜 놀이터 아니면 만화방일 수밖에 더 있었을까?

지금처럼 방에 틀어박혀 개인용 PC를 유일한 친구로 착각하는 아이들, 칼만 안 들었지 거의 폭력에 가까울 정도의 학원비를 물어가며 학교수업 마치자마자 바로 차에 태워져 학원으로 직행해야만 하는 우리네 아이들을 보면 그래도 난 참 자유로운 시대에 살았구나 하는 무책임한 생각을 하기도 한다. [그래서 아직도 내 아이는 돈 들여서 학원 보내지 말고 공교육의 힘을 믿고 스스로 공부할 수 있는 힘을 키워주자고 꿋꿋하게 버티고 있다. 오래 버틸 자신은 없지만 어느 학부모 말처럼 아직 위기의식을 못 느껴서 그런가 보다] 그래서일까? 부모가 된 지금도 그 어린 시절의 추억 때문인지 간혹 스트레스에 넉다운이 되어 머릿속에 연기가 가득 찬 기분이 들 때면 대학가 주변의 만화방을 찾을 때가 있다.

인테리어, 대중문화와 씨름하다

나는 지금도 가장 존경하는 분 중 한 사람이 만화가 '허영만' 씨다. 글도 잘 읽지 못하는 어린 시절부터 그 분의 만화를 읽었고 시대가 변해 대중문화가 제대로 대접받는 지금, 영화나 드라마로 만들어질 만큼 탁월한 내용구성과 치밀한 자료 수집력, 작가로서의 프로근성은 디자이너들이 본받아야 할 필수덕목이라고 생각된다.

이제 와 생각해 보면 어릴 적 만화방을 내 집 드나들 듯 하고, 수업시간에 만화만 죽어라고 그리던 피땀 어린(?)노력이 지금 이 분야에서 작업할 수 있는 능력을 만들어준데 한 몫 하지 않았을까 생각된다.

독일에서 공부할 당시, '만화 속에 나타난 미래 공간'을 주제로 세미나가 열린 적이 있다. 바쁜 설계과제에 쫓겨 참석할 수는 없었지만, 그때 당시 세미나 포스터 하나로 기존에 갖고 있던 디자인에 대한 고정관념이 완전히 무너지는 순간이었다. 한국에서 영화를 주제로 건축 스터디를 한 적은 있었지만[지금이야 타 장르와의 아이디어공유가 보편화되어 있지만 그 때만 해도 순수성 문제로 선배들에게 욕 많이 들었다] 만화를 주제로 공간을 풀어보려는 생각을 하다니…

실내건축은 실용학문이고 실용 디자인이다. 그만큼 실내건축에 있어 대중성은 배제할 수 없는 분야이다. 학문이 저만큼 대중으로부터 도망가 있으면 디자인으로 그 간극을 좁힐 필요가 있는 분야가 바로 실내건축이다.

오래 전부터 건축은 일반인들이 접근하기 꽤나 어려운 학문이었다. 어렵게 만들려고 해서 어려운 게 아니라 실제로 어려운 학문이다. 필자는 현재 건축에서 살짝 비껴나가 실내건축을 하고 있어서이기도 하지만 여전히 건축은 필자에게 한없이 어려운 학문으로 남아 있다. 그에 대한 이유 없는 반감으로 실내건축을 쉽게 풀이하려고 무지 애쓴다. 그래서 개인적으로 가장 혐오하는 디자이너가 뻔하디 뻔한 내용을 비비꼬아서 일반인들이 이해할 수 없게 포장하는 허세를 부릴 때이다.

간혹 공중파방송이나 케이블 방송에서 인테리어 관련 프로그램들을 방영하는 경우가 있는데, 소문난 손재주 있는 아주머니(?) 한 분이 집안 꾸미기를 주제로 손수 장식장을 짜고 의자를 만들고 커튼을 디자인하는 모습을 보면서 리포터는 무슨 마술이라도 보는 듯 손뼉을 치고 놀라워한다. 필자가 봐도 놀랍다. 물론 그 분이 공간을 성형하고 이해하는 건 아닐 수도 있지만 그 자체로도 훌륭한 생활(?)디자인임을 받아 들여야 한다.

영화감독 스티븐 스필버그를 예로 들어보자. 스필버그 감독은 어릴 때부터 지독히도 공부와 담을 쌓고 영화에 미쳐 지냈다. 후에 유명한 영화감독이 되고 남긴 말이 있는데 요지는 이렇다.

> '아이의 눈을 가지고 동화 같은 상상력을 가지기 위해서 만화책'을 끼고 살았다.'

그 순수함과 무한한 상상력이 E.T를 만들고 라이언 일병을 구할 수 있는 원천이 되지 않았을까?

실내건축은 다수의 일반인과 공유해야 하는 학문이다. 학문은 학문 자체로서 순수성을 유지하며 발전해야 하는 의무를 가지며, 디자인은 디자인 그 자체로서 대중성을 배제하지 않는 교집합을 만들어 낼 필요가 있다. 그렇게 순수성과 대중성을 유연하게 넘나드는 디자이너들이 많아질수록 공간도 그 생명력이 넘치게 되고 학문을 넘어 문화로서 호흡할 수 있는 것이다.

Episode

태어나서 처음으로 집을 샀다. 이사하기 전에 손을 좀 볼 필요가 있어 가족들과 함께 소위 '동네업자'를 찾았다. 중이 제 머리 못 깎는다고 집 꾸밀 자금도 없고 그다지 집 꾸미기에 대한 욕심도 없던 상황인데다, 베란다나 확장하고 창고나 두면 되는데 굳이 내가 팔 걷어 부치고 나설 필요도 없었다. 간단히 해치우자는 생각으로 산책도 할 겸 이사 갈 동네 주변의 상가에 있는 조그만 인테리어 가게를 들렀다.

사장님으로 보이는 분이 하시는 말씀은 녹음기처럼 정해져 있었다. 발코니 창호는 어느 브랜드로 하면 얼마, 방하나 확장하는 비용 얼마, 현관 장식에 드는 비용 얼마, 몰딩(moulding, 벽체와 천장, 벽체와 바닥, 각 부분별 모서리 등을 깔끔하게 마감하기 위해 감싸주는 마감재의 총칭, 세부적으로는 가구나 창호 등에도 모서리처리를 위해 사용된다)은 종류에 따라 가격이 얼마 등등 어딘가에 무언가 장식이 되기 시작하면 돈이 올라가는 거다. 모르는 척 하고 '말씀하시는 장식들 다 필요 없으니 몰딩 종류는 다 빼고 다른 꾸미기도 할 필요가 없으니 나머지 필수 부분으로만 해 주시면 견적이 어느 정도 나올까요?'라고 물었더니 정색을 하시면서 하는 얘기가 '몰딩도 안하면서 무슨 인테리어라고 말할 수 있나요? 요즘은 이런 장식이 유행이니 싼 가격에 하시죠?'라고 얘기한다. 정중히 사양하고 기본 견적만 묻고 나오는데 아버지 표정이 별로 좋지 않으신 것 같았다. 뒤에 아버지께서 하시는 말씀이 '난 지금처럼 삭막한 느낌은 싫다'였다.

나는 한국의 아파트 분양가 폭등에 한 몫 하는 것 중 하나가 들어와 사는 사람의 의사와 무관하게 기본적으로 인테리어작업이 완료되어 있는 마케팅 구조라고 생각한다. 요즘은 몇 가지 타입을 정해놓고 선택할 수 있도록 다양한 마케팅 전략을 짜는 건설업체들도 있지만 아직도 대부분의 서민들은 획일적인 디자인에 맞춰 구매해야만 하는 분양시스템에 만족해야 한다. 불과 2,30년 전만 해도 수도꼭지만 나와 있는[유럽에는 아직도 이런 경우가 대부분이다. 간혹 수도꼭지조차 없어 직접 사서 달아야 하는 곳도 있다. 그래서 이사 갈 때 수도꼭지까지 떼어가는 야박한 경우까지 있다] 아파트가 일반적이었는데 이제는 빌트인(built-in) 벽장, 싱크대에 식기세척기, 드레스 룸 등등 큰 준비 없이 들어와 살면 되니 얼마나 편리한 구조인가 싶기도 하지만 그 편한 옵션들 안에 숨어있는 또 다른 이윤이 있고 선택의 여지없이 돈을 물어야 하는 구매자 입장을 고려해 보면 어딘가 모순이 숨어있다고 생각된다. 있는 사람들은 새로 지어진 집의 갖춰져 있는 마감재와 가구들까지 다 떼어내 쓰레기로 만들고 완전히 새로 내부를 단장하니 국가적으로 얼마나 큰 경제적 손실인가 싶기도 하다.

물론 장점도 있다. 견실한 건설업체들은 시공에 대한 노하우뿐만 아니라 인테리어를 전문적으로 하는 협력업체들의 피땀 어린 노력을 바탕으로 적정 가격의 멋들어진 집들을 짓는다. 소비자들이 발품팔면서 골머리 썩지 않아도 된다. 그때 그 때 시대적 트렌드를 정확히 잡아내어 소위 잘 팔리는 디자인을 만들어 내기 위한 밤낮 없는 그들의 수고를 아는 나로서는 사는 사람의 개인적 취향과 개성이 없다는 단점만

빼면 원래 그대로의 상태로도 당연히 마음에 들 수밖에 없지 않겠는가? 인테리어 디자인하는 사람이 이런 이야기를 하면 굶어죽기 딱 좋을지는 모르겠으나 이사를 다녀보면서 느끼는 점 중 하나가'이대로도 그리 나쁘지 않은데 왜 다 뜯어내고 새로 할까?'이다. 처음 디자인 자체가 프로들의 작업인데 왜 다른 누군가에게 다시 맡겨서 다 뜯어내고 새로 단장을 할까라는 생각을 해보면 아버지와 나 사이에 생기는 시각 차이는 당연한 건지도 모른다. 디자이너의 디자인이 아버지와 나, 두 사람 다를 포괄하기란 힘들다는 점이다.

나는 직장이 타지에 있다 보니 이사 간 집에서 거의 생활하지 않는다. 주로 생활하는 사용자는 아버지, 어머니를 비롯한 가족들이다. 그런데도 내 잣대만 들이댔으니 참 불성실한 디자이너다.

누군가는 깔끔하고 심플하게 아무런 장식도 없는 것이 아름답다고 이야기하지만 또 다른 누군가는 차갑고 삭막하게 느낀다는 거다. 누군가는 스트라이프 벽지가 세련됐다고 얘기하지만 누군가는 꽃무늬 벽지가 따뜻해 보인다는 거다. 누군가는 꼬르뷔제 할아버지(Le Corbusier, 모듈러를 창안하고 현대건축의 틀을 만드는데 역사적인 한 획을 그은 프랑스 건축가)의 흰색이 가장 순수해 보이고 넓어 보인다고 항변하지만 누군가는 아무 디자인도 없는 정신병원 같다고 싫어한다는 거다. 누군가는 미니멀리즘(minimalism)을 이야기하고 해체주의(deconstruction)을 이야기하지만 누군가는 생활이 해체당하는 기분이 들지도 모른다는 거다.

인테리어는 순수예술이 아니다. 대중이 살아야 하고 생활해야 하고 그들이 즐겨야 하는 공간디자인이다. 내가 디자인했다고 해서 내가 만족하고 기뻐하기 전에 그 공간에 부대끼며 생활해야 하는 그들이 만족하고 기뻐하는 것이 최우선순위에 놓여야 한다.

캔버스에 그림을 그리는 예술작품은 일반인들이 이해하기 힘들 수 있는 작가만의 눈높이로 그려지고 그 수준을 이해하는 사람이 나서서 구매하고 전시하고 입가에 미소가 그려지면 그만이다. 반면 인테리어는 디자이너의 진통 끝에 태어난 작품이라 할지라도 즐겨야 하는 누군가가 사전에 정해져 있는 실용디자인이다.

혹자는 이렇게 얘기한다. 예술가는 대중을 계도하고 이끌어서 그들의 수준을 끌어올려야 하는 막중한 사명감을 가지고 있다고.

여기에 하나 덧붙여 이야기해보자. 실내건축가는 순수 예술가가 아니다. 대중을 설득하고 계도하고 디자이너 본인의 만족감을 채우는 책임감 위에 클라이언트의 안목이 높고 낮음을 떠나 스스로가 행복하게 생활할 수 있도록 도와줘야 하는 막중한 사명감부터 가지자.

그게 실내건축가의 도덕적 사명이자 참된 보람이다.

다시 실내건축이란 무엇인가?

전문가만 가능한 직업이 있고
일반인도 조금만 배우면 능히 할 수 있는 직업이 있다.
또한 전문가와 일반인이 공유하는 직업도 있다.
실내건축은 크게 보면 세 번째에 속한다.

실내건축이 쉬운 듯 어려운 이유가 여기 있다.

실내건축의 정의

사실 우리나라에서 실내건축(Interior Architecture)이라는 용어를 사용하기 시작한 지는 그리 오래 되지 않았다. 지금도 각 대학들에서 사용하는 학과의 명칭에서 알 수 있듯이 '실내디자인' '인테리어디자인' '실내건축디자인' '실내장식' '실내의장' 등 여러 단어들을 혼용해서 사용하는 것이 일반적이다.

그만큼 개념도 명확하지 않다. 사실 이 업종에 종사하고 교육하면서도 그 정확한 의미나 정의를 내린다는 것이 쉽지 않을 만큼 여러 분야들이 얼기설기 얽혀있고 그 작업경계 또한 불분명하다. 대학의 예를 들면, 어느 대학은 예술대학 내에 편성된 경우도 있고, 어느 대학은 공과대학 내에 편성되어 있고, 또 어느 대학은 가정대학 내에 편성되어 있기도 하다. 과거 몇 십 년 전만 해도 타 학문에 비해 그 비중이나 체계나 부족했으니 어쩌면 당연한 결과이다.

상황이 이렇다 보니, 한 때 전공과 관계없이 사설 디자인학원을 다니고 이 길로 뛰어든 젊은이들도 적지 않았다. [지금도 사설디자인학원에서 열심히 공부하며 디자이너의 꿈을 향해 달려가는 예비디자이너들이 꽤 된다] 타 전공과 달리 굳이 학위나 전공 관련 자격증이 없더라도 본인의 타고난 근성과 감각을 바탕으로 현장에서 배우면서 실무능력을 익힐 수 있는 분야인데다 각종 매체의 포장이었는지, 작업내용의 특성 때문인지는 몰라도 속된 말로 꽤 '폼'나는 직종으로 보였으니 말이다.

우선 용어상의 혼란을 피하기 위해 작업의 성격과 범위를 규명하고 그에 따른 가장 적합한 학문적 명칭부터 정의해 보자.

작업내용으로 보면, 일반인들이 인테리어라고 이해하고 있는 커튼이나 소품을 만들고 배치하는 데코레이션(decoration) 작업은 이 분야의 부분집합으로 봐야하고, 그렇다고 도배, 바닥, 천장 등의 마감만 하는 수장 공사의 차원에만 머물러 있는 기술적인 작업을 이 분야의 전체집합이라고 보기에는 디자인작업에 대한 역할이 턱없이 부족하다.

용어상으로 볼 때도, '실내장식'이나 '실내디자인'이라는 표현을 쓰기에는 건축적 공간 이해도를 배제하고 보는 경향이 있어 딱 들어맞는 표현이라고 보기 어렵고, 과거에 흔히 사용된 '실내의장'(意匠)이라는 용어도 형태나, 색채 등의 미적인 관점위주로 치우친 표현이라 이 분야의 작업 전체를 아울러 지칭하기에는 부족함이 있다.

이런 상황들을 종합적 이해를 바탕으로 용어를 정의할 필요가 있다. 건축적 공간에 대한 이해도를 바탕으로 마지막 소품까지 완결하는 장식 작업의 범위까지를 포괄적으로 표현하기 위해서 '실내건축'(Interior Architecture)이라고 지칭하는 것이 위의 제 분야들을 포괄하는 가장 정확한 표현이라고 봐야 한다.

내일까지?

이쪽 분야에 종사하는 사람들조차 작업범위의 경계를 명확히 정의내리기 힘들다보니, 인테리어와 간접적으로 연관이 있는 분야에 있는 사람들은 더 혼란스러울 수밖에 없다.

종종 건축분야와 협업을 하는 경우가 있는데, 간혹 어이없는 표현을 들을 때가 있다. 예를 들어, 담당자로부터 '내일까지 ○○영역에 인테리어 좀 해주세요.'라는 연락이 온다. 그래서 '이 큰 공간을 내일까지 어떻게 다 디자인을 합니까?'라고 얘기하면 '마감재료 선정하고 가구배치나 좀 하면 되는데 얼마 안 걸리잖아요?'라고 답이 돌아온다. 그 순간 전화기를 확 집어던지고 싶다. 아직도 이런 사람들이 건축하고 있다니 어이가 없고 자존심이 구겨지는 순간이다. [이럴 때는 내가 사람 재수가 없던지, 가뭄에 난 콩을 발견했던지 둘 중 하나라고 믿는 게 마음 편하다]

가구배치나 마감재료 선정은 인테리어의 극히 일부에 불과하다. 제발 좀 무식한 소리 좀 하지 말자. 이런 분위기가 싫어 직접 건축까지 작업범위를 넓히는 자존심 강한 실내건축가도 꽤 있다.

몸매다듬기에서 화장까지

앞서 설명했듯이 내부공간을 디자인하기 위해서는 건축에서 표현된 공간의 성격을 파악하고 그 성격에 어울리는 업그레이드된 내부공간을 구현할 수 있어야 한다. 노후화된 건물의 경우, 건축공간의 일부를 변경하기도 하고 외부까지 전면 수정을 가하는 리모델링(remodeling)을 하기도 한다. 이런 경우에는 건물구조, 건축법, 각종 대관업무 등과 연관이 있으므로 건축설계 분야와 협업이 이루어져 진행되는 경우가 일반적이다. 이런 관점으로 볼 때, 인테리어디자이너는 크게는 건축공간의 속성을 이해하고 이와 더불어 내부 공간 디자인에 무게중심을 두고 작업할 수 있는 안목을 가질 필요가 있다.

사람의 인체에 비유해 좀 더 자세히 설명해 보자. 인체의 구조를 살펴보면 크게, 뼈/ 혈관/ 허파, 간, 위 등의 각종 장기/ 근육/ 피부 등으로 구성된다. 이 중 뼈는 건축물의 구조체라고 생각해 볼 수 있다. 인체를 지탱해 주는 가장 중추적인 역할을 뼈가 담당하듯이, 건물도 기둥, 보, 슬래브 등의 구조체들이 건물을 지탱하는 역할을 담당하게 된다.

인체의 혈관은 건축물의 각종 설비라인과 PIT 등으로 비유할 수 있다. 보통 건물 내부에서 눈에 보이지는 않지만 벽체와 천장, 바닥 등의 계획된 빈 공간 사이로 수많은 설비라인들이 지나가게 되는데, 이는 인체에서 혈관이 하는 기능처럼 건물의 조명, 환기, 냉, 난방 등의 기능을 제대로 작동하게 해 주는 역할을 담당하게 된다.

인체의 각종 장기들은 건물의 전기실이나 공조실, 기계실 등으로 비유할 수 있다. 인체가 각종 장기들의 운동을 통해 숨을 쉬고 건강을 유지하는 것처럼 건물도 위의 시설들을 통해 각종 설비라인으로 에너지를 보내고 유지, 관리되어진다.

위의 설명이 건축 관련 작업이라면 실내건축은 여기서부터 중요한 의미를 가진다. 건축과 실내건축의 교집합이 이루어지는 부분이므로 제대로 이해하자.

뼈와 근육, 피부. 이들은 떼려야 뗄 수 없는 관계를 가지고 있다. 건축과 실내건축도 위와 동일한 시스템이다. 건축이 만든 구조체와 실내건축이 마감한 벽면이 뼈, 근육과 피부의 관계처럼 묶여 있다. 건축가가 기본적인 근육과 피부를 만들어 사람의 형상을 완성시켰다면 [통상'건축마감'이라고 지칭한다] 그 다음은 실내건축가의 몫이다. 건축물을 근육질의 '람보'로 만들 것인지 꽃미남인 '레오나르도 디카프리오'로 만들지 결정해야 한다. 여기서 실내건축가는 건축을 이해하는 안목을 지녀야 한다. 건축 쪽에서 기본적으로 만들어 놓은 골격이 '디카프리오'의 골격인데 실내건축 쪽에서 트레이닝을 시켜 '람보'의 몸매를 만들어 놓았다고 상상해 보라. 꽃미남 디카프리오가 람보의 근육질 몸매를 하고 있다면 웃음이 나오지 않겠는가? 디카프리오가 가질 수 있는 원래의 매력은 사라지고 이 배우는 더 이상 뭇 여성들의 사랑을 받기 힘들어질지도 모른다.

여기서 실내건축가의 디자인 작업은 한 단계 더 진행된다. 건축이 만들어 놓은 몸매가 나이가 들면, 새로이 트레이닝을 시켜 젊은 몸매로 바꾸기도 하고 피부를 태우기도 한다. 얼굴에 주름이 잡히면 주름을 펴기 위해 보톡스 주사를 놓고 자금 여유가 되면 주름제거 수술을 하기도 한다. 콧대가 낮으면 콧대를 세우기도 하고 턱이 너무 각이 져 있다고 판단되면 턱 제거수술도 감행한다. 이런 성형수술 작업은 건축과

건축의 몸매를 이해하고
실내건축의 근육을 만들어라.

긴밀히 연결되어 있으므로 건축적 이해를 바탕으로 공간을 디자인하는 기본자세가 필요하다. [잘못하면 밥도 못 먹는 성형 부작용이 생길 수도 있다]

간혹 분쟁이 일어나는 경우가 있다. 성형수술을 마치고 거울을 본 환자가 마음에 들어 하지 않아 수술비를 돌려달라고 생떼를 쓰면 의사로서는 정말 난감하다. 실내건축공사도 똑같다. 완공 후, 클라이언트가 만족하지 않아 공사비용을 다 지불하지 않아 분쟁거리가 되어 판사 앞에 서게 되는 최악의 시나리오가 만들어지기도 한다. 그래서 시공 전에 클라이언트와 수차례 논의를 하고 합의점에 이를 수 있도록 최대한의 노력을 다해야 할 것이다.

그렇다면 잘 다듬어진 몸매에 성형수술까지 받은 사람의 옷은 누가 입혀주고 화장은 누가 해줄까? 실내건축으로 보면 커튼을 달고 가구를 선정, 배치하고 카펫을 깔고 테이블 위에 촛대를 놓고 가게의 로고를 디자인하고 간판을 설치하는 등의 작업과 비유할 수 있는데, 이 단계의 작업은 큰 범주에서는 실내건축이 담당하지만 디테일하게 들어가 보면, 각 분야의 전문가가 다시 존재한다. 디스플레이 전문가, 데코레이터(decorator), 시각 디자이너, 전문 사인 디자이너 등이 있고 이들 간의 협업을 통해 완벽한 공간이 탄생한다. 사람으로 비유하면 완벽하게 데이트하러 가기 위한 외출준비가 완료되었다고 볼 수 있다. 일반적으로 대학교육에서 각 방면의 전문가들에게 이에 대한 전반적인 과정들을 배울 수 있도록 커리큘럼이 구성되어 있는 이유가 여기에 있다.

통상적으로 일반인들에게 인테리어는 화장을 하고 옷을 입히는 작업으로만 인식되어지는 경우가 많다. 이러한 대중적 인식을 한 단계 끌어올려 공간이라는 큰 그림도 바라보고 식탁 위의 꽃병과 같은 작은 디테일도 바라보게 할 수 있는 문화적 파워를 만들어 내는 건 결국 디자이너 스스로의 노력이 있을 때 비로소 가능해진다.

왜 실내건축이 필요한가?

공간의 기본기능을 충족시키고 단순히 눈을 즐겁게 하기 위해
비싼 돈 들여 인테리어를 할까?
그 안에 가족의 행복도 있고 삶의 질도 있으며 보이지 않는
투자도 숨어있다.
이윤의 극대화를 위해 필요하기도 하며 경영자의 효율적
경영과 직원의 업무효과를 높이기 위해 필요하기도
하며, 마케팅전략의 숨은 지원군이 될 수 있는 것이 바로
인테리어이다.

누군가 상품을 판매하기 위한 가게를 오픈한다고 생각해 보자. 당장 처음 하게 되는 질문이 '돈 들여서 인테리어를 해야 되나 말아야 되나?'이거나, 한다 하더라도 '인테리어에 어느 정도의 비용을 투자할 것인가?'이다. 이것저것 오픈에 필요한 제품의 물량이나 판매에 필요한 장비, 광고 등의 초도비용도 감당이 안되는 상황에서 당장 투자대비 효과가 눈에 들어오지도 않는 내부공사에 많은 액수를 쏟아 붓는다는 것이 선뜻 결정하기 쉽지 않는 문제이다. 인테리어로 먹고 사는 사람 입장에서야 고객이 인테리어 공사하겠다고 찾아와준다면 더할 나위 없이 행복한 상황이겠지만, 클라이언트 입장에서 보면 쉽게 결정내릴 수 없는 엄청난 모험이고 부담이다.

사실, 프랜차이즈 매장같이 인테리어가 불문율처럼 따라붙는 경우라면 앞뒤 잴 필요도 없이 인테리어공사를 기본적으로 깔고 들어간다. 별 의문 없이 당연히 해야 된다는 것을 클라이언트도 받아들인다. 왜? 가맹본부에서 강제로 시켜서?

대부분의 일반인이나 심지어 인테리어로 먹고 사는 사람들조차도 누군가,

"왜 인테리어를 해야 되나요?"

라고 물으면 딱 집어 대답하지 못한다. 인테리어하면 안하는 것보다 보기 좋다거나 장사가 더 잘되지 않겠냐는 정도의 막연한 대답 정도이다. 디자인하는 방법이나 기술에 대해서는

INTERIOR...
올라가? 말아?

대학이나 학원이나 선배들로부터 많이도 배웠지만 정작 '왜 해야 될까?'라는 단순한 질문에 대해서는 깊이 있게 고민해 보지 않았다는 말이다.

영국의 유명 산악인 조지 말로리(George Mallory)의 명언처럼 '산이 있기 때문에 오른다'는 식으로 인테리어를 한다면 곤란하지 않겠는가? 그림 그리는 사람에게 왜 그림 그리느냐고 물어보고 음악 하는 사람에게 왜 음악을 하는지 물어보는 것과는 다른 질문이다. 당장 적지 않은 돈을 지불해야 하고 생업에 직결되는 경우가 대부분이기 때문이다. 순수예술도 아니면서 디자인방법론에 대해서만 열심히 가르치는 교육방식의 문제이기도 하다.

이런 질문에 대해 공간의 용도별로 구분해 왜 인테리어가 필요한지 고민해 보자.

판매 공간의 인테리어

일반적으로 판매 공간이라 함은 생산되어진 제품의 판매를 목적으로 하는 오프라인 상의 매장을 뜻한다. [온라인상의 인테리어(?)는 웹디자이너의 몫이므로 여기서는 생략하자] 예를 들어, 의류, 화장품, 전자제품, 가구, 식품, 생활용품 등등 매장에 상품을 진열해 놓고 판매와 구매가 이루어지는 장소라고 볼 수 있는데, 이는 크게 개인이 자영을 하는 경우와 기업이 움직여 가맹점의 형태로 운영되는 두 가지 경우로 나누어 볼 수 있다. 자영업의 경우, 본사로부터의 로열티나 강제조항이 없어 마음은 편하지만 영업주 개인의 판매 전략만으로 운영해야 하므로 구매자의 마음을 사로잡는 노하우가 부족할 수 있는 반면, 가맹점은 전문가 집단의 영업노하우, 영업망, 시장조사 등에 대한 탄탄한 데이터가 갖춰져 있어 영업주의 심적 부담은 적지만 가맹본사로 지불해야 되는 로열티나 광고, 인테리어에 관련된 간접적 부대비용이 영업주 입장에서는 상대적으로 적지 않은 부담일 수 있다.

두 경우 모두 매출상승을 위해 가장 중요한 것은 판매하고자 하는 제품의 '질'(quality)이다. 음식은 맛있어야 하고 가구나 전자제품은 튼튼하고 아름다우며 제 기능을 다해야 한다. 그 다음 중요한 요소를 하나 꼽으라면 '판매할 상품에 대한 좋은 이미지구축'이다. [심지어 어떤 제품들은 후자가 더 중요한 역할을 하기도 한다]

이러한 이미지 구축을 위해서는 다양한 지원 사격 아이템(?)들이 필요한데, 예를 들면 기업이미지개선을 위한 효과적인 광고 및 홍보전략, 시대 트랜드에 맞는 제품의 지속적인 연구개발, 일관된 브랜드이미지 제고, 사회 환원활동으로 인한 브랜드 호감도 상승 등이 있고 이 중에서 가장 중요한 마케팅 전략이 바로 '브랜드 이미지구축'이다.

구매자의 소비심리를 자극하기 위해서는 구매자가 판매하는 제품을 떠올렸을 때 일관성 있는 브랜드 이미지가 소비자에게 각인되어 있어야 하고 이러한 이미지의 호감도가 높은지 낮은지에 따라 매출은 막대한 영향을 받는다.

커피전문점 '스타벅스'와 베이커리 '파리바게뜨'를 예로 들어 보자.

스타벅스의 커피가 가장 고급스러운 커피일 것 같고 스타벅스의 커피를 마시는 것이 곧 선진문화를 향유하는 것으로 인식될 만큼 커피 하나가 문화의 수준을 정해 버리는 기현상을 만들었다. 파리바게뜨 또한 이와 유사하다. 파리바게뜨의 빵을 먹음으로써 프랑스인들의 빵 맛을 간접적으로 체험하는 듯 유도하는 이들의 영업 전략은 매우 영리하다 하겠다. 똑같은 빵맛의 '서울바게뜨'를 누가 사먹겠는가? 실제, 스타벅스 커피와 파리바게뜨의 빵이 맛있고 없음을 떠나 과연 그 상품의 맛과 이를 둘러싼 이미지를 비교해 볼 때, 어느 쪽이 이윤에 더 큰 영향을 미칠지를 짐작해 보라. 후자의 막대한 영향력을 무시할 수 없을 것이다.

이러한 '이미지 구축'에 필요한 오프라인 매장의 대표적인 아이템이 바로 판매제품의 이미지와 어울리는 인테리어디자인이다.

조금 비껴난 이야기지만 아이들이 좋아하는 일본 캐릭터 '헬로키티'와 한국 캐릭터 '뿌까'를 예로 들어 보자. 캐릭터 역사로 볼 때 뿌까에 비하면 헬로키티는 증조 할아버지뻘쯤 된다. 누적된 시간으로 인해 소비자에게 각인되어 있는 인지도 또한 엄청난 격차를 보이고 있긴 하지만 짧은시간 안에 뿌까라는 캐릭터 이미지가 가져온 인지도는 놀랄만하다. 뿌까의 어떤 요인이 소비자에게 짧은시간 내에 이처럼 강력한 이미지를 심어 줄 수 있었을까?

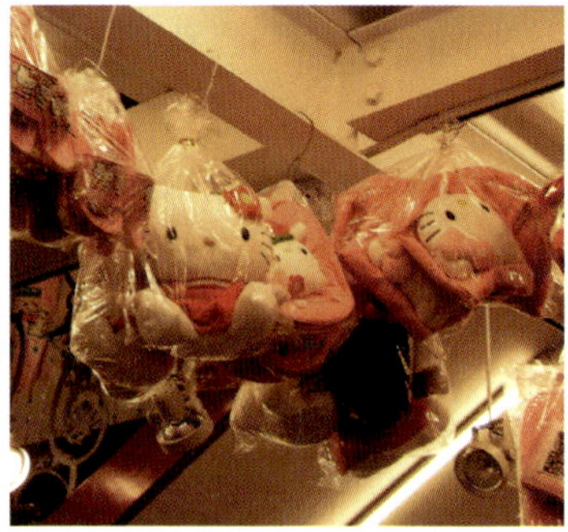

스토리가 있는 캐릭터 'PUCCA'와 단순히 귀여운 이미지의 캐릭터 'KITTY'

바로 '스토리'가 있는 살아있는 캐릭터라는 점이다. 키티의 경우에도 캐릭터의 간략한 배경스토리가 있긴 하지만 일반인들에게는 스토리와 무관하게 앙증맞고 귀여운 이미지로 각인되어 있고 그 이미지의 누적된 시간의 힘이 구매력으로 이어지는 반면, 뿌까는 탄탄한 스토리를 가지고 있는 생명력 있는 캐릭터이다. 플래시애니메이션 등을 통한 캐릭터들 간의 관계나 성격 등에 대한 높은 인지도로 인해, 구매자 또한 살아있는 캐릭터의 감성 전이과정을 거쳐 관련 상품 쪽으로 눈을 돌리게 만든 것이다.

앞의 예처럼 소비자에게 각인된 이미지가 높은 이윤과 맞물리는 시대에서 판매공간에서의 '스토리' 역할은 인테리어디자인이 담당한다고 생각할 수 있다.

앞에서 언급한 것처럼, 과거 커피마시는 공간이 커피한잔마시면서 대화를 나누는 목적에 맞추어졌다면 스타벅스 매장은 과거의 개념을 벗어나 문화를 즐기는 장소로 업그레이드되어 운영되고 있다. 혼자 오더라도 독서나 스터디가 가능하고 단순히 여유롭게 커피 향을 즐길 수 있는 여유를 만끽할 수 있는 스토리 있는 공간에 포커스를 맞추어 디자인되어 있다는 점에 주목할 필요가 있다.

실제 커피를 마시는 사람들의 구매결정요인이 커피의 맛인지 전체적인 브랜드의 이미지인지 여러 커피전문점들을 애호하는 사람들에게 물어보라. 대부분 맛이 중요하다고 답하겠지만 실제로는 후자의 요인이 지갑을 열게 만들 가능성이 더 높다. 이렇듯 인테리어는 후자에 막대한 영향력을 가진다.

이렇게 스타벅스가 세계적으로 대성공을 거두자, 우후죽순처럼 이와 유사한 커피전문점들이 생겨났다. 이 후발주자들의 인테리어를 보라. 거의 대부분 이런 스타벅스식 공간개념을 벗어나지 못하고 있다. 인테리어 디자인의 영향력을 실감할 수 있는 부분이다. 이런 논리에서 가맹점 형태로 운영되는 매장의 점주는 본사의 정기적인 인테리어 리뉴얼 요구를 울며 겨자 먹기(?)로 따를 수밖에 없다. 점주 입장에서는 당장 돈이 나가는 부분이니 냉정하게 판단하여 계산하기 쉽지 않은 부분이지만 본사 차원에서는 브랜드 이미지를 일관성 있게 구축하기 위한 장기적 안목의 마케팅 전략임을 이해할 필요가 있다.

여기서 한 가지 덧붙여 이렇게 정리해 보면 이해가 빠를 것이다.

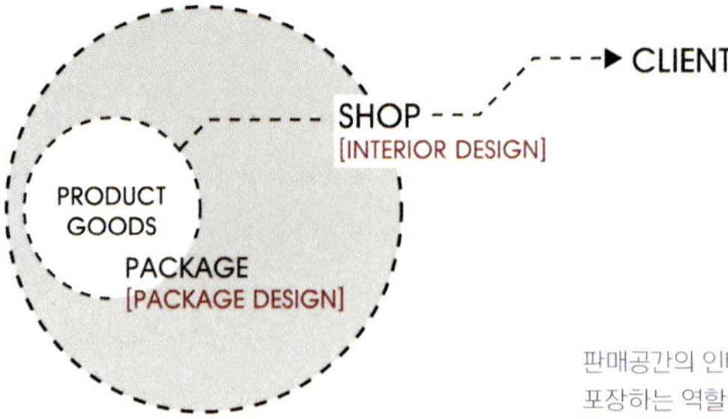

판매공간의 인테리어는 판매하는 제품의 포장을 포장하는 역할을 한다.

'제품의 포장을 직접적인 '패키지디자인'(package design)이라고 한다면 판매 공간의 인테리어는 제품의 간접적인 패키지디자인이라는 점을 이해해야 한다. 이러한 관점이 바탕에 깔릴 때 디자이너와 클라이언트 사이의 공감대가 형성될 수 있고 클라이언트 입장에서 장기적인 투자 전략의 핵심이라는 것을 이해할 수 있다.'

전시공간의 인테리어

전시공간디자인은 규모나 성격에 따라 크게 다음처럼 구분할 수 있다. 대형 박람회장의 부스(booth)로 전시되는 '페어'(fair) 전시장 디자인과 일반 상품판매나 새롭게 런칭된 제품의 홍보를 목적으로 전시되는 매장형태의 전시 디자인, 특정 목적의 정보나 지식을 전달하는 목적으로 전시되는 기념관, 박물관, 홍보관 등의 전시 디자인으로 나눌 수 있다. 특히, 첫 번째의 페어 전시장 디자인은 인테리어 디자인의 기술력과 디자인력을 최대로 끌어올려 만들어진다는 점에서 '인테리어디자인의 꽃'이라고 볼 수 있다.

이들 전시공간의 주연은 누가 뭐래도 전시되는 제품이 맡는다. 예를 들어 뮤지컬이나 연극 무대에서 전체내용을 이끌고 가는 주인공은 배우이다. 이들의 연기력과 가창력이 관람자로 하여금 감동을 이끌어 내게 만드는 원천이 된다. 그리고 그 감동을 최대한 끌어올리기 위해 무대나 조명, 사운드 등이 조화로운 분위기를 만들어 낼 때 완벽한 작품이 만들어진다. 연기자의 연기력도 중요하지만 이들의 뒷받침해 줄만한 위의 요소들이 엉망이면 관람자도 그만큼 몰입하기 힘들어지므로 공연에서 절대 빼놓을 수 없는 중요한 부분이라고 할 수 있다.

전시공간디자인도 마찬가지다. 전시되는 주인공(전시품)의 가치를 최대한 끌어올리기 위한 장치가 바로 전시디자인이다. 간혹 전시장의 인테리어가 전시되는 제품을 압도할 정도로 욕심을 부리는 경우가 있는데, 이는 디자이너의 자질 부족이라고 얘기할 수밖에 없다. 타 인테리어디자인과는 다른 디자인 접근 방법이 필요한 이유도 여기에 있다. 위의 비유에서처럼 주인공이 빛날 수 있는 훌륭한 조연 역할을 할 수 있도록 디자인 수위를 조절할 수 있는 디자이너의 절제력이 필요한 공간이 바로 전시 공간 디자인이기 때문이다.

영화에서도 주연만 잘해서는 흥행에 성공할 수 없듯이 전시되는 제품을 더욱 돋보이게 해 줄 수 있는 배경을 만들어 낼 수 있는 전시디자인이 꼭 필요한 이유가 여기에 있다.

박람회 전시디자인

한 분야의 시장흐름을 파악하고 싶다면 그 분야의 박람회장을 자주 가보면 도움이 된다. 자동차, 조명, 가구, 제과, 인테리어, 건축, 농업, IT, 게임, 서적 등 전 세계적으로 개최되는 분야별 박람회 숫자만 해도 이루 헤아리기 어려울 정도로 어마어마하다. 그만큼 신기술과 새로운 디자인들을 선보이고 싶어 안달난 기업들의 대부분이 이곳에 모인다고 볼 수 있다. 세계적인 인테리어 디자인 관련 박람회를 들자면 이탈리아의 '밀라노국제가구 박람회'와 독일의 '쾰른가구메세'imm cologne가 있고, 국내에서 열리는 대표적인 인테리어박람회를 보면 서울 코엑스coex에서 열리는 '서울 리빙디자인 페어'seoul living design fair와 고양 킨텍스kintex에서 개최되는 '경향 하우징 페어'kyunghyang housing fair 등이 있다. 세계적인 박람회와 비교해 볼 때, 시장의 규모나 제품, 전시장 내부의 디자인을 볼 때 다소 아쉬운 감은 있으나 매년 질이나 양에서 빠른 속도로 그 수준이 올라가고 있으니 기대해 볼만한 국내의 대표적인 전시 축제이다.

이러한 박람회장을 가보면 일반적인 매장의 인테리어와 비교해 볼 때, 훨씬 더 자유로운 디자인과 재료들이 사용되고 있다. [박람회장의 전시디자인은 대부분 길어야 1주일 정도이다. 바꾸어 말해 전시공간도 1주일 정도의 내구연한만 가지면 되므로 상대적으로 자유도 높은 디자인이 가능하다] 국내의 소규모 전시부스는 규격화되어 있는 전시시스템을 이용한 단순한 형태의 부스들이 대부분이므로 전시 디자인이라고 이야기하기는 무리가 있지만, 일정 규모가 있거나 전시장의 디자인이 중요한 역할을 하는 부스의 경우는 자체적인 디자인을 통한 전시공간을 만들어 기업이미지를 부각시켜야 하므로 전시디자인이 상당히 중요한 역할을 맡고 있다. 특히 브랜드네임이 높은 전시장일수록 그 디자인도 탁월한데, 이는 홍보하고자 하는 제품의 수준을 포장할 수 있는 가장 직접적인 방법이고 이 포장력(?)의 화려함이 비즈니스맨들의 시선을 사로잡는데 직, 간접적인 영향력을 미친다는 사실을 알고 있기 때문이다. 이 사이에서 경쟁사들 간의 전시장 디자인만 비교해보는 것도 전시장을 방문하는 사람들로 하여금 또 다른 즐거움을 제공하는 구경거리가 되기도 한다.

무엇 때문에 기업은 홍보하고자 하는 제품과 별도로 이들 전시장에 그렇게 많은 비용을 투자하는 걸까? 답은 간단하다. 전시장이 멋지면 제품도 멋져 보이고 전시하는 기업의 심리적인 신용도까지 올라가게 하는 역할을 할 수 있기 때문이다. 뭐 그럴까 하는 의구심이 든다면 당장 해외의 유명 박람회를 가보라. 디자인이 잘된 전시공간과 그럭저럭 만들어 놓은 전시 공간 사이에서 제품의 정보를 얻기도 전부터 어떤 선입견이 생기는지 금방 확인이 될 것이다. 자동차 박람회를 예로 들어보자. 가장 막대한 자금을 투입해서 전시장을 디자인하는 대표적인 박람회 형태인데 그만큼 판매되는 제품의 부가가치가 높을 뿐 아니라, 그 기업이 갖고 있는 기술력의 시각적 표현수단 중 하나가 전시장의 퍼포먼스를 포함한 전시장 디자인에 있다는 것을 알고 있기 때문이다. 타 전시공간에 비해 더 많은 비용을 들여 첨단의 마감자재를 사용하는 이유도 이러한 기업이미지형성에 심리적 영향을 미치기 때문이기도 하다.

결론적으로 말해, 박람회 전시는 일반적인 제품광고나 홍보 전략처럼 묻혀 있는 잠재고객을 끌어내기 위한 노력을 하지 않고도 제품을 판매하는 집단과 구매하려는 집단이 서로의 목적을 충족시키기 위해 자발적으로 모이게 끔 해 주는 장소이다. 이는 다시 말해, 기업에 단기적이고 효과적으로 제품을 홍보할 수 있는 가장 효율적인 수단이다. 그래서 막대한 비용을 들여 전시공간을 빌리고 길어야 일주일이면 사라질 전시장 디자인에 신경을 쓰는 이유도 여기에 있다. 이런 관점에서 인테리어 디자이너가 전시장을 디자인하는 내내 기업에 소속된 홍보요원이라는 마인드를 갖고 디자인하는 자세를 갖지 않고서는 투자의 효과를 기대하기 어렵다.

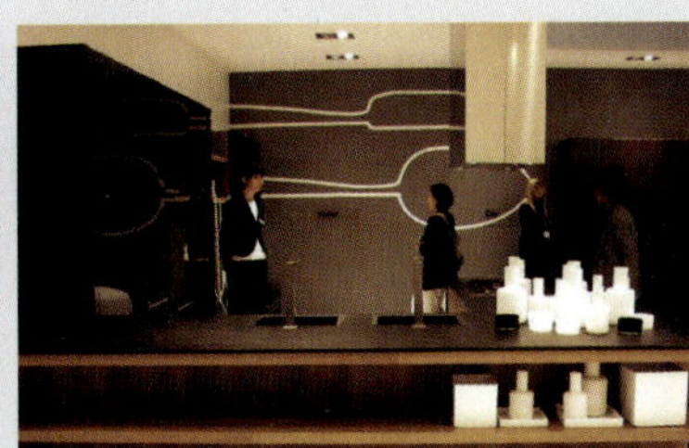

이탈리아 밀라노 가구박람회 전경
전시되는 제품도 디자인이고 전시공간도 디자인이다.

주거공간의 인테리어

인간의 주거디자인역사를 간략하게 짚어보면 '기능'(技能)과 '미'(美)의 두 단어로 집약해서 설명할 수 있다. 기능이 유난히 강조되던 시대가 있었는가 하면 미적인 측면이 강하게 부각되던 시대도 있었다. 근대에 이르러 이 둘을 서로 묶어서 설명하려는 흐름도 생겨났으며, 이 두가지 모두 오히려 디자인의 발목을 잡는 요소라고 생각하는 주장도 있다.

이러한 여러 가지 디자인 방법론과 전혀 관계없이 유독 우리나라에서의 주거공간디자인은 생활의 질을 높이는 디자인이라기보다 투자의 수단이라는 사고가 뿌리깊이 박혀 있고 주거공간의 인테리어 또한 되팔았을때 투자가치가 있느냐 없느냐로 판단하는 기이한 잣대까지 생겨나다 보니 '미'를 생각해볼 여유조차 없다.

우리나라 사람들만큼 집에 집착하는 국민들이 있을까 하는 생각이 들 정도인데, 이는 우리나라의 사회복지제도가 갖고 있는 한계로 인해 노후에 대한 불안감을 대신하기 위해 집이라도 끌어안고 있어야 든든하다는 심리 때문이다. 돈 많은 사람들이야 '누리는' 환경을 가지고 싶어 주거에 관련된 투자에 아낌없이 베풀지만 대다수 서민들은 소위 '누림'을 사치로 생각하다 보니 가장 일반적인 주거에 만족하고 살 수밖에 없다. 아파트문화가 발달한 이유도 여기에 있다. 이러한 환경에서 아무리 건축가나 디자이너가 마당을 이야기하고 공간을 이야기한들 귀에 들어올 리가 없다.

사회는 시간이 갈수록 급속도로 복잡해지고 현대인들은 이 틈바구니 안에서 살아내기 위해 무한 경쟁이라는 숨 막히는 전투를 치를 수밖에 없다. 하루의 전투가 끝나고 돌아가는 마지막 대피소가 바로 가정이다. 문제는 그 대피소마저 즐거움을 제공하는 휴식의 장소라기보다 또 다른 전투에 사용할 투자나 무기로 생각하고 있으니 여기다 '디자인'이라는 옷을 입히는 것 자체가 사치로 느껴질 수밖에 없다. 아기돼지 삼형제가 늑대로부터 자신의 생명을 보호할 수 있는 집을 가져야 한다는 최소의 필요조건만 갖추고 있는 셈이다.

집은 가족의 휴식과 행복을 충전할 수 있는 장소여야 한다. 그러기 위해서 좀 더 아름다운 공간이 필요하고 좀 더 기능적인 디자인이 필요한 것이다. 그 속에서 행복을 찾아야 하고 다음 날의 전투에 대비할 수 있도록 에너지를 가득 채울 수 있어야 한다. 집을 부동산의 가치로 생각하는 한 절대로 불가능한 상상이다.

집을 부동산의 가치로 투자할 것인지 가족들의 하루하루 삶을 위해 투자할 것인지 처음부터 다시 생각해야 한다. TV에서 환경이 좋지 않는 집을 고쳐주고 고생했던 가족들에게 웃음과 행복을 주는 프로그램들을 본 적이 있을 것이다. 그들을 웃음 짓게 하고 그들을 행복하게 만들어 준 힘이 무엇이었을까? 바로 '디자인'이다. 주거에 투자하는 디자인은 더 이상 사치가 아니다. 삶을 풍요롭게 할 수 있는 기본 중의 기본이다. 더 이상 집을 먹고 자는 곳으로만 생각하지 말고 삶의 행복을 느낄 수 있는 공간으로 바꾸는데 투자하라. 좋은 음악 틀어놓고 향기로운 커피한잔이 가능한 분위기를 만들기 위해 집에 투자하는 것이 커피전문점에 모여서 수다 떠는 것보다 훨씬 행복하다는 것을 실감할 수 있을 것이다.

업무공간의 인테리어

규모나 업종에 따라 차이가 있긴 하지만 일반적으로 기업을 운영함에 있어 업무공간에 지출되는 비용은 예상외로 많이 든다. 부동산 관련 비용, 인건비, 사무실 유지관리 비용, 시설 구축비용, 감가상각에 해당되는 소모품 비용, 각종 세금 등 매출에 직접 영향을 미치는 것 같지 않으면서도 눈에 보이지 않는 적지 않은 비용이 빠져나간다. 당연히 기업주 입장에서는 어떻게 해서든지 비용절감을 하고 싶은 부분이다. 복사용지의 이면지 활용, 에너지 사용에 있어 절약정신 고취 등 사소한 것부터 큰 것까지 잠깐 눈 돌리면 새어나가는 비용에 대해 적지 않은 신경을 쓴다. 이런 상황에서 오피스에 돈 들여가면서 인테리어를 할 생각을 할 리 만무하다. 특히, 전통적인 사고를 가진 기업주라면 두말 할 필요도 없다. 어떤 관점에서 보아야 할까?

업무공간은 사람을 중심으로 움직인다. 사람이 가장 중요한 재산인 셈이다. 그래서 보통의 오너는 직원의 가치를 가장 중요하게 생각하고 이들을 월급으로 수치화시켜 회사의 이윤과 비교해 본다. 예를 들면, 직원에게 100만원을 들여서 회사에 300만원의 이익을 가져 오면 된다고 생각한다. 1000만원

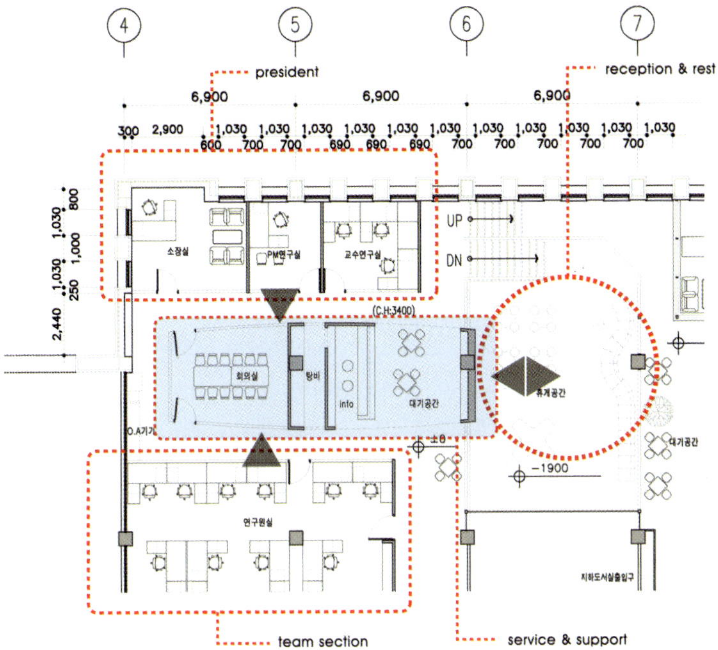

연구소 업무 공간 레이아웃

을 가져오면 더 좋겠다고 생각한다. 그러다 보니, 업무공간의 운영비용에 있어 가장 중요한 포커스는 직원들에게 지출되는 비용에 맞춰져 있고 이 비용을 어떻게 적절한 선에 맞출 수 있을까에 집중하게 된다. 오피스운영비용에 있어 가장 많은 부분을 차지하고 있으니 한 기업의 오너로서 당연한 생각이다.

이에 반해, 의외로 오피스 환경에 쓰이는 비용은 인건비에 비하면 전체 지출에서 상대적으로 낮은 부분을 차지한다. 그럼에도 오너는 이 부분에는 최대한 비용을 들이지 않으려고 최선(?)을 다한다. 기업의 이윤과 직접적인 상관관계를 느낄 수 없는 비용이라고 생각하기 때문이다. 지금은 업무환경과 기업이윤의 상관관계에 대한 이론들이 어느 정도 나와 있어서 그나마 다행스러운 일이긴 하지만 아직도 일반적인 설득력을 얻기에는 쉽지 않은 이야기처럼 들릴 수 있다.

하지만 냉정하게 판단해 보자. 실제로 직원들의 업무수행능력과 상상력, 창조력, 직장에 대한 만족감 등은 이들이 일하는 업무환경과 밀접한 연관이 있고 이러한 능력들을 극대화시킬 수 있는 환경이 조성될 때 회사로서도 더 높은 이윤을 기대할 수 있는 것은 당연한 이야기다. 예를 들어, 이러한 업무환경에 투자한 100만원이 직원들 10명의 업무능력에 영향을 미친다면 이는 800만원 이상의 효과를 올릴 수 있는 가능성이 있다. [2명의 비정상적인 근무자가 있다는 가정 하에서]

구글(Google)의 업무환경을 예로 들어보자. 구글은 매스컴이나 인터넷에 소개된 내용들만으로도 충분히 짐작이 갈만

한 혁신적인 오피스 환경을 갖고 있다. 결국은 이러한 업무환경이 지금의 구글을 만들어 내는 원동력이 되었고 가장 일하고 싶어 하는 선호직장 1위로 뽑힐 수 있는 힘이 된 것이다. 물론 구글처럼 사내에 카페, 미용실, 마사지실, 탁아시설을 둘 만큼 많은 비용을 들일 수는 없다 하더라도 업무환경의 작은 변화 하나로도 직원들의 업무효율에 영향을 미칠 수 있다는 점은 분명하게 인식해야 한다. 단순히 직원들을 위한 복지시설을 많이 만들어야 한다는 것은 아니다. 사무공간의 공간 시스템, 배치, 분위기 등을 업무패턴에 맞추어 최적의 공간으로 디자인하는 것만으로도 회사의 업무효율에 지대한 영향을 끼친다는 점을 인식하고 그에 맞는 투자를 하는 현명함이 필요하다.

자, 이제 어디에 투자할 것인가?

It's just for fun!

모든 디자인 행위는 인간에게 즐거움을 제공하는 것이 가장 주된 목적이다.
이러한 즐거움을 실현하기 위한 목적으로 디자인 관련 학문이나 이론이 생겨나고 보다 체계화된 즐거움을 줄 수 있는 논리적 토대를 구축하였다. 문제는 형식이 내용을 잡아먹어 버리는 경우가 종종 발생한다는 것이다.

이론이나 논리는 그 자체가 목적이 되면 곤란하다.
즐거움에 태클을 건다면 과감히 이론의 옷은 던져버리자.

깊이에의 강요

대학 다닐 때 읽었던 작가 '신경숙'의 소설 제목이었던 걸로 기억한다. 책 내용은 더 이상 기억나지 않지만 제목은 지금도 또렷이 머리에 남아 있다. 그 당시 하던 건축공부가 어디서부터인지는 몰라도 진지함이나 깊이에 강요당하는 기분이 들면서 소설의 원래 내용은 읽어보지도 않고 집어 든 책이었다.

한 번은 '다다오 안도'(Tadao Ando, 1941년생의 일본 건축가로, 대학에서 건축교육을 받아본 경험이 없으며 1976년 '스미요시 하우스'로 일약 스타 건축가로 자리매김한다. 재료의 순수함을 강조해 노출콘크리트를 주로 사용하고 자연과 건축의 조화를 중요시하는 건축을 강조하며 대표작으로 물의 교회, 빛의 교회 등이 있다)의 강연회를 들을 기회가 있었는데, 통역을 통해 전해지는 설명이었지만 사진에서 본 강렬한 이미지[복싱선수 출신이라 그런지 좀 무섭게 생겼다]와는 달리 너무나 쉬운 표현들을 사용하는 게 아닌가? 계획안으로 끝난 한 프로젝트를 설명하면서 우리가 습관적으로 묻는 '왜'라는 질문에 간단히 '재미있을 것 같아서'라는 의미심장하면서도 가벼운 대답이 돌아오는 순간, 그동안의 묵은 체증이 한 번에 쓸려 내려가는 기분이었다.

디자인을 공부하는 사람으로서 지금도 진심으로, 정녕코, 정말로, 궁금해서 자문해 보곤 한다.

'가벼운, 혹은 즉흥적 발상은 디자인이 될 수 없나?'

노래하는 락커(rocker)가 긴 머리에 염색을 하고 검정색 가죽 바지를 입고 무대에 등장하면 왠지 음악성이 더 있을 것처럼 보이고, [음악에 조예가 없는 나만 그렇게 볼 수도 있지만…] 까맣고 동그란 뿔테의 꼬르뷔제 안경[프랑스 건축가 르 꼬르뷔제(Le Corbusier)가 주로 사용하던 안경인데, 그의 트레이드마크가 되었다]을 쓰고 검정색 수트(suit)를 입으면 왠지 더 디자인 잘하는 건축가처럼 보이는 고정관념들처럼 밖으로 보여 지는 모습에도 이러한 고정관념들이 있듯이 안으로 디자인하는 작업에서도 이와 비슷한 선입관들이 존재한다.

설계 작품이 책에 실리고 개념을 기고해 달라는 요청을 받으면 일단 키보드 치는 손가락에 힘이 들어가고 글이 어려워지기 시작한다. 그래야 속된 말로 '있어 보인다.' 벽면에 전면유리 한판을 끼워 넣고는, 빛의 투과가 어떻고 투명성이 가지는 공간의 유동성이 어떻고 재료의 물성이 가지는 깊이가 어떻다는 식의 현란한 표현들이 넘쳐난다. 그냥 밝고 맑은 공간을 만들기 위한 재료라고 표현하면 될 것을...

Why? Fun!

백남준 선생의 모교라고 할 수 있는 쿤스트아카데미 뒤셀도르프(kunstakademie Dusseldorf)에서 공부한 분을 알고 지냈는데 그 분의 작업에 대한 설명을 들을 기회가 있었다. 우리가 일반적으로 알고 있는 공간에 전혀 새로운 이미지들이 입혀져 거실 속이 동물원이 되기도 하고 화장실이 동굴 안이 되기도 하는 식의 사진 꼴라쥬(collage) 작업이었던 걸로 기억된다. 역시나 기존 틀에 박혀 있던 나의 질문은 'why'였고, 대답은? 'fun'이었다. 물론 그 공간을 바꾸고자 원하는 사람의 취향과 선호사항을 배려한 작업이었지만 그 작업의 주제는 일상적으로 알고 지내는 공간에 재미를 주자는 거였다. 무슨 미사여구가 더 필요할까 싶다.

사실, 우리쪽 작업이 재미삼아서만 해치울 분야는 절대로 아니다. 사람이 안전하고 편리하게 생활해야 하는 필요조건을 충족시켜야 하므로, 작은 디테일 하나하나에도 끊임없이 '왜?'를 반복해야 하는 철두철미해야 할 작업이다. 다만 거기에다 자신의 사고를 가두지는 말았으면 한다. 그냥 사각형보다 원이 좋을 수도 있다. 왜? 예쁘니까. 거기다 굳이 기하학의 논리를 달고 나름의 원인을 규명하려고 창조적 에너지를 낭비하지 말자. 누드작가가 찍은 여인의 실루엣이 고상한 아름다움일 수도 있지만 캐릭터 베티(betty)의 몸매가 더 예쁘다고 이야기하는 아이 앞에서 왜 자꾸 깊이를 강요하는 버릇을 버리지 못하는가?

나를 포함한 주변의 디자이너들을 보면 그동안의 배움에 세뇌당해서인지 너무도 경직되고 조심스러운 디자인을 한다. 디자이너가 비평가가 될 필요는 없다. 디자인이란 즐기기 위함이 근본 목적이다. 더 이상 자유로워야 할 디자인의 날개가 깊이의 무게에 짓눌려 억압받지 않았으면 하는 바람이다.

건축이나 실내건축을 의학과 비교하면 건축물의 수술과 같다고들 한다. 수술을 집도하는 의사처럼 수도 없이 '왜'를 반복하고 논리적으로 해결할 수 있는 분석력을 지녀야 한다. 하지만 여기에 설명하기 힘든 무엇인가가 더 있다. 그 블랙박스를 납덩어리만한 이론의 무게로 포장하려고 애쓰지는 말자.

필자는 지금도 중요한 행사가 있으면 양복에 넥타이로 목을 조르고(?) 경직된 마음으로 참석한다. 독일에서 독하게 공부를 마치고 디플롬(diplom) 학위를 받던 날, 회색재킷에 카우보이 부츠를 신었던 학장이 지금의 내 모습을 보면 뭐라고 할지 궁금하다. 이렇게 얘기하지 않을까?

Design is just for fun!!!

재미가 있으면 디자인도 즐겁다.

표현의 한계

머릿속의 아이디어를 표현하기 위한 현재의 도구들에 만족하는가? 수많은 아이디어 표현 툴들이 있지만 공간을 표현하는 방법에 한계가 있다는 점을 아는 데서부터 디자인의 자유도도 높아질 수 있다.

자신의 디자인을 표현 도구에 가두지 마라.

도면이 만능열쇠는 아니다

건축이나 실내건축에서 가장 중요한 판단 잣대는 뭐니 뭐니 해도 도면이다. 기계설계 분야나 제품 디자인 분야도 결국 도면이 실제 생산될 제품의 판단과 검증의 기준이 되는 것처럼, 인테리어 디자인 분야도 그만큼 도면을 중요시한다. 아이디어와 디자인 개념을 표현한 최종결과물도 도면이고, 시공을 가능하게 하는 최종 지침도 도면이다. 그만큼 도면이 모든 인테리어 디자인의 가장 중요한 기준이자 척도이다. 그래서 체계 잡힌 설계사무실에서는 그만큼 도면의 퀄리티(quality)를 중요하게 생각하고 작은 부분 하나하나에 모든 정성을 쏟아 그려낸다. 하지만 이처럼 도면이 모든 걸 해결해 주는 만능열쇠일까? 다시 한 번 짚어 볼 필요가 있다.

우선 인테리어 분야에서 사용되는 도면종류를 일반적으로 분류해 보면 다음과 같다.

평면도 (floor plan)

일반적으로 모든 도면의 가장 기준이 되는 도면으로 건축물의 해당 층 바닥으로부터 높이 1.2~1.5M 상에서 수평으로 잘라 내려다 본 상태를 표현한 도면

천장도 (ceiling plan)

건축물의 해당 층 일정 높이에서 수평으로 잘라 위쪽 방향을 올려다 본 상태를 표현한 도면

입면도/전개도 (elevation)

건축물 내, 외부의 수직면을 바라 본 상태를 표현한 도면. 인테리어 분야에서는 굴곡이 있거나 꺾인 부분을 표현하기 위해 전개도 방식을 취하는 경우가 많다.

상세도 (detail drawing)

일반적인 도면에서 표현하기 힘든, 상세한 정보가 담긴 부위들을 절단해서 확대해 표현한 도면

이밖에도 창호일람표(door schedule), 가구 상세도(furniture plan), 각종 설비도면(electrical mechanical plan) 등이 있지만 크게 보면 위의 도면들을 통해 전체적인 디자인의 윤곽과 공간이 표현된다고 볼 수 있다. 그렇다면 위의 규칙들은 누가 만들었고 어떤 기준에 의해 나누어진 것일까? 단 한 번도 의심해 보지 않고 너무나 당연하게 받아들이진 않았는지 자문해 볼 필요가 있다. 공간을 디자인하기 위해서 평면도, 입면도, 천장도가 있어야 한다고 누가 처음에 결정했을까?

예상컨대, 수많은 시간과 경험을 거쳐 건축물의 축조방식에 맞추어진 최선의 표현체계를 정립해 만든 결과일 것이다. 우리가 개미처럼 벽이나 바닥 구분 없이 자유롭게 돌아다니는 부류였다면 생활하는 공간도 달라질 수 있다. 스탠리 큐브릭(Stanley Kubrick) 감독의 영화 '2001 스페이스 오디세이'(2001 A Space Odyssey)를 보면 우주 공간에 도넛 형태의 우주선 안에서 조깅을 하는 남자가 등장한다. 이 친구는 중력의 영향을 받지 않고 도넛 모양의 공간을 회전하며 계속

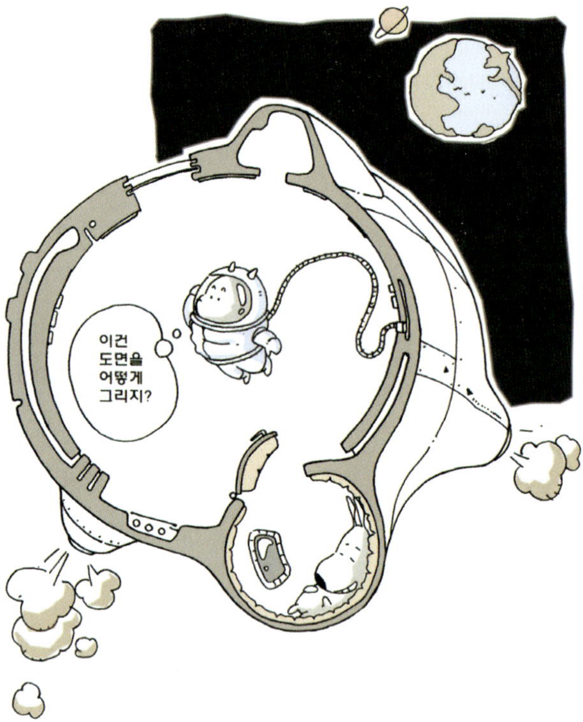

공간의 다양한 가능성을 생각해 볼 때, 기존의 도면표현법은
디자이너의 사고를 경직시키는 원인일 수도 있다.

달린다. 이 우주선의 바닥은 우리가 익히 알고 있는 평면도로 해석할 수 없다. 이 공간에서 평면과 입면과 천장은 어디일까? 태초부터 우리가 생활하는 공간이 방형(方形)이 아니라 구(球)의 형태를 띠고 있었고 중력의 영향이 없었다면 평면도나 입면도, 천장도로 공간을 표현하기는 불가능했을 지도 모른다. 또한 종이와 펜이 아닌 좀 더 발전된 표현도구가 있었어도 위의 표현방식을 고집하지 않았을 지도 모른다. 그런데도 우리는 아주 당연한 듯이 위의 표현체계를 따라 공간을 디자인한다.

도면은 2차원이고 공간은 3차원이다

실내건축가는 내부 공간을 디자인하는 사람이다. 그림이나 시각 디자인처럼 2차원에 머무는 작업이 아니라, 3차원 또는 다차원의 공간을 디자인하는 사람이다. 여기에 시선의 이동이나 시간의 변수까지 고려한다면 2차원으로 표현되는 도면작업은 '공간'(space)을 디자인하기에 너무나도 초라한 도구이다.

물론 모형작업도 있고 기술적 진보와 함께 3차원을 표현하는 툴이 디자인 작업을 지원하는 역할을 하고는 있지만 아직도 디자이너들의 가장 기초 툴은 2차원의 도면작업에 머물러 있다. 그러다 보니, 사고의 유연성도 2차원적인 표현도구의 한계에 부딪혀 자유롭지 못할 때가 종종 있다. 영화 '스타워즈'(Star Wars)에서 3차원 홀로그램이 자주 등장하는 것을 본 기억이 있을 것이다. 예를 들어, 홀로그램처럼 애당초 종이라는 미디어가 개발되지 않았고 기본 디자인 단계에서부터 3차원 작업이 가능한 툴이 존재했다면 공간을 주무르는 디자이너의 사고도 그만큼 자유로워졌을 지도 모른다. [관련 학계에서 디지털 건축을 주제로 설계 툴에 관련된 연구가 진행 중이긴 하지만 아직은 가까운 얘기로 들리지는 않는다]

그렇다면 우리 디자이너들은 이 한계를 극복하기 위해 어떠한 사고를 가져야 할까? 우선 머릿속으로 공간을 그리는 훈련이 필요하다. 종이로 옮기기 전에 머리에서 홀로그램과 같은 영상을 떠올려야 한다. 이렇게 떠올린 영상을 표현하기 가장 적합한 도구를 찾아야 한다. 이는 전형적인 도면 드로잉(drawing)방식이 될 수도 있겠지만 적절한 스케일의 모형 작업이 될 수도 있고 간단명료한 개념 스케치 작업이 될 수도 있다. 이런 작업들로 표현이 불가능하다면 3D 프로그램을 통한 3차원 스케치를 해 보는 것도 한 방법이다. 동원할 수 있는 모든 방법을 사용해 최종 결과물이 시공을 위한 도면으로 만들어 진다고 하더라도 디자인을 풀어나가는 프로세스의 관점에서 보면 도면은 하나의 설명 도구로만 이해해야 디자인도 자유로워진다.

Episode

아직도 국가나 지역에 따라 자기네들만의 전통적인 치수측정 체계들을 고집해 사용하는 경우들이 많다. 미국에서 주로 사용하는 인치(inch), 피트(feet), 마일(mile) 등이 있고 우리나라만 해도 자, 리, 평, 등이 아직도 생활 치수로 사용되고 있다. 그렇다면 국제적으로 통일된 치수체계인 미터(meter)법이 생겨나게 된 유래와 배경은 무엇일까? 초등학교 때부터 당연히 미터가 길이나 면적을 측정하는 단위라고 배웠고 주입식 교육의 희생아인 우리는 별 의심 없이 이를 받아들여 사용해왔다. 한번이라도 왜 1미터가 그 정도의 길이를 가져야 했는지 의심해 본 적이 있는가? 수학자들이 아닌 다음에야 다른 공부하기도 바빠 죽겠는데 거기까지 생각해 볼 여유가 있었던 사람들이 몇이나 되었을까?

프랑스 혁명 후, 그 때까지 통일되지 않았던 여러 도량형으로 인해 발생되는 폐해들을 해결하기 위해 절대 불변의 측정치를 만들고자 학자들이 모여 지구의 둘레를 나누는 방법으로 만들어진 것이 미터법의 유래이다. 이를 기점으로 더욱 과학적인 방법을 통해 1미터를 오차 없이 측정할 수 있는 기술이 개발되고, 이는 전 세계적으로 통일화된 범용 치수로 인정되어 현재에 이르렀다. 벌써 미터법은 우리 머리에 각인되어 있는데다, 관련 분야들과의 호환성을 고려하면 이제는 미터법이 아닌 다른 측정 단위를 새롭게 개발한다는 것은 무의미하다고 볼 수 있다. 하지만 디자이너라면 이 고정관념을 흔들어 볼 필요가 있다.

건축이나 인테리어 분야의 디자인에서 가장 기본이 되는 것은 공간이다. 이 공간의 기본은 다시 사람이 된다. 문제는 미터법이 인체와 아무런 연관이 없는 치수체계라는 점이다. 그런데도 공간을 설계할 때 우리는 미터법을 이용하여 공간을 설계한다. 뭔가 합리적이지 않다고 생각되지 않는가? 기본적으로 건축물은 인간이 생활하기 위한 공간이므로 인체의 행동패턴을 기준으로 만들어지는 것이 바람직하다. 그러다 보니, 평균적인 인체의 어깨넓이, 발 크기, 팔 길이, 보폭, 키, 등을 기준으로 공간이 만들어져야 인간에게 가장 기능적이고 편안한 안식처가 된다. 그렇다면 인체와 연관된 치수가 있어 이를 이용할 수만 있다면 훨씬 더 합리적인 디자인이 되지 않을까? 이런 사고로 개발된 치수체계가 건축가 르 꼬르뷔제가 개발한 '모듈러'(modular)이다. 물론, 현대에 사용하고 있지는 않지만 그가 가진 발상의 전환은 디자이너로서 다시 한 번 생각해 볼 여지가 있는 화두이다. 꼬르뷔제는 인간의 평균키를 정하고 앉거나 기대거나 팔을 뻗거나 하는 기본적 동작들의 상관관계를 연구해 그만의 치수체계를 만들어 냈고 그 측정단위에 맞춘 공간을 디자인했다. 물론 이 방법에도 문제점들이 없진 않지만 그의 생각은 우리에게 시사하는 바가 크다. 이처럼 디자이너는 우리에게 익숙해져 있는 모든 것들에 대해 다시 한 번 분석해보고, 그것이 툴이 되었건, 아이디어가 되었건, 항상 더 나은 방법이나 더 새로운 것들에 대해 끊임없이 뒤집어보고 연구하는 자세가 필요하다.

거짓말하는 투시도

건물을 짓고 인테리어를 완성하기 전에 가장 효과적으로 클라이언트에게 어필할 수 있는 도구는 '투시도'(perspective)이다. 건축분야에서는 투시도만큼이나 조감도(bird's-eye view)가 효과적인 설명 방법이 되기도 하지만 인테리어 분야에서는 내부 공간을 표현하는 투시도가 그 중요성이 더 크다고 볼 수 있다.

사실, 우리 눈이 공간을 인지하기 위한 조건들 가운데 가장 중요하게 작용하는 요소 중 하나가 '시간'이다. 정지된 시점에서 공간을 사진 찍듯이 읽기보다 비록 짧은 시간이지만 시선의 움직임을 통한 잔상의 조합으로 공간이 인식된다고 보는 편이 맞다.

이런 관점에서 투시도보다 훨씬 효과적인 방법은 3차원 시뮬레이션(simulation)이다. 요즘은 규모가 큰 현상설계나 대규모 프로젝트에서 3D 애니메이션으로 공간을 표현하는 경우도 있다. 사람이 직접 내부를 돌아다니며 경험하는 듯한 효과를 연출하면 비전문가도 공간을 이해하는데 큰 도움이 되고 그만큼 협의도 원활히 진행될 가능성이 크다. 하지만 비용이나 작업시간, 장비 등을 고려하면 이런 기회가 만들어지기 쉽지는 않다. 결국 일반적인 디자인 작업의 시각적 효과는 대부분 투시도로 표현된다. 그렇다면 투시도를 어떻게 표현해야 클라이언트의 호감을 얻고 그 효과도 높일 수 있을까? 우선 투시도의 종류를 보자.

작도법을 이용한 투시도

1소점, 2소점, 3소점 등의 투시도가 있고 내부 투시도에서는 주로 1소점 투시도가 많이 사용된다. 각 기준점들을 어떻게 잡느냐에 따라 사람의 눈에 가깝게 또는 왜곡, 과장의 정도가 결정된다. 3D 프로그램들이 발달하면서 요즘은 많이 사용되지 않지만 오히려 컴퓨터 작업보다 더욱 세련된 분위기를 연출할 수도 있다.

스케치를 이용한 투시도

드로잉 실력이 뛰어난 디자이너들이 주로 이용하는 방법으로 여타 방법들보다 짧은 시간에 효과적으로 표현할 수 있다. 제안 작업이나 보고서, 패널작업 등에서 컴퓨터를 이용한 투시도물에 질려 오히려 손으로 직접 스케치한 투시도를 선호하는 경향도 있다. 디자이너가 의도한 바가 투시도에서 느껴지는 장점이 있으나 현실감이 떨어져 오히려 일반 클라이언트가 이해하기 어려운 단점도 있다.

3D 프로그램을 이용한 투시도

국내에서 가장 많이 사용되고 있는 3dsMAX, sketchUP, AutoCAD, ArchiCAD 등이 있고 국내에 사용자가 상대적으로 적긴 하지만 FormZ, VectorWorks, Microstation, Nemetcheck, Lightscape(Lighting program) 등이 유럽이나 미국 쪽에서 많이 사용되고 있다.

우리나라 CG사무실들은 대개 3dsMAX를 사용하고 있다.

우리나라는 캐드하면 AutoCAD, 투시도하면 3dsMAX를 떠올리는데, 다양성 부족이라는 점에서 아쉬운 부분이기도 하다. 각각의 프로그램들마다 장, 단점들이 있으니 기회가 되면 접해 보는 것도 괜찮을 듯하다. 전문적인 렌더링 효과를 표현하기에는 부족한 면이 있긴 하지만 쉽게 배우고 모델링이 간편하다는 점에서 sketchUP을 이용하는 사무실도 많이 늘어나는 추세이다.

국내에 사용자가 가장 많은 3dsMAX를 예로 설명하면, 다른 방법의 투시도보다 사실적인 표현에서 월등하고 일반적인 클라이언트를 상대로 설득하기 가장 효과적인 방법이다. 다만 작업비용이나 시간적인 면을 고려해 볼 때, 다른 방법들에 비해 순발력이 떨어지는 면도 있다.

사실, 모든 투시도는 사람의 눈으로 보는 것과는 분명한 차이가 있다. 제품 디자인처럼 목업(mock up)과정을 통해 시제품을 실제 크기로 만들어 보고 똑같은 크기의 양산품을 쉽게 예상할 수도 없으니, 인테리어 분야에서 그나마 완성된 공간을 예상할 수 있는 최선의 방법은 역시 투시도이다. 어차피 사람의 눈이 보는 것과 똑같은 내부공간을 표현해 낼 수 없다면 이해를 도울 수 있는 모든 효과적인 기술들을 사용할 수밖에 없다. 여기서 일부의 과장이나 생략, 투과, 단순화 등의 효과가 사용된다. 결국 투시도는 선의의(?) 거짓말을 한다. 공간을 좀 더 풍부하게 보이게 하기 위해서 실제 천장고보다 더 높게 표현하기도 하고 [이건 선의라고만 볼 수 없다] 시야를 가리는 기둥을 뽑거나 잘라 버리기도 한다. 내부를

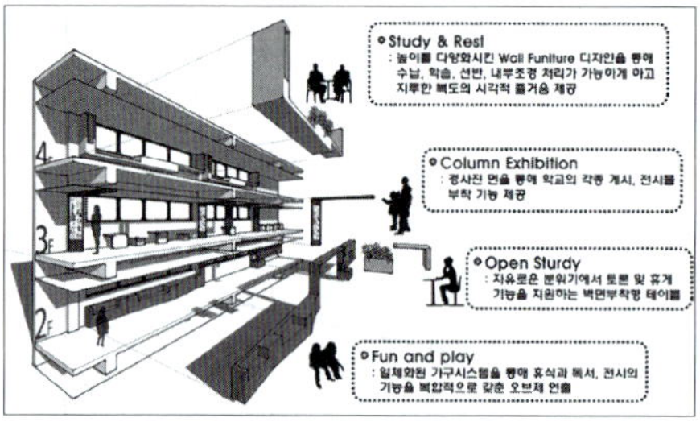

3ds MAX를 이용한 투시도(위)와 sketch up을 이용한 개념도(아래)

직접 둘러보지 못하는 2차원의 한계 때문에 눈에 안 보이는 뒷부분을 설명하기 위한 방법으로 가리고 있는 벽을 반투명하게 처리하기도 한다. 앞, 뒤 거리가 짧은 공간에 사람이 들어가서 공간을 인지한다고 가정해 보자. 양쪽 벽이 한눈에 들어오지 않는다고 하더라도 시선의 이동을 통해 왼쪽, 오른쪽 벽의 시각정보를 종합적으로 받아들여 전체 내부공간을 이해하는 공간인지특성을 2차원의 투시도에 표현하기 위해서는 투시도의 카메라를 위치한 지점(standing point)을 목적된 공간 밖으로 후퇴시켜 전체 공간을 표현하기도 한다. 이러한 효과들을 거짓말이라고 표현하긴 했지만 결국은 2차원의 종이위에 표현할 수 있는 효율적인 표현기술이라고 이해하는 것이 바람직하다.

입면도와 전개도

처음 실내건축이라는 학문을 접할 때 가장 많이 헷갈려 하는 것 중 하나가 입면도와 전개도이다. 별 생각 없이 보면 입면도나 전개도나 큰 차이가 없어 보인다. 큰 차이가 없다고 생각하므로 두 도면에서 가장 중요한 부분을 놓치고 디자인하는 경우가 적지 않다. 정확히 보면 입면도와 전개도는 확연하게 다르다. 어떤 점이 다른지 질문해보면 대부분 이렇게 대답한다. 입면도는 보이는 한 면을 그대로 투사해서 그리는 도면이고 전개도는 굴곡이 있거나 접혀있는 있는 부분을 펼쳐서 그리는 도면 정도로 알고 있다. 맞는 말이다. 그래서 건축은 외관디자인을 표현하는 방법으로 입면도를 주로 사용하고, 인테리어에서는 내부디자인에 대한 이해도를 높이기 위해 전개도를 주로 그리게 된다. 하지만 이 차이점만으로 입면도와 전개도에 대한 설명이 충분한 걸까?

디자인된 공간을 보는 사람의 눈은 단순히 디자인된 한 면만을 바라보는 것이 아니라 '깊이'를 가지는 레이어(layer) 개념으로 전체 디자인을 읽어낸다. 매장이나 레스토랑 같이 전면이 유리 같은 투명재료로 처리된 입면을 예로 들어보자. 일반적인 도면작성법으로 보면 시공의 이해도를 가장 중요시

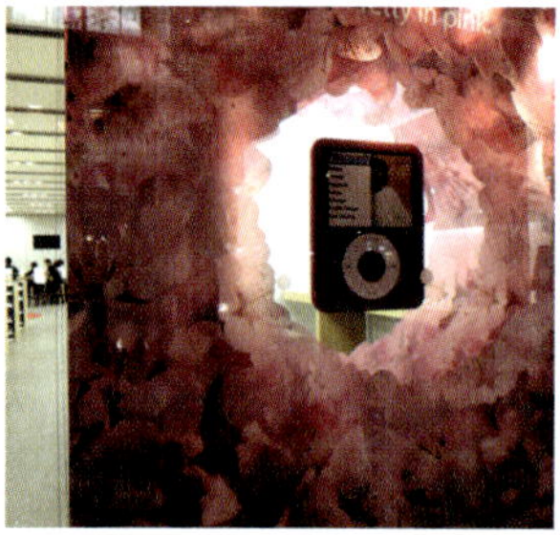

Apple 대리점의 쇼윈도우 디자인 레이어를 사용한 깊이감으로 제품의 이미지를 부각시키고 있다.

하므로 각각의 면을 따로 따로 디자인 한다. 우선 입구를 포함한 외피를 디자인한 도면이 있고 그 다음 내부로 들어가 각 면들을 펼쳐 디자인한 도면들이 있다. 중요한 것은 사람의 눈은 이러한 각 입면들을 복합적인 상호작용 하에서 느낀다는 점이다. 일차적으로는 외관의 입면을 잘 디자인하는 것도 중요하지만 그 면 뒤로 중첩돼 보이는 내부 입면들과의 상관관계를 읽어내는 것이 훨씬 중요하다. 다시 말해, 외관을 통해 투과된 내부의 입면이 외부입면과 동시에 읽혀진다는 점을 더욱 중요하게 다루어야 한다. 그래서 훌륭한 디자이너는 구체적인 각각의 입면 디자인 전 단계에 전체를 투과시켜 보는 스케치나 구상을 먼저 해 둔다. 모형을 만들어 머릿속 구상이 시각적으로 맞아떨어지는지 검증해 보기도 한다.

입면의 레이어 개념

일반적인 기존 도면 드로잉 방식을 이용해 입면을 디자인하게 될 경우, 공간의 깊이로 인해 생기는 다양한 면들의 레이어들이 상호작용하여 종합적으로 읽혀진다는 점을 간과할 가능성이 높다. 공간은 2차원이 아니라 3차원의 여러 디자인 요소들이 통합적으로 읽혀진다는 점을 충분히 계산하여 디자인하였을 때, 비로소 단순히 '아름다운 도면'이 아닌 실제로 '아름다운 공간'이 만들어질 수 있기 때문이다. 아래의 예시 그림처럼 사람의 눈은 정지된 한 면의 그림을 보는 것이 아니라 시선의 이동에 따른 겹쳐진 디자인 레이어들을 종합적으로 인식하게 된다.

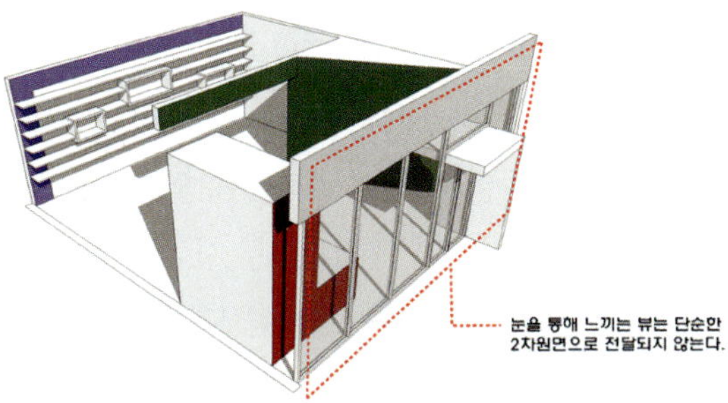

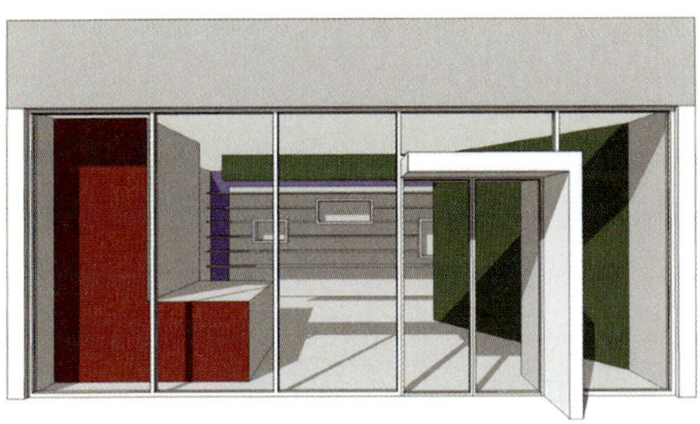

입면은 시간, 레이어, 깊이 등이 통합된 공간적 표현도구이다.

이런 작업이 선행되면 전체 디자인의 중심이 잡히고 그에 따른 세부디자인으로 가지를 뻗어나갈 수 있다. 영화감독이 전체 주제와 흐름을 정하고 각각의 장면들을 조립해 나가는 것과 비슷하다고 볼 수 있다. 하나하나의 장면(scene)에만 집착하면 전체 스토리가 자연스럽게 연결되지 않는 것과 같은 이치이다. 말처럼 쉽지 않은 작업이지만 이러한 의식이 작업 사이사이에 녹아 들 때 사람들의 눈을 매료시키는 공간 디자인이 나올 수 있다.

결론적으로, 인테리어에서 전개도는 말 그대로 공사를 할 수 있도록 가상적으로 펼쳐놓은 조립도 같은 도면이다. 하지만 입면도는 전개도처럼 단순히 한 면만을 그려내는 도면이 되어서는 안 된다. [특히 인테리어에서는 더욱 그렇다] 중첩, 또는 투과되어 나타나는 면들이 한 번에 읽혀질 수 있도록 디자인해서 그려져야 한다. 입면도나 전개도 모두 사람이 볼 수 없는 개념적인 인식 도면이긴 하지만 3차원 도구를 사용하기 전 단계에서는 이렇게 표현된 입면도가 각각의 입면요소들의 비례나 위치, 전체적인 어울림을 공간적으로 상상하면서 검증해 볼 수 있는 효과적인 방법이고 이러한 도구들을 통해 디자이너는 3차원 상의 공간이 어떻게 느껴질지 예측할 수 있다.

입면은 2차원이 아니다.
입면이 깊이를 가질 때 보다 풍성한 공간감과
볼거리를 제공한다.

개념! 개념! 개념!

개념이 디자인을 망칠 때도 있고
개념이 디자인을 효과적으로 풀어내는
열쇠가 되기도 한다.

그래도 미우나 고우나 개념은 필요하다.
개념 없는 디자인이 잘된 경우는 거의 없으므로…

설계를 하면서 가장 많이 듣는 말이면서도 가장 막막한 이야기 중 하나가 '디자인개념(design concept) 잡기'다. 각종 현상설계나 공모전 패널에서 가장 먼저 눈이 가는 부분이고 평가의 가장 중요한 부분을 차지하는 것도 어떤 디자인 개념을 갖고 어떻게 풀어냈느냐 하는 걸로 당락에 지대한 영향을 미치는 만큼, 개념은 디자이너에게 있어 디자인의 피를 순환시키는 심장과 같은 역할을 한다. 훌륭한 디자인 개념이 훌륭한 디자인 결과물로 직결된다고 단정할 수는 없지만 디자인을 풀어가는 전체과정을 지배하는 것만은 분명하다. 학생 공모전에서야 어느 정도 현실성을 배제한 다양한 실험도 가능하고 기발한 발상을 개념으로 잡아 디자인에 자유롭게 적용할 여지가 많지만 각종 제반조건을 떠안은 채 디자인을 현실화시켜야 하는 실무 프로젝트에서의 디자인개념을 생각해 보면 개념잡기라는 것이 조금은 다른 의미로 이해될 수 있다. 건축, 인테리어 할 것 없이 시도 때도 없이 집요하게 걸고넘어지는 '개념'(concept)이 무엇이고 왜 개념이 필요하고 어떤 것이 개념이 될 수 있고 잡은 개념을 어떻게 디자인에 적용시킬 수 있을지 실무적 접근에서 개념 전개과정을 생각해 보자.

개념은 디자인을 인도하는 등대

많은 초보 인테리어 디자이너들이 처음 설계를 맡게 되면 막막해지는 이유 중 하나가 어디서부터 어떻게 시작해야 할지

출발점을 모른다는 거다. 학교에서 설계를 진행할 때만 해도 이런 저런 생각을 펼쳐놓고 개념이 될 만한 것들을 닥치는 대로 주워담아 자유롭게 디자인에 선별, 적용했지만 정작 사회에 나와 실제로 지어져야 할 무엇인가를 놓고 개념을 잡으려고 하니 이것저것 걸리는 것도 많고 현실적이어야 한다는 심리적 부담까지 사고를 경직시켜 버린다. 그래서 대부분의 초보 디자이너들은 개념 잡는 과정을 생략해 버리는 경우가 많다. [항상 일정에 쫓겨서 그럴 수도 있지만 한 사무실의 소장이 되서도 개념 잡는 과정이 굳이 필요하지 않다고 생각하는 경우가 있다]

주어진 시간도 짧다 보니 서둘러 주변상황을 분석하고 필요한 프로그램들을 짜서 공간을 구획하고 전공서적이나 외국의 좋은 사례들을 뒤적이다 마음에 드는 디자인을 만나면 모방 내지는 응용해서 그럴듯하게 구색 갖추기에 바쁘다. 그러다 보니 전체공간을 어떤 이야기로 풀겠다는 맥은 보이지 않고 요소요소 튀는 아이디어나 트랜드로만 포장되는 경우가 적지 않다. 부분 부분은 아름답고 재미있을 수 있으나 공간을 전체적으로 읽어보면 지향하는 목적 없이 공원을 산책하는 강아지 꼴이 될 수밖에 없다.

여기다 직장상사는 한몫 더한다. 신참 디자이너들의 발상을 다듬어 주기 보다는 현실도 모르는 어린애 취급을 하는 풍토가 우리나라의 일반적인 설계사무실 구조다. 이는 참신한 디자인 감각을 지니고 있는 새내기 디자이너의 사고까지 주눅 들게 만들고 결국은 경제적 논리나 기존의 시공 방법론의 한계 안에서 항상 해 왔던 전형적인 디자인 틀의 매너리즘에 빠지게 된다. 실제로 오랜 이력을 지니고 있는 디자이너도 한 번씩 슬럼프에 빠질 때가 있는데, 많은 경우가 자신의 디자인에서 더 이상 새로운 점을 발견할 수 없을 때이다. 이해가 되면 서도 안타까운 부분이다.

실내건축은 건축과는 달리 그 사고의 폭도 다를 수밖에 없는 구조를 지니고 있다 보니 개념을 바라보는 포커스 또한 달라질 수 있다. 디자인의 스케일도 다를 뿐 아니라, 나타나는 결과물도 거시적 관점보다 미시적 디테일에 눈이 더 가게 마련이다. 그러다 보니, 인테리어 디자이너들이 하는 가장 흔한 실수 중 하나가 부분적 형태에 대한 집착이나 새로운 재료에 대한 실험을 디자인 개념이라고 착각하는 부분이다. 실제로 잘 만들어졌다고 평가되는 작품들 중에도 부분에 대한 일회적 아이디어들로 포장된 경우가 적지 않다. 일단 카메라를 들이대면 소위 사진빨 잘 받고 여기 저기 볼거리가 많아야 인정받기 쉽다고 생각한다. 누군가 기존에 사용하지 않았던 기발한 재료를 구해와 내부 디자인에 적용시키면 어딘가 새로워 보이고 잘된 디자인으로 평가되는 경우도 적지 않다. [이런 점이 일본 인테리어 경향과 많이 닮아 있고 그래서 국내 디자이너들이 일본 디자인을 모방하는 경우가 많은가 보다. 사실은 재료에 대한 실험이 강점일 따름이지 일본의 인테리어 디자이너들이 재료로만 공간을 도배하지는 않는다]

문제는 이런 디자인은 쉽게 질릴 가능성이 높다는 거다. 귀고리 풀고 화장 지우고 나면 전혀 다른 얼굴이 나타날 수 있다. 질리지 않는 공간은 화장을 하지 않아도 사랑스러운 얼굴이어야 한다. 그래야 신혼 첫날밤 화장 지운 신부를 맞이하는 기분으로 오래도록 공간과 알콩달콩 사랑을 나눌 수 있다. 이런 이유 때문에라도 전체 공간을 아우르는 개념을 잡고 작업을 진행하는 것이 절실히 필요하다. 진정으로 훌륭한 인테리어 작품들을 보라. 공간을 풀고 형태를 뽑아내고 재료를 사용하는 데 있어 일관된 흐름이 있지 않은가? 잘된 작품치고 안방은 '이상한 나라의 앨리스'가 되었다가 거실에서 '부석사 무량수전'이 나타나는 법이 없다. 이렇게 디자인의 일관된 흐름을 작업과정 내내 잃지 않고 쥐고 갈 수 있도록 방향을 안내해 주는 등대와 같은 힘을 지닌 것이 바로 '디자인개념'이다.

어떤 것이 개념이 될 수 있을까?

반대로 물어보자. 어떤 것이 '디자인개념'이 될 수 없을까? 이렇게 물으면 참 난감하다. 개념을 잡는 사고의 경계가 어디 있고 제한이 어디 있을까? 맞고 틀리고를 규정한다는 것부터 무식한 질문일지 모른다. 개념을 수학문제 풀듯 정답풀기처럼 설명할 수는 없겠지만 몇 가지 개념잡기에 도움이 될 만한 얘기를 해 보자.

첫째, 은유적이든 직접적이든 '공간'을 표현할 수 있는 '키워드'들을 찾아내는 것이 개념설정에 도움이 된다. 아무리 자유로운 발상을 한다고 하더라도 인테리어 디자인의 최종 목적은 공간을 디자인하는 것이고 그 목적에 필요한 것이 바로 '개념'이다. 간혹 공모전에 출품된 작품들을 보면, 가지고 있는 생각은 재미있는데 구체적인 공간디자인으로 치환하기 힘들어 처음 시작과 상관없이 용두사미가 되는 작품들이 있다. 이런 생각들은 단순히 뜬 구름 잡기가 되거나 말장난에 지나지 않을 공산이 크다.

둘째, 추상적 사고에서 구체적 디자인까지 비약 없이 풀어나가는 논리력이 필요하다. 디자인과정에서 논리의 비약이 생긴다거나 옆길로 새고 있다는 판단이 들면 몇 번이고 피드백(feedback)과정을 거쳐 바로잡아야 한다. 그렇게 일관된 논리를 유지할 때 디자인 결과물도 산만해지지 않고 통일감 있는 공간이 만들어 질 수 있다.

셋째, 시대적 흐름을 읽을 필요가 있다. 이 말은 학생공모전이나 실무 작업에서나 다 같이 적용되는 말이다. 시대의 트렌드나 대세를 잡아내던지, 현 시대를 분석한 결과를 토대로 시대를 앞서나가는 사고를 하던지, 결국은 현재 생활하고 있는 동시대를 잣대의 중심축에 놓고 저울질하면 디자인 개념을 잡는데도 도움이 된다.

넷째, 현재 우리가 안고 있는 문제점들을 풀다 보면 개념이 보인다. 산업디자인이나 건축디자인 등 대부분의 실용 디자인들을 보면, 기존의 상황이 안고 있는 문제점들을 해결하고 개선시켜 나가는데서 좋은 디자인이 나오는 경우가 많다. 특히, 제품 디자인 분야를 보면 그런 경향이 두드러지는 걸 볼 수 있는데, 인테리어 디자인도 이와 같은 맥락으로 보고 현재 우리가 생활하는 공간의 문제점들을 면밀히 관찰해 보면 새로운 디자인개념이 나올 여지가 많다.

다섯째, 역발상이 개념잡기에 도움이 될 때가 있다. 항상 해왔던 방식을 한번쯤 벗어던지고 처음부터 뒤집어 사고하는 과정을 거치다 보면 오히려 참신한 아이디어가 도출될 수 있다. 하나의 트렌드가 새롭게 발생해서 일정기간 지속되다 보면 매너리즘에 빠지게 되고 여기에 질리기 시작하면서 획기적으로 반전이 일어나 새로운 트렌드가 각광받는 주기가 있다. 이러한 주기의 정점에 역발상이 큰 도움이 되기도 한다.

어떻게 개념을 전개해 나가야 할까?

막상 개념을 잡으라고 해 보면 얼추 상식적인 접근을 하다가 결과물은 영영 돌아오지 못할 무인도로 가 있거나, 또는 아주 기발한 발상으로 시작하긴 했는데 그 기발한 발상이 어떤 이유로 시작된 건지 '묻지 마' 디자인으로 나타나는 경우들이 종종 있다. 여기서 한 걸음 더 나가보면 닥치는 대로 디자인해 놓고 거꾸로 말 갖다 붙이는 말 빨로 먹고 사는 디자이너도 적지 않다. 그렇다면 어떻게 접근해서 어떻게 풀어나가야 제대로 된 개념전개일까? 정답이 있을 수야 없겠지만 몇 가지 초보디자이너에게 도움이 될 만한 개념전개 과정을 간단한 예를 들어 설명해 보자.

한 디자이너가 3세대가 함께 사는 3층짜리 단독주택을 새롭게 고치는 작업을 한다고 가정해 보자. 이해를 돕기 위해 전체 디자인에 영향을 미치는 제반조건들은 생략하고 디자인 전개과정만 들여다본다는 전제하에서 설명해 보기로 하자. 디자이너는 우선 처음 개념을 잡기 위해 가족하면 떠오를 법한 몇 가지 상징적인 단어들을 떠올릴 것이다.

> 행복, 화목, 화합, 사랑…

디자이너가 불행, 삭막, 미움, 증오 등의 부정적 단어를 21세기 가족의 새로운 패러다임이라고 우기는 정신질환자가 아니라면, 일반적인 상식선 상에서의 가족은 위의 단어들로 집약될 수 있을 것이다. 다시 디자이너는 이 단어들을 공간적으로 바꾸기 위해 표현에 살을 붙인다.

> 행복한 공간, 화목한 공간, 화합할 수 있는 공간, 사랑스러운 공간…

상투적이지만 맞는 말이다. 그래서 이런 표현들을 벌써 디자인 개념이라고 착각하는 초보 디자이너가 간혹 있다. 큰 의미에서 전체 디자인을 풀어가기 위한 개념을 아우르는 표현이라고 얘기할 수는 있지만 정확히 공간을 디자인하는데 직접적인 영향력을 미치는 '디자인개념'은 아니다. 행복하지 않고 화목하지 않은 공간을 디자인하는 멍청한 디자이너가 어디 있겠는가. 여기서 행복하고 화목한 공간을 디자인하기 위한 디자이너의 구체적이고 독창적인 아이디어들의 집합이 틀을 제대로 갖추어 공간적인 표현도구로 구성될 때 비로소 디자이너 아무개만의 '디자인개념'이 된다. 이 단계에서부터 디자이너들마다의 개성 넘치는 독특한 아이디어들이 나올 수 있다.

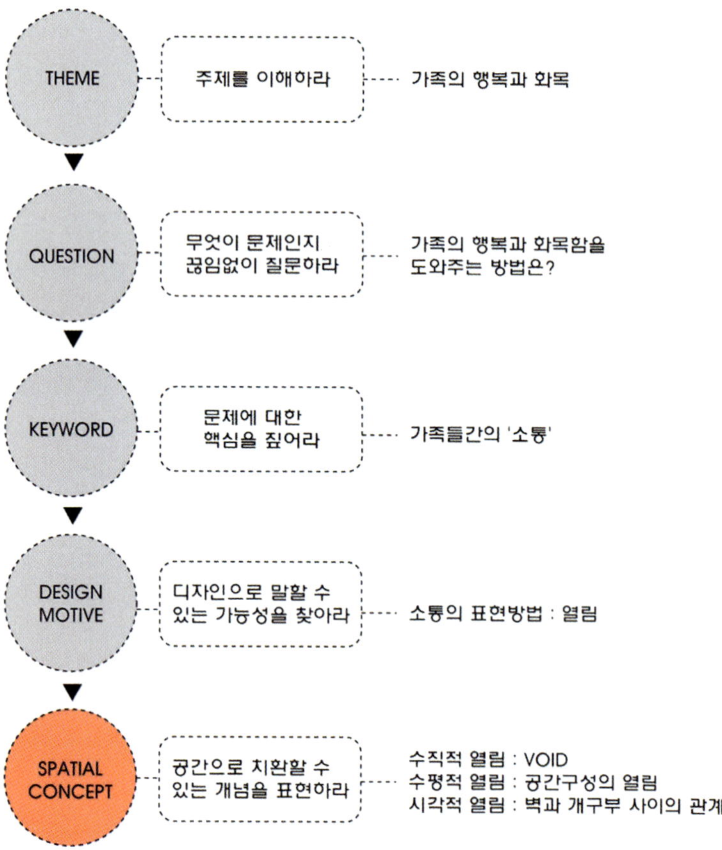

공간개념을 잡아가는 과정

디자이너마다 표현방법은 다를 수 있겠지만 이 정도까지 생각이 정리되면 좀 더 구체적인 공간과 형태가 머릿속에 그려지게 된다. 발전시켜 보자.

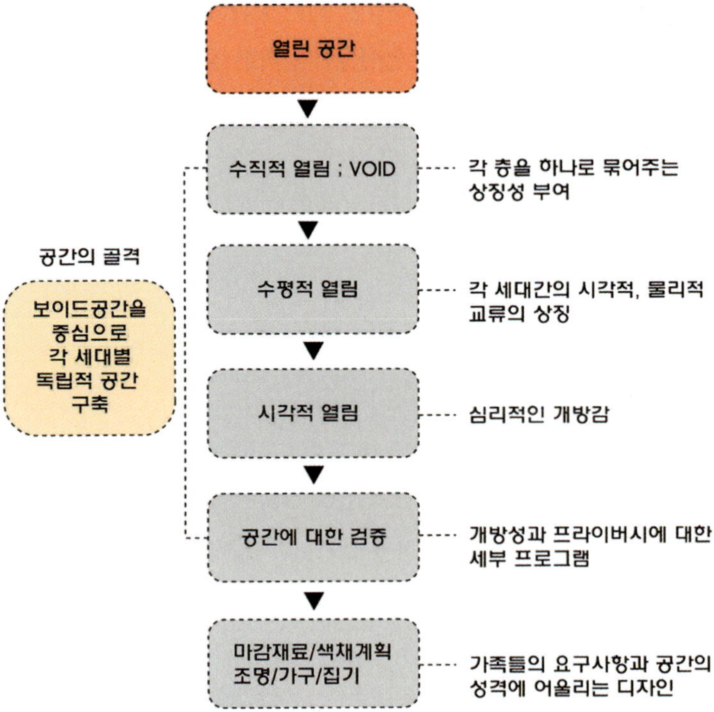

열린 공간이라는 상위의 개념을 축으로
세부적인 살을 붙여 나가는 과정

이 정도가 되면 공간적 개념을 표현할 수 있는 큰 뼈대는 만들어졌다. 이 다음 작업부터 지금까지 세운 중심 뼈대를 지원사격할 수 있는 디자인언어들이 총동원된다. 열린 공간을 극대화시키는 디자인요소가 무엇이 있는지, 수직적으로 열린 공간을 연결하기 위한 내부 요소들은 어느 위치에 어떤 형태로 디자인되어야 하는지, 시원스럽게 열려진 공간을 만들어내 내기 위해 적합한 공간언어나 재료가 무엇인지 등등 모든 초점은 처음 잡은 개념인 '열린 공간' 중심으로 만들어진다. 그러다 보면, 빛을 끌어들이기 위한 창은 어떤 크기로 어떤 방향으로 두어서 내부공간을 풍부하게 만들 수 있는지, 각 세대의 프라이버시와 세대 간의 개방성을 조화롭게 하기 위해 각각의 독립된 공간은 어떻게 배치되어야 되는지도 자연스럽게 결정된다.

이렇게 전체적인 공간 구성이 이루어지고 나면 그 다음 단계에서 좀 더 구체적인 디자인과정으로 세분화된다. '열린 공간'답게 해주는 마감 재료와 색채계획, 가구, 집기 등 내부공간을 통일감 있게 해 주는 모든 요소들이 처음 공간 개념과 맥을 같이 하면서 구성될 수 있다.

물론, 여기서 가족들의 취향이나 요구사항에 따라 클래식한 분위기를 원하는지, 모던한 분위기를 원하는지 하나하나 세심하게 배려해야 되겠지만 처음 큰 줄거리를 만들고 전체 디자인 과정을 끌어 나가는 역할은 온전히 디자이너의 책임하에서 이루어진다. 또한 더 이상 학생 디자이너가 아닌 실무 디자이너라면 위의 내용으로 적용된 개념에 수반될 수 있는 현실적인 각종 설비문제나 냉난방 등 기술적 문제해결에 대한 조정자 역할도 디자이너가 컨트롤해야 하는 부분이다.

실제로 프로젝트를 진행해 보면 위의 예시처럼 간단한 프로세스만으로 전체개념과 진행과정을 설명하기에는 턱없이 부족한 면이 있다. 다만 위의 개략적인 설명은 복합적인 상황들은 배제하고 디자인개념을 풀어나가는 과정상의 이해를 돕기 위한 흐름 정도로만 이해하기 바란다. 실제 디자인을 해보면 디자인되는 대상의 종류와 상황, 규모, 클라이언트의 요구조건, 시공방법, 공사비용 등 각각의 조건에 따라 이보다 더 복잡하고 다양한 발상이 필요하며 그 생각들을 종합적으로 묶어 개념으로 발전시켜야 하고, 이를 다시 실질적인 디자인 작업으로 옮기는 과정이 필요하다.

디자인하지 않는 디자인

역사가 증명하듯 인간이 손대면 어쨌든 무엇인가는 망가진다.
먹이사슬에서 필요 없이 생명을 죽이는 경우는 없다.
디자인이 필요 없는 상황이라면 절제하는 것도 디자인이다.

디자이너는 결국 필요한지 필요 없는지를 판단하는
'제어자'의 역할을 할 수 있어야 한다.

적절한 절제와 과감한 표현사이에서

실내건축 공부를 마치고 한국에 들어와서 가장 적응이 힘든 부분 중 하나가 디자인에서의 '절제'였다. 필자가 공부한 독일의 경향[독일인들의 성향 자체가 유난히 합리적이어서 그럴 수도 있고 전공분야의 특성상 공간 디자인에서 지켜야 할 최소한의 도덕이라고 생각해서 그런 부분도 있지만 조금이라도 이유가 불분명한 장난(?)은 바로 평가에서 매몰차게 아웃(?)되어 버린다]에 익숙해져 있어 그런지는 몰라도 그냥 가만 놔두는 법이 없는 우리나라 인테리어 사무실에서 접한 디자인 환경에 적잖이 당황했던 기억이 있다.

미니멀리즘(minimalism)이라는 시대적 대세를 따라 간결한 디자인이 유행처럼 번지긴 했지만 아직도 대중적인 공간에서의 절제는 디자이너가 아무런 디자인도 하지 않은 것처럼 취급해 버리는 경향이 있다. 디자이너가 '디자인'을 했기 때문에 비워지는 부분도 쉽게 받아들여지지 않는다.

클라이언트의 입장에서야 비용이 발생해서 나타나는 결과물인 만큼 일명 '돈값'했다는 것이 눈에 보여야 한다고 생각할 수도 있다. 하지만 그게 오히려 졸부가 과시하기 위해 휘황찬란하게 치장하는 불편한 장면처럼 눈이 즐겁지 못할 수도 있다. 그렇다고 무조건 단순하고 심플한 것이 세련된 디자인이라는 말은 아니다. 중요한 것은 적절한 절제와 과감한 표현 사이에서 적절한 대화와 소통이 필요하다는 점이다.

무엇을 보여주고 싶은지 생각하고 디자인해야
할 것만 디자인하라.

뭔가 해야 된다는 강박관념

수많은 디자이너들, 특히 그 중 건축가들이 가장 많이 따지는 것 중 하나가 디자인에 대한 이유와 논리이다. 합리성과 논리적인 과정이 따르지 않으면 잘 받아들이지 않는 관성(?)을 지닌 건축가들이 일반적이다. 딜레마에 빠지는 이유이다. 솔직히 얘기해서 논리적이지 않더라도 손이 먼저 가는 경우가 작업 사이사이에 분명 존재한다. 그마저도 논리적으로 포장(?)되어야 할 때가 있다. 분명 건축은 논리적일 수밖에 없는 학문이다. 탄탄한 이론과 철학으로 무장된 바탕위에 디자인되지 않으면 오래도록 사용할 수 있는 훌륭한 건축물이 되지 못할 가능성이 매우 크다. [그렇게 논리적으로 설계한 건축물도 살기 불편한 경우가 허다하긴 하지만 말이다. 심지어 디자인된 건축물에서 살려면 불편을 감수할 수 있어야 한다는 우스갯소리까지 있다] 그렇다면 실내건축은?

실내건축은 건축에 비해 다분히 감각[감성]과 논리의 경계선에서 줄타기를 한다. 논리나 이론, 합리성이 바탕에 깔리는 듯 하다가도 어느새 감성이 소용돌이치고 작업과정을 쓸고 지나가버리는걸 즐겨야 하는 순간도 온다. 이 과정에서 디자이너는 갈등한다. 자신의 감각을 받쳐 줄 이론이 없는 디자인을 감당해 낼 자신이 서질 않는다. 감성과 이성이 줄다리기 하는 순간이다. 모든 경우는 아니지만 이럴 경우 때로는 감성이 치고 나갈 필요가 있다. 실내건축은 감성과 이성의 경계선을 그어놓고 나면 한 발짝 반 정도는 감성에 더 무게를 두고 있으므로…

다시 주제로 돌아가서 디자이너에게 있어 '디자인하지 않을 수 있는 용기'가 가장 필요하다고 느끼는 순간이 이런 때이다. 이유나 논리뿐만이 아니라 이유와 관계없이 본능적인 감성으로 더 이상 떡칠(?)하지 않아야 된다고 느끼는 순간이 오면 과감히 비워내는 감성을 키울 필요가 있다. 여기서 이성이나 논리가 걸림돌이 되어서는 안 된다.

조금은 다른 얘기지만 협업을 하다 보면, 대규모의 인테리어 사무실에서 나오는 도면을 접할 기회가 종종 있다. 아뜰리에 규모의 사무실과 다른 특징들이 있다. 우선 도면의 체계나 퀄리티가 뛰어나다 보니 도면이 그럴듯하게 보인다. 하지만 자세히 짚어보면 공통적인 특징이 하나 있다. [물론 모든 대규모 사무실이 다 그렇다는 건 절대 아니다] 대부분의 도면이 꽉 차 있다. 다시 말해, 어느 부분도 놓치지 않고 모두 디자인(?) 되어 있다는 점이다. 아마 컨펌(confirm) 받는 과정이 길다 보니, 손 댄 부분이 많아져서일 수도 있고 작업자가 상사에게 열심히 일했다는 걸 보여주기 위한 표현수단일 수도 있다. 아니면 사무실 고유의 작업 성격이 계승되어진 걸 수도 있다. 무엇이 원인이 됐건 중요한 점은 어떻게든 표현해야 한다는 강박관념이 만들어낸 결과라는 점이다. 도면이 아름답다고 공간이 아름다워지는 건 절대 아니다.

다시 한 번 초보 디자이너들에게 얘기하고 싶은 말이다.

"디자인하지 않는 것도 디자인일 수 있다."

때로는 아무 것도 하지 않을 때가
가장 아름답다.

무엇이
디테일인가?

시공을 용이하게 하기 위한 디테일이 있고
디자인의 완결에 필요한 디테일이 있다.

전자를 디테일의 전부라고 착각하지 마라.
문손잡이 디자인 하나도 공간의 품위를 결정하는 디테일이다.

독일유학 당시의 경험이다. 매 학기 시작 때마다 학교 로비에는 교수들 별로 그 학기에 진행할 설계 주제들이 게시판에 빼곡해지고 학생들은 게시된 설계 테마들을 꼼꼼히 읽어보고 그 중 마음에 드는 강의에 수강신청을 한다. 필자도 여느 학생들처럼 이것저것 뒤지다가 흥미 있고 만만한 주제하나를 발견했다. 스페인 어느 시골 언덕 자락에 대지를 설정하고 그 언덕 꼭대기에 휴양주택을 디자인하는 주택설계스튜디오였는데 전형적인 남부 유럽의 주거를 디자인해 볼 수 있는 기회라고 생각하고 바로 신청했다.

담당교수가 얼마나 괴팍하고 성적 짜게 주는 무서운 사람이라는 사실을 전혀 모르는 정보력 떨어지는 유학생의 무식함이 저지른 겁 없는 시도였다. 정확히 기억나진 않지만 여덟 명 정도 되는 인원만이 그 과목을 신청했고[통상적으로 적게는 15명에서 많게는 25명 정도가 하나의 설계스튜디오를 신청한다고 봤을 때 어지간한 강심장이 아니면 대부분 이 교수님은 피하는 분위기였다] 아침 9시 첫 강의시간에 드디어 겁도 없이 수강신청을 한 용감한 전사들(?)이 모였다. 10분도 안 되서 괜히 신청했다는 후회가 밀려왔다. 독일친구들도 알아듣기 힘든 표현들이 난무하고 쿠바산 하바나 시가를 입에 물고 날카로운 눈초리로 학생들을 대하는 모습이 전형적인 독불장군 타입이었다. 보통 한 두 번씩은 떨어진다는 독일어능력시험[DSH라는 독일어시험으로 독일대학에서 공부하기 위해서는 외국인으로서 꼭 패스해야만 하는 어학시험이다]을 4개월 반 만에 한 번에 붙어버려 제대로 독일어 실력도 갖추지 못했던 나로서는 말 한마디 떼기도 쉽지 않은 공포 분위기였다. 그나마 불행 중 다행은 이 교수님이 동양인에 대한 호감이 있었다는 점이었다.

공포 분위기에서 시작된 스튜디오 첫 수업에서 다음 시간까지 준비해 와야 할 과제와 기본적인 자료를 나눠 받았다. 한주동안 잠을 설쳐가며 열심히, 정말 열심히 준비했다. 표현이 어눌하니 최대한 많은 자료를 준비해야 된다고 생각하고 요구하지 않은 것들까지 그리고 만들면서 꼬박 한 주를 보냈다. 긴장으로 가득 찬 두 번째 강의시간이 돌아왔다.

결과는?

한마디로 참혹했다. 신나게 깨졌다. 나는 완전히 내가 살고자 하는 주택을 디자인한 꼴이 되었고 남부유럽인들의 특성이나 삶의 방식을 이해한 공간은 어디에도 없었다. 그나마 해온 작업량과 동양인 특유(?)의 스케치력으로 비 오듯 쏟아지는 폭탄투하현장에서 그나마 전사(戰死)는 면하고 목숨만은 건졌다.

이렇게 한 학기 내내 죽음과 삶의 경계를 넘나들면서 차츰 담당교수가 얘기하는 내용이 조금씩 이해되기 시작하고 말빨이 딸리는 한계를 대체하기 위한 나의 방대한 작업량 덕분에 어느 정도 인정도 받아가는 분위기였다. [이러면 얼음심장을 가진 도도한 독일친구들도 하나 둘씩 친근하게 다가오기 시작한다]

거의 디자인 작업이 마무리될 시점에 마지막으로 요구하는 작업이 바로 '디테일'이다. 사실 제일 어려운 부분 중 하나이다. 그래도 한국에서 건축 공부를 했다고 익히 알고 있는 방식대로 이 책 저 책 뒤져가며 모방 반, 얼버무림 반으로 디테일 도면을 그려갔다. 흉내는 그럴싸하게 냈는지 친구들도 내 도면을 보고는 부러워하는 눈치였다. 다른 친구들의 도면을 보고는 속으로 안심했다.

'그래, 디테일 도면이 이 정도는 돼야지.'

라고 생각하며 크리틱이 시작되었는데… 교수님이 한 친구의 엉성한 도면을 거짓말 좀 보태서 입에 침이 마르게 칭찬을 하는 게 아닌가! 창문의 단면을 몇 가지 표현한 도면이었는데, 내가 아는 바로는 그건 디테일 도면이 아니라 그냥 기본적인 단면같이 보일 따름이었다. 잠시 당황한 가슴을 쓸어내리고 가만히 설명을 듣다 보니 고개가 끄덕여지기 시작했다. 디자이너가 표현해야 하는 디테일은 그 때까지 내가 알고 있는 디테일이 아니었다.

필자가 이해한 바로는 설명의 요지는 이랬다.

"단순히 도면을 확대해 시공하는 사람이 알아볼 수 있도록 상세하게 그리는 디테일은 도면기술자(draft man)들이 얼마든지 할 수 있는 일이다. 여러분들이 지금 그려야 할 디테일은 일반적인 스케일의 도면으로 설명하기 힘든 '디자인'을 설명하는 디테일이 되어야 한다."

그 친구의 도변은 비록 시공자의 입장에서 보면 엉성하게 표현된 초보적인 도면일지는 모르나 표현하고자 하는 디자인이 정확히 드러나 있었다. 제대로 된 디자이너라면 당연한 말이라고 할 지 모르지만 부끄럽게도 나는 그 때까지 일명 '시공 상세도'를 그리고 있었고 그게 디테일이라고 생각했던 거였다. 그러니 아이디어도 없고 디자인도 없는 상태에서 여기저기에서 사용된 상세표현들의 조합에 불과했던 거였다.

많은 디자이너들이 아직도 디테일 도면을 그리면 캐드에 쓰인 여러 가지 소스들을 짜깁기로 그려 때우고는 기본 계획 시에 그토록 머리 싸매고 중요하게 생각했던 디자인 아이디어와 그에 따른 표현들은 온데간데 없는 '앙꼬 없는 찐빵'이 대부분이다.

디테일도 디자이너가 말하고자 하는 디자인이 표현되었을 때 비로소 제대로 된 디테일이다.

디테일은?
디자인의 '하일라이트'이다.

램 콜하스(Rem Koolhass)가 설계한 'Kunst Hall' 내부의 난간 디테일

마감재료 이야기

공간에서 재료마감은 마지막 '꽃단장'이다.
좋은 화장품을 썼다고 모두 때깔이 좋은 건 아니다.
분위기를 좌우하는 마지막 마침점이 공간에서의 마지막
재료마감이다.
그만큼 세심한 손길이 필요하고 조심해야 한다.

새색시 시집갈 때 단장하듯 정성을 다해 공간도 단장하자.

재료가 싸우면 디자인으로 화해시켜야 한다

내부공간에서 마지막 화장은 역시 마감공사이다. 또한 마감공사에서도 가장 눈에 띄는 요소가 마감재료의 적절한 사용이다. 전통적인 마감재 외에도 어찌나 세상이 빨리 변하는지 하루가 멀다 하고 새롭고 매력적인 마감재가 우리 디자이너들을 유혹하고 있다 보니, 앞 다투어 새로운 재료를 사용하면 잘된 디자인으로 착각하는 경우도 종종 있다.

반면에 길을 가다 자신과 똑같은 옷을 입은 사람을 보면 썩 기분이 좋지 않는 것처럼 일부 디자이너들 사이에서는 다른 디자인에서 사용된 특징적인 재료들을 자신의 디자인에 사용하길 꺼려하는 경향도 있다. 이들은 기존의 기성 재료보다는 원래 용도와 무관한 전혀 생각지 못한 반재료(Halbzeug: 특정 용도에 사용하기 위한 목적으로 만들어진 완제품이 아니라 그 자체로는 기능을 다하기 어려운 중간 단계의 제품이나 재료)를 이용해 자신이 디자인한 공간에 실험해 보는 과감한 시도를 하기도 한다. 이와는 반대로 공간의 순수성을 위해 재료의 사용을 최소한으로 자제하는 경우도 있다. 이렇듯 공간에 어떠한 재료를 어떻게 사용하는가 하는 한가지만으로도 인테리어디자인의 매력은 무궁무진해진다.

내부공간에서 마감재는 여러 가지 의미를 가진다. 공간의 기능에 대응하기 위한 마감재를 사용하기도 하고 공간의 성격이나 분위기를 연출하기 위해 특별한 마감재가 사용되기도 하며 시각적, 촉각적인 즐거움을 제공하기 위해 그에 어울리

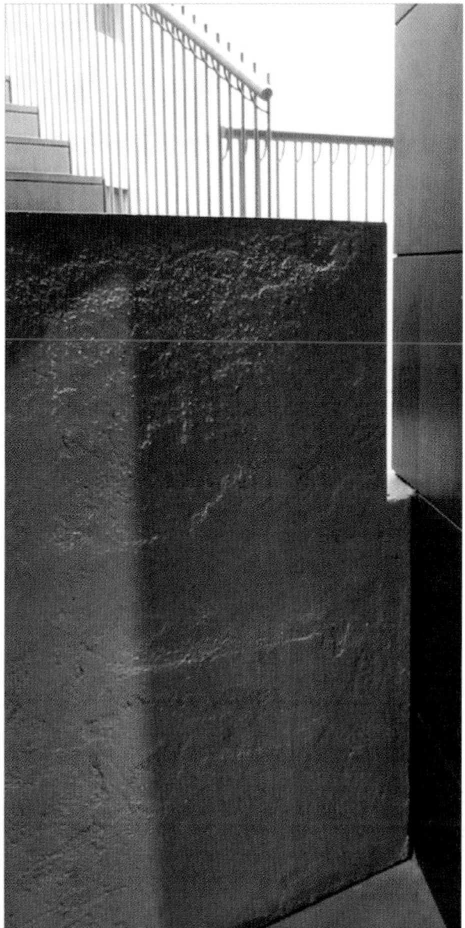

서로 다른 재료가 부딪히기 전에 디자인으로 해결하자.

는 장식적 마감재가 사용되기도 한다. 이렇듯 마감재의 종류와 사용방법이 다양해질수록 디자이너의 고민도 늘어난다. 그 고민들 중 가장 중요한 포인트는 역시 다양한 마감재들 간의 조화와 충돌을 어떻게 풀어내는가이다.

하나의 공간에서 서로 다른 마감 재료들이 만나는 경계를 어떻게 적절한 방법으로 디자인할 수 있을까를 생각해 보자. 여러 가지 접근방법이 있겠지만 가장 중요한 것 중 하나가 이질 재료간의 경계를 납득할 수 있도록 공간과 형태에서 디자인으로 먼저 풀어줘야 한다는 점이다.

실제 디자인을 풀어내면서 도면을 그려나가다 보면 재료가 나누어지는 경계를 설정하기 힘든 경험을 할 때가 많이 있다. 어디까지 동일한 마감을 끌고 갈지, 어디서 멈춰야 할지 수도 없이 고민을 한다. 이 고민에 도움이 될 만한 몇 가지 예를 들어 보자.

볼륨으로 가지고 갈지 면으로 가지고 갈지 결정해야 한다

내부공간의 디자인 요소들을 보면 기둥이나 보 같은 구조적 덩어리가 내부공간의 한 요소로 노출되는 경우가 있고 순수 디자인의 목적으로 기능에 무관하게 살을 붙여 독립적인 덩어리를 만들어 내는 경우도 있다. 이들 요소는 공간 디자인의 관점으로 볼 때, 2차원의 면의 조합이라기보다는 3차원의 볼륨으로 인식되는 경우가 대부분이므로 적절히 볼륨(volume)감을 강조해 주는 방향으로 마감재를 끌고 가는 것이 바람직하다. 특히나 볼륨을 강조하고자 디자인을 잡았다

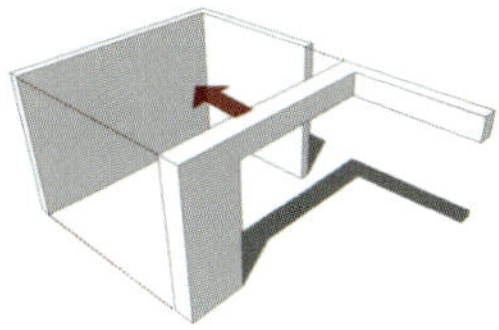

새로운 볼륨을 벽체의 디자인 요소로 해석한 사례

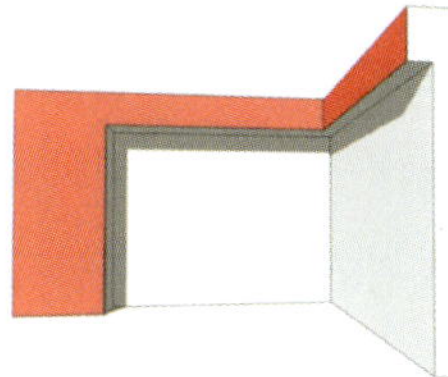

돌출된 덩어리 전면에 특징적 재료를 적용해 면의 방향성을 강조한 경우

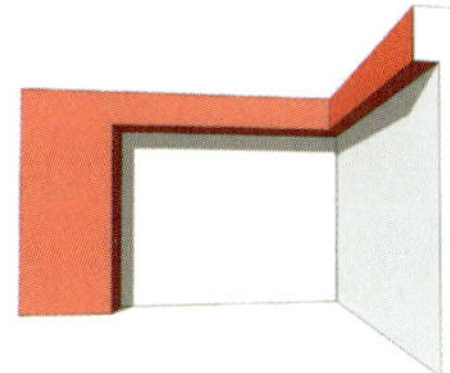

돌출된 덩어리 전체에 특징적 재료를 적용해 볼륨감과 방향성을 강조한 경우

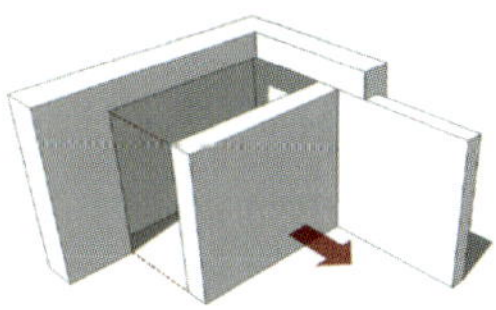

벽체에서 볼륨이 떨어져 나가는 디자인으로 해석한 사례

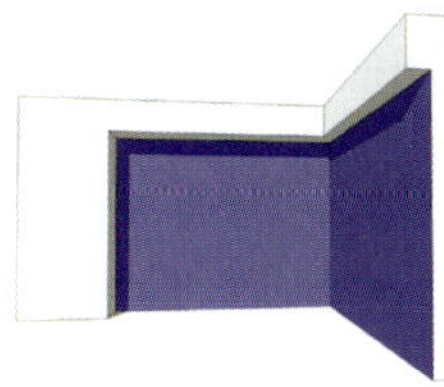

들어낸 부분 중 입면에 특징적인 재료를 적용해 면을 강조한 경우

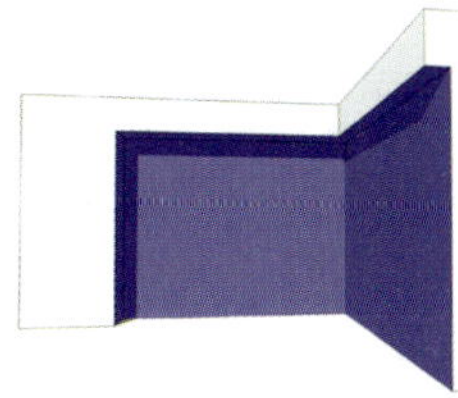

들어낸 부분 전체를 특징적 재료를 적용하여 볼륨을 강조한 경우

면 적극적으로 마감재가 볼륨을 감싸 줄 필요가 있다.

다시 말해, 하나의 공간에서 면 처리되어야 할 부분과 볼륨으로 처리해야 하는 부분을 고민해 가면서 마감재의 경계를 디자인 의도에 맞게 결정하면 훨씬 안정적이고 생동감 넘치는 공간을 연출할 수 있다.

동일 면 위에서 재료를 나누면 공간의 아이덴티티가 깨질 수 있으므로 신중해야 한다

초보 디자이너들이 가장 흔하게 하는 실수 중 하나가 동일 면에서 재료를 나누어야 할 상황이 올때 어색하게 얼버무리는 경우이다. 두 마감재가 서로 절충점이나 공통적인 맥락 없이 맞부딪히면 당연히 그 면을 포함하고 있는 공간까지도 절단(?)나는 수가 있다. 동일한 면 위에서 재료가 나누어지는 경우는 분명한 공간 해석과 표현하고자 하는 의도가 명확히 드러나야 한다. 뛰어난 디자이너들의 작품을 보라. 하나의 공간 요소가 여러 가지 옷으로 치장되어 눈살을 찌푸리게 하는 경우가 있던가? 그만큼 재료의 충돌은 마감디자인에서 신중하게 반영되어야 한다.

그렇다고 모든 면이 하나의 재료로 표현될 수는 없다. 기능이든 장식이든 몇 가지 재료가 부딪히는 상황을 피할 수 없다고 보면 그에 따른 디자인 처리도 그만큼 중요해진다. 전자제품이나 가구 등을 예로 들어 설명해 보자. 이질적 마감재나 다른 색채가 동일한 면에서 부딪히는 경우, 제대로 된 제품이라면 거의 대부분 파팅 라인(parting line, 제품의 조립성과 디자인의 디테일을 살리기 위해 각각의 조립파트가 만나는 경계면에 형성되는 라인)이 들어가 있다. 물론 필요기능을 충족하기 위해 파팅 라인을 최대한 줄이기 위한 성형법이나 시공법이 개발되고 있기는 하지만 디자이너들은 이러한 파팅 라인을 오히려 디자인의 중요한 디테일적 요소로 이용하는 경우가 많다. 인테리어디자인에서도 공간의 동일한 면 위에서 이질적 재료나 색채가 만날 때 이와 같은 맥락으로 접근해 볼 수 있다. 재료의 물리적, 디자인적 상황을 충분히 고려해서 두 재료가 만나는 경우, 이러한 파팅 라인의 역할을 하는 전통적인 방법이 '재료분리대'를 이용하는 방법과 '줄눈'[흔히, 시공현장에서는 '메지라인'이라고 표현하는데 현장작업자들에게 굳어진 일본어 표기이다]을 두는 방법이다. 재료분리대는 각각의 재료가 바로 부딪히지 못할 경우 이를 완충시키는 경계선상의 또 다른 재료라고 생각하면 된다. 이러한 줄눈은 제품디자인의 파팅 라인 역할을 한다고 볼 수 있다. 실제 시공의 용이함을 도와주는 역할을 하기도 하고 단순히 디자인적 면 분할의 의미를 가지기도 하는데, 적절한 비례와 줄눈의 두께를 조절하면 깔끔하게 두 재료의 만나는 경계를 해결할 수 있다. 보통 큰 면이 감당이 안 되면 그 허전함을 달래고자(?) 줄눈으로 분할하는 경우들이 많은데, 이를 과용하면 공간의 아이덴티티를 감소시키는 결과를 가져올 수도 있으므로 신중하게 적용할 필요가 있다.

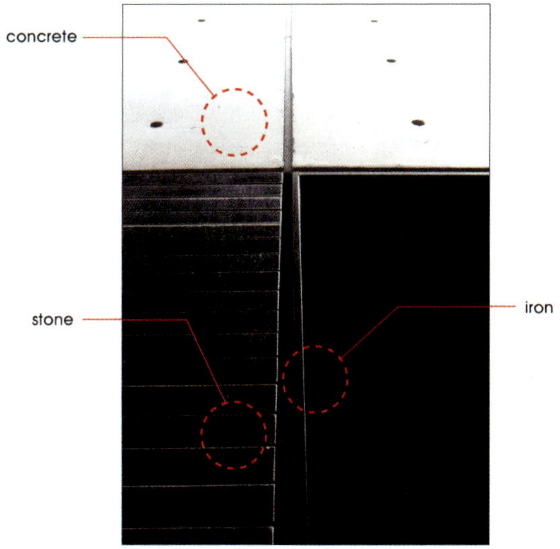

동일면 상에서 서로 다른 재료가 만나게 될 때, 이처럼
적절한 줄눈을 조성하여 디테일을 살리면 눈이 즐겁다.

재료들끼리의 만남을 허술하게 얼버무리지 않고 공간의 집중력과 통일감을 높일 수 있는 신중한 재료 선정과 마감처리가 결국은 디자인된 공간의 마지막 완성도와 퀄리티를 결정하는 중요한 요소라는 점을 잊지 말아야 할 것이다.

실리콘은 만능이다?

흔히 마감공사의 막바지에 등장하는 만능무기(?)가 바로 실리콘이다. 흔히들 현장에서 코킹(caulking)이라고 이야기하는데 보통 방수의 목적으로 창문 틈이나 누수가 우려되는 접합면을 메우는 목적으로 실리콘을 이용해 틈을 채우는 작업을 말한다. 하지만 경우에 따라 현장의 재료 마감 면이 들뜬다거나 접합면이 고르지 못할 때, 혹은 디자이너가 재료의 마감디테일을 정확히 해결하지 못하고 얼버무리는 경우 등의 상황에서 현장의 작업자가 임의로 판단하고 코킹으로 마무리하는 경우가 적지 않다. 너그럽게 보면 그다지 크게 눈에 들어오는 부분도 아니고 그다지 거슬리지 않는다고 할 수 있을지 모르겠으나 결국은 이러한 부부들의 조합이 전체적인 디자인의 퀄리티를 낮추는 결과를 초래할 수 있다. 디자이너의 섬세한 손길과 시공자의 노하우가 동시에 필요한 부분이라 할 수 있다.

시선의 호흡마디를 고려해야 한다.

마감재를 어디까지 끌고 갈 것인지 결정을 할 때 개인적으로 중요하게 생각하는 것 중 하나가 '시선의 호흡마디'이다. 단일 공간이나 소규모 공간에서는 시선의 호흡이 짧아 그다지 큰 의미는 없지만 대형 상업공간이나 쇼핑몰, 또는 박물관처럼 시간이라는 요소가 공간 속에 개입된 대규모 공간에서는 '마감재의 호흡'이 공간의 지루함과 즐거움을 결정하는 지배적 역할을 한다. 건축물의 외부에서부터 사용되는 마감재가 어떻게 내부로 자연스럽게 연결되는지부터 시작해 내부로 들어서서 몇 십분 이상의 동선을 만들어 내는 공간에서의 마감재의 적절한 분절과 연속성은 그 공간이 가지는 의미까지도 죽였다 살렸다 할 수 있을 만큼 중요한 의미를 가진다. 지배적인 마감재가 어느 정도의 호흡마디를 가지는 것이 공간의 지루함을 덜어줄 수 있는지, 또는 공간의 성격을 살려낼 수 있는지를 마감재와 관련된 디자인의 가장 상위개념에 두고 풀어나갈 필요가 있다. 이는 음악이 조화로운 리듬과 템포를 가지는 것과 동일한 이치라고 할 수 있다.

흘러내릴 것 같은 붉은 장미, 눈부신 와인 빛 타일, 부드러운 주홍빛 카펫과 깊이 있는 검붉은 가죽

사용되는 재료의 일관성과 공간의 맥락에 대한 이야기이다. 초보 디자이너의 경우, 흔히 다양한 재료와 색상의 조합에 대한 욕심으로 고민에 빠져 허우적대다 결국은 표현하고자 하는 공간의 큰 주제를 놓쳐버려 이도 저도 아닌 애매한 공간을 연출하는 경우가 종종 있다. 이러한 위험을 피하기 위해 많은 디자이너들이[특히 건축가들에게 주로 나타나는 특징 중 하나이다] 경험해 보지 못한 색상이나 재료에 대해 과감한 시도를 꺼리는 경향을 보이는 경우가 있는데, 이들은 자신이 시도해 본 경험이 있는 재료나 색상을 주로 사용하여 실패할 확률을 최대한 줄이려고 노력하는 동시에 색상이 화려하면 촌스럽다는 고정관념이 깔려있어 되도록이면 무채색이나 자연색, 또는 위험하지 않은 단일 톤의 색상을 주로 사용하는 경우가 많다.

수많은 건축가들이 일반인들이 받아들이기 쉽지 않은 노출콘크리트의 거친 회색질감에 매료되거나 화이트나 블랙을 고집하는 걸 보면 이해가 쉬울 것이다. 물론 이론적 관점에서 재료의 순수성을 논하고 노출콘크리트의 물성이 가지는 심리적인 특성, 재료자체가 뿜어내는 강렬한 질감과 담백함, 또는 컬러의 적용에 있어 화이트라는 순백의 컬러가 가지는 무한한 가능성, 자연광과 만났을 때의 놀랄만한 아름다움, 또는 백색이 가지는 풍부한 볼륨감 등을 생각하면 매우 훌륭한 재료나 색상인 것만은 분명하다. 하지만 조금 다른 관점에서 보면 앞서 언급한 것처럼 과감한 색상이나 재료에 대한 시도를 막연히 두려워하는 습성을 완전히 배재할 수는 없다.

오색찬란한 색동저고리가 맞고 새하얀 흰색 두루마기는 아니라는 식의 이분법적 논리는 옳지 않지만 유럽의 다채로운 도시풍경과 다른 대한민국 거리에서 느껴지는 비슷비슷한 디자인 트랜드를 보면 제대로 한번 짚고 넘어갈 필요가 있는 부분이다. 건축디자이너만 그런 것이 아니라 인테리어 디자이너의 경우에도 경험치가 올라갈수록 오히려 재료나 색감의 사용에 있어 다양성은 반비례하는 경우가 적지 않다는 점이다.

다시 주제로 돌아가서 재료나 색상의 표현을 다양하게 가져갈 수 있는 방법 중 하나가 '공통성'의 획득이다.

부담스럽지 않게 다양한 재료와 색상을 적절히 사용하는 방법 중 하나가 바로 공간 내에서 이러한 공통적인 맥락을 유지하는 것이다. 이는 색상이 다양하면 재질감을 통일시키거나 비슷한 계열의 색상이면 재질감을 달리 갖고 가는 방법이다.

다양한 색상 ― 동일한 재질
유사한 재질 ― 다양한 색상

실제 사용하고자 하는 재료의 샘플을 사용면적에 비례해 배치해 보고 의견을 조율하는 과정이 실수를 줄이는 최선의 방법이다.

위의 방법을 사용하면 자칫 지루해질 수 있는 단일 톤의 공간에 깊이를 더할 수 있고 반대로 현란한 공간에 통일감을 부여할 수도 있다.

보통 대학에서 하나의 설계프로젝트를 완수하기 위해 마지막에 만들어 제출하는 것 중 하나가 머티리얼 꼴라쥬(material collage)이다. 디자인에 사용된 재료와 색상들을 조합해 보고 간접적으로 전체 공간의 이미지를 점검해 보는 작업이다. 실제로 많은 공사비를 들여 시공하고 난 다음 낭패를 보지 않으려면 이 방법이 많은 도움이 된다. 이 과정에서 적용하고자 하는 재료나 색상에 대해 서로 궁합(?)이 맞는지 확인해 보고 불협화음이 느껴지면 다른 재료나 색상을 재배치해 보기도 한다. 많은 학생들과 지도교수가 모여 서로의 꼴라쥬 작업에 대한 조언들이 오고 간다.

인테리어디자인 작업의 설명을 위해 절대 빠져서 안 되는 요소가 바로 Material Collage이다.

정답이 있는 것도 아닌데다 각 개인의 성향까지 반영되면 나중엔 뭐가 최선의 안인지도 헷갈리기 시작한다. 여기서 대부분의 공감대를 얻고 고개를 끄덕이게 하는 원리 중 하나가 위에서 설명한 방법이다. 실제 실무 작업에서도 클라이언트에게 프레젠테이션을 하는 과정에 마감 재료에 대한 설명 방법으로 꼴라쥬를 하기도 하는데 각각의 재료들을 표 형식으로 나열해서 보드를 만드는 경우가 있는데 이는 그다지 효과적인 방법이 못된다. 재료간의 관계나 공간 내에서 적용된 재료나 색상이 사용된 면적에 대한 정보도 없으니 제대로 분위기를 읽어내기란 불가능하기 때문이다.

공간을 만드는 요소들

실내건축가가 '장식'하는 사람이라는 선입관은 버리자.

'공간'에 대한 충분한 이해와 그 공간에서 생활하는
'사람'에 대한 고민이 실내건축의 시작과 끝이라는 마음으로
디자인하라.

공간이 만들어지기 위해서

하나의 건축물에는 내부 공간, 외부 공간, 내부와 외부의 성격을 동시에 가지는 중립적 공간 등 물리적, 심리적 상황에 따라 다양한 성격으로 분류되는 공간들이 있다. 또한 이들 공간은 상대적 조건에 따라 단일 성격으로 한정짓기 어려울 수도 있다. 경우에 따라 외부공간이 내부적 성격을 가지거나 내부공간이 마당과 같은 외부적 성격을 나타낼 때도 있는데, 특히 전통건축의 대청이나 누각처럼 명확히 내부, 외부가 상대적 조건에 따라 달라지는 경우도 있다.

이런 관점에서 볼 때, 인테리어 디자이너들이 일반적으로 중점을 두고 작업하는 내부공간의 디자인 영역의 한계도 다시 한 번 되짚어 생각해 볼 필요가 있다. 내부, 외부의 경계를 두지 않고 전체적으로 공간의 흐름을 파악해 통합된 디자인으로 이해하는 안목을 가지기 위한 노력이 함께 수반된다면 비로소 멋들어진 공간흐름을 만들어 낼 수 있을 것이다.

기본적으로 공간을 형성하는 요소들이 어떤 것들이 있는지 파악해 보면 다음과 같다.

기둥 / 벽 / 바닥 / 천장

이 밖에도 공간 구성에 영향을 미치는 개구부나, 가구, 조명, 재료, 색채, 질감 등 여러 복합적인 요소들이 있으나 중력의 지배를 받는 일반적인 공간구조에서 가장 지배적이고 기본적인 요소들을 함축해 보면 위의 4가지 요소를 통해 크게 공간의 틀이 규정지어지고 이 4가지 요소들 중 몇 가지의 조합으로 공간의 성격이나 영역성 또한 달라진다. 이들은 건축물을 형성하는 구조체의 역할이 우선이지만 이들이 결국은 공간의 디자인 요소로 작용한다는 점에서 각 요소들의 특성을 파악해 보면 공간의 성격을 디자인하는데 많은 도움이 될 수 있을 것이다.

공간에서의 기둥

기둥은 기본적으로 건축물의 수직하중을 지탱하기 위한 가장 기본적 요소이다. 벽식 구조로 되어 있는 일반 주택이나 아파트의 경우, 벽이 기둥의 역할을 대신해 수직하중을 감당하게 되므로 내부공간에 기둥이 보이지 않지만 일반적인 철근 콘크리트구조나 철골 구조에서는 기둥이 수직하중을 받는 가장 기본적인 뼈대로써 자리하게 된다. 사실 내부공간을 디자인하다 보면 기둥이 공간구성에 필요악(必要惡)이 되어 방해요소로 느껴질 때가 많은데, 단 몇 센티미터만 옮겨도 실(室)이 하나 생길 수 있는 경우가 종종 있다. 이럴 경우 기둥 하나 때문에 전체 실 배치가 달라질 수도 있다.

웃지못할 일이지만 잘못된 교육 탓인지 잘못 배운 탓인지 실무 작업에서도 이런 상황에 도면상의 기둥을 슬쩍 옮기거나 아예 뽑아버리는 어이없는 초보 디자이너들이 간혹 있다. 미술 중심의 교육을 받아 구조에 대한 기본적인 이해가 부족하거나 도면을 2차원의 그림으로 착각하는데서 기인한다. 도면에서 몇 센티미터 움직이는 거야 눈에 띄지도 않겠지만 실제 시공현장에서 이런 상황을 발견하면 전면적으로 도면을 수정해야 하고 공사일정에 차질까지 생기는 엄청난 손실이 발생할 수 있다. 아예 캐드 상에서 구조체 레이어는 락(lock)을 걸어놓고 작업하는 것이 바람직하다.

이런 어이없는 실수를 하는 경우는 없다고 믿고 여기서 얘기하고자 하는 요점은 이러한 기둥을 디자인의 관점에서 어떻게 공간의 한 요소로 처리할 수 있는가이다. 한공간 내에서 독립된 기둥이 하나일 경우, 두 개일 경우, 세 개일 경우, 열주로 늘어서는 경우에 따라 공간에서 의미하는 바가 달라질 수 있으므로 기둥을 단순히 구조체로서만 인식할 것이 아니라 디자인 전개상의 적극적 요소로 이용할 필요가 있다.

기둥이 하나일 경우

단일 공간 내에서 독립된 기둥 하나가 존재할 경우, 공간에서 가지는 의미는 무엇일까? 개인의 심리적 편차에 따라 다소 차이가 있긴 하겠지만 일반적으로 생각해 보면 독립된 기둥 하나가 공간에서 가지는 가장 대표적인 의미는 '집중'(concentration)이다.

외부공간을 예로 들어보자. 한국의 도시계획에서는 그리 흔하게 볼 수 없지만 유럽의 도시 구조를 보면 많은 경우가 도심 중앙에 광장을 기점으로 도시가 뻗어나간다. 이들 도시

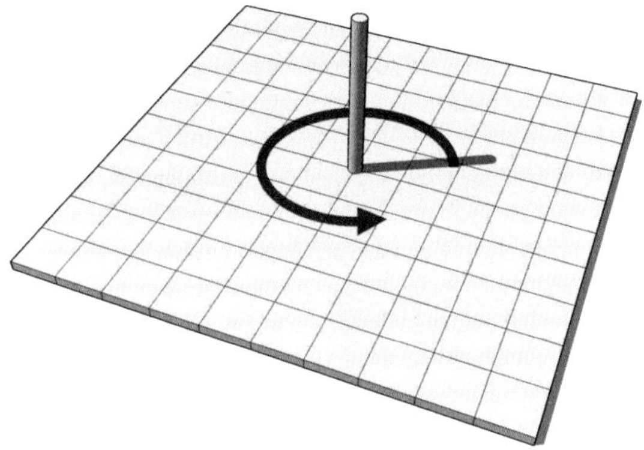

공간 안에서 기둥 하나는 회전과 집중의 의미를 가진다.

광장을 보면 많은 경우가 중심에 분수대나 조각상 또는 오벨리스크(obelisk, 이집트 분묘의 기념 비)와 같은 상징적 요소가 놓여 있다. 예를 들어 프랑스 파리에 있는 콩코드 광장의 오벨리스크는 광장 전체 공간을 장악하는 느낌마저 준다. [사실, 이집트로부터 기증받은 거다] 이는 휴먼스케일을 압도하는 광장 특유의 공간감으로 인해 자칫 산만해 질수 있는 공간에 집중력을 높여 주는 역할을 한다. 이를 다시 내부 공간에서 기둥으로 비교해 보면 독립적인 기둥 하나가 하나의 내부 공간을 지배하는 구심점으로 작용할 수 있다. 내부 공간 중에도 이러한 상징성을 필요로 하는 경우에 실 구획과 기둥의 위치를 적절히 나누어 공간에 상징성을 부여하는 것도 한 방법이다.

독립된 하나의 기둥이 가지는 또 다른 의미는 '회전'(回轉)이다. 우스갯소리이긴 하지만 드라마나 영화에서 아름다운 연

비어있는 공간에 기둥하나가 공간 전체의
에너지를 집중시키는 역할을 할 수 있다.

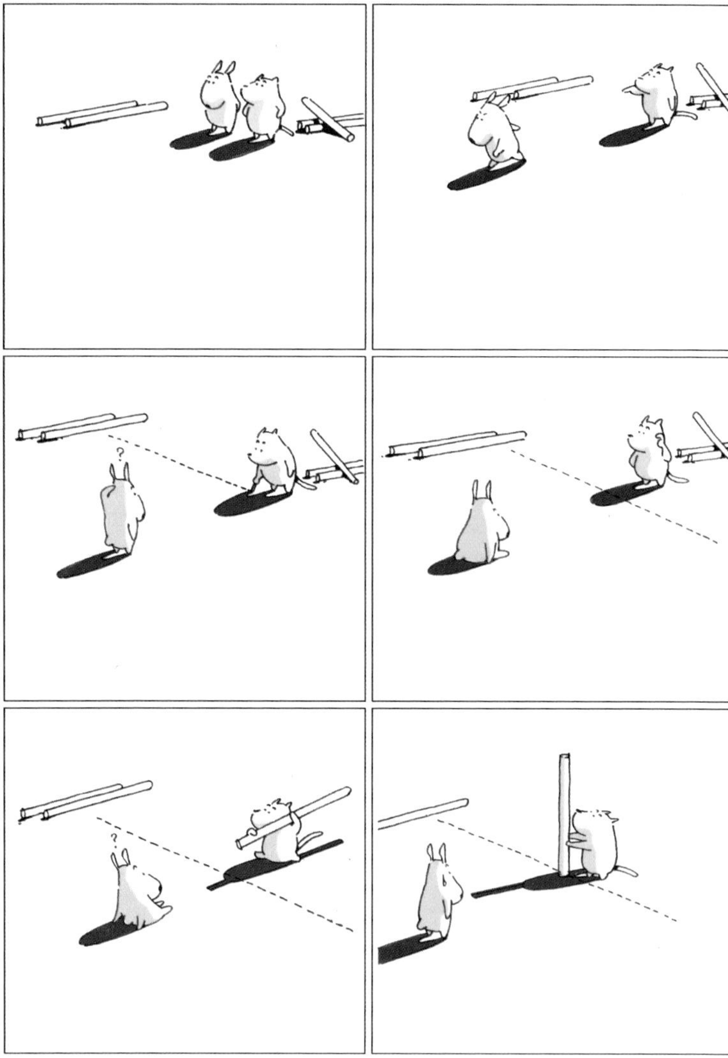

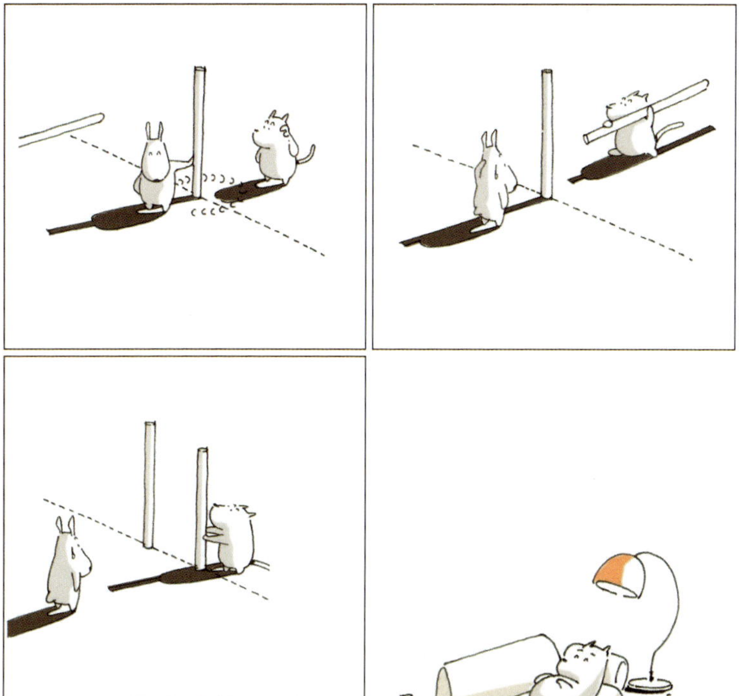

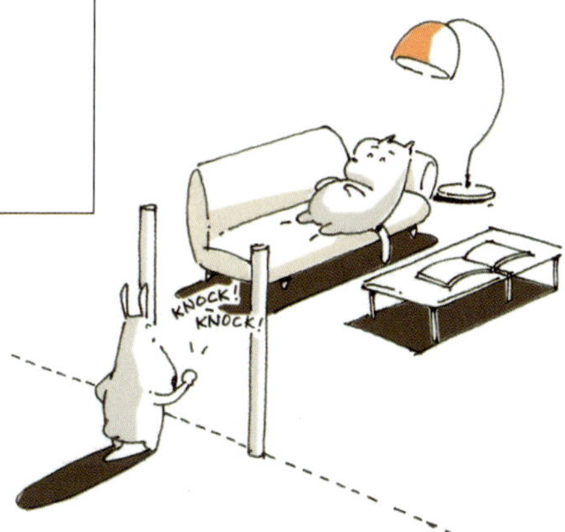

기둥 두개가 입구가 되어 통과의 의미와 함께 소프트하게
영역을 분할하는 역할을 할 수 있다.

인들이 벌판을 뛰어다니며 '나 잡아봐라~'를 연발하는 신파 분위기를 연출할 때가 종종 있는데, 꼭 마지막에 빠지지 않고 나오는 콘티가 언덕 꼭대기의 나무 한 그루를 중심으로 빙글 빙글 도는 장면이다. 공간에서 기둥 하나가 만들어내는 심리적 효과도 위의 장면과 유사하게 생각해볼 수 있다. 이러한 특성을 적절히 공간 디자인에 적용하면 기둥이이 가지는 구조적 목적 이외에 자연스러운 동선의 흐름에 영향을 미칠 수 있는 디자인 요소로도 작용될 수 있다.

기둥이 두 개일 경우

고전주의 건축양식에서 입구를 표현할 때 흔히 볼 수 있는 입면 요소로써 건축물 입구 양쪽에 부조형식의 기둥을 배치하고 박공형태의 페디먼트(pediment)를 얹은 입구디자인을 자주 보았을 것이다. 국제주의 양식이 대두되면서 장식은 죄악이 되어 버리고 기능이 담겨 있지 않는 대부분의 형태적

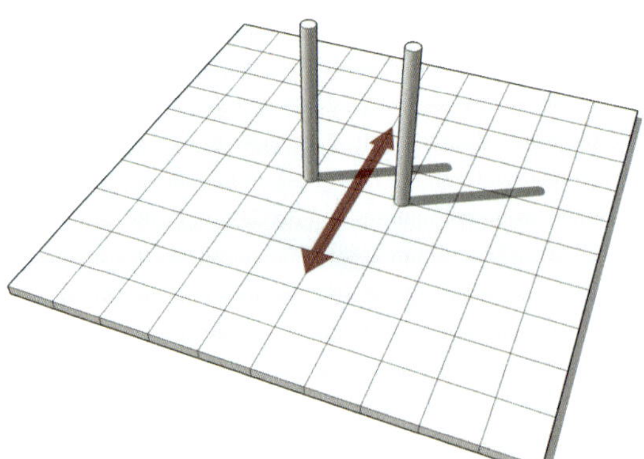

공간에서 기둥 두 개는 통과의 의미를 지닌다.

요소를 과감히 삭제해 버리는 기능적 디자인의 관점에서 본다면 위의 기둥들은 사실 구조체의 기능도 없는 장식에 불과하다고 할 수 있겠지만, 그 형태가 가지고 있는 의미로 바라본다면 나란한 두 개의 기둥이 의미하는 바를 쉽게 파악해 볼 수 있다.
예시처럼, 기둥 두 개가 가지는 의미는 '입구'의 성격을 지닌다. 아무 것도 없는 바닥에 기둥 두 개만을 배치함으로써 공간은 나누어지고 한 공간에서 다른 공간으로 넘어가는 통과의 의미를 가지는 게이트가 된다.

기둥이 세 개일 경우

위의 설명처럼 기둥 두 개가 연속적으로 배치되었다고 생각하면 기둥 세 개가 가지는 의미도 자연스럽게 이해가 될 것이다. 물론 단편적으로 '기둥 세 개는 무엇이다'라는 등식으로 설명한다는 것이 논리적이지는 않을 수 있지만 디자인하

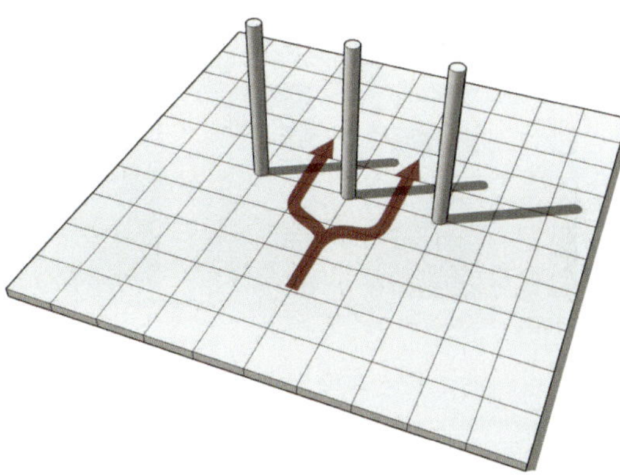

공간에서 기둥 세 개는 선택의 의미를 지닌다.

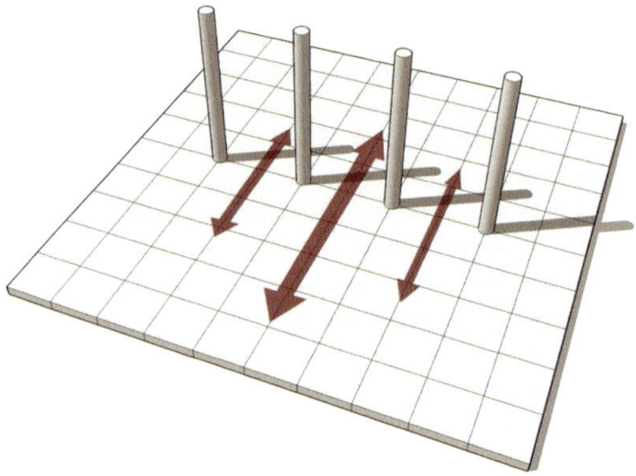

공간에서 기둥 네 개는 입구의 위계를 나눈다.

알도로시(Aldo Rossi)가 설계한 일본 후쿠오카의
Hotel Il Pallazzo 입구
기둥 네 개가 위치했을 때의 입구의 위계를 잘 보여주고 있다.

는 관점에서의 특징 하나를 들자면 나란한 기둥 세 개의 의미는 '선택'(selection)으로 설명할 수 있다. 다시 말해, 나란한 세 개의 기둥은 두 개의 입구 중 하나를 선택하게끔 만든다. 여기서 기둥이 네 개가 되어 3칸으로 나누어진다면 심리적으로 중앙이 가장 위계가 높은 입구의 성격을 지니게 되고 좌우의 칸들이 상대적으로 낮은 위계를 지니게 된다.

과거의 계급사회에서 출입문이 계급에 따라 구분되어 드나들어야 하는 경우를 생각해 보면 위와 같이 기둥들이 만들어내는 심리적 위계가 공간 디자인에 미치는 영향을 이해할 수 있을 것이다.

열주의 경우

열주(列柱)를 생각하면 대부분 먼저 떠오르는 이미지는 고대 이집트나 그리스의 '신전'이다. 그리스의 아크로폴리스를 보면 수많은 신전들의 조합으로 이루어져 있는데 그중 가장 대표적인 파르테논 신전은 지금도 그 건축적 아름다움으로 많은 디자이너들의 사랑을 받고 있다. 이 파르테논 신전을 둘러싼 외부와 신전영역을 구분하는 건축적 도구가 무엇일까? 바로 열주이다. 이 열주가 외부로부터 속세와 신성을 구분시켜 주는 경계의 역할을 하고 함부로 인간들이 범접할 수 없음을 상징적으로 설명하고 있다. 다시 말해 열주는 심리적 '경계'를 표현할 수 있는 열려있는 벽의 역할을 한다.

간단하게 벽으로 두 공간을 완전히 나누어 버릴 수도 있겠지만 한 공간과 다른 공간 사이를 보다 소프트(soft)하게 심리적으로 구획하는 디자인에 열주가 적용될 수 있다.

ENT.
CLOSED
RENOVATION

기둥 세개는 두 개의 입구를 가지게 되고 두 개의 입구 중
하나를 선택하는 의미를 지닐 수 있다.

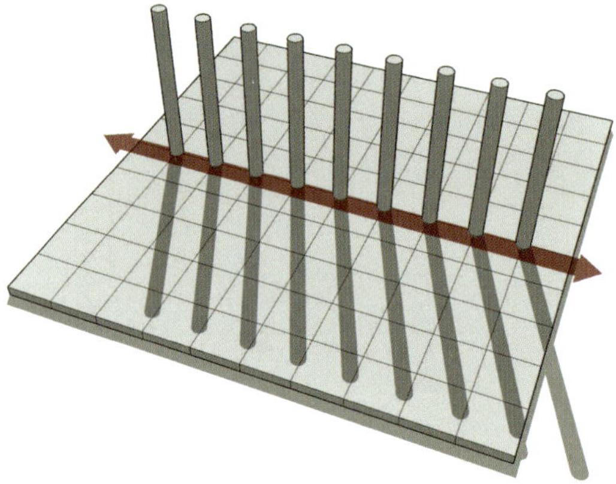

공간에서 열주는 공간을 나누며 리듬감을 만들어낸다.

공간에서 열주는 하나의 공간 안에서 다시 새로운 공간을 만들어 내고
열주의 리듬감과 시각적 개방감을 통해 풍부한 볼거리를 제공한다.

열주의 또 다른 특성을 보면 일정한 '방향성'을 지니고 있다는 점이다. 동일한 요소의 반복을 통해 규칙적 리듬을 만들어 내고 이 리듬을 통해 공간에 방향성을 부여하게 된다. 동양의 사찰건축에서 사용되는 회랑이나 유럽의 사원건축의 복도를 따라 길게 늘어서 있는 열주를 생각하면 열주가 가지는 리듬을 이해할 수 있을 것이다. 이런 열주에 빛이 쏟아지면 말 그대로 환상적인 공간감을 제공한다.

벽에 묻힌 기둥

지금까지의 기둥은 공간 내에서 독립적으로 서 있을 경우에 대한 설명이다. 그렇다면 벽에 묻혀 부조의 형식으로 만들어지는 기둥은 공간에서 어떤 의미로 응용될 수 있을까? 이 경

벽에 묻힌 기둥이 디자인을 방해하는 요소가 아니라
또 다른 디자인 요소로 적용될 수 있다.

우 기둥의 폭에 따라 생길 수 있는 깊이도 달라지는데 이 깊이를 잘 이용하면 2차원의 벽면이 또 다른 디자인 모티브를 제공할 수 있다. 가장 일반적으로 이용하는 방법이 기둥의 깊이를 이용한 '벽면의 가구화'이다. 가구가 건축과 일체화될 수 있는 방법이며 기능과 부합하는 통일된 입면디자인을 만들어 낼 수 있다.

또한 기둥의 열을 따라 칸막이벽을 설치할 경우, 벽의 위치 결정에 따라 벽을 중심으로 나누어지는 각각의 공간에 전혀 다른 입면을 디자인할 수 있는 여지를 제공할 수 있으므로 이 또한 잘 응용하면 훨씬 완결된 공간감을 만들 수 있다.

하나의 공간은 그 공간의 특징을 형성하는 수많은 요소들과의 상호작용을 통해 훨씬 다양한 방식으로 다양한 의미를 갖고 디자인된다. 그런 점에서 공간요소 중 하나인 기둥을 단순히 구조적으로 이해해서는 좋은 공간이 나올 수 없다는 점을 명심했으면 한다. 특히 초보 디자이너들은 기둥을 디자인에 방해가 되는 요소로만 생각할 것이 아니라 기둥이 공간에 미치는 비례적, 심리적인 특성까지 이해하고 디자인에 보다 적극적으로 반영하는 자세가 필요할 것이다.

공간에서의 벽

벽체도 위에서 설명한 기둥과 마찬가지로 수직하중을 지탱하기 위한 구조체의 역할을 하는 내력벽과, 공간을 구획하고 나누기 위한 비내력벽[주로 경량벽체]으로 나누어 설명할 수 있다.

내력벽의 경우, 기둥을 대신하여 건물의 수직하중을 견뎌내는 구조적 목적이 가장 우선시되므로 비내력벽에 비해 상대적으로 디자인하는데 있어 자유도가 많이 떨어지는 반면, 비내력벽은 공간을 구획하고 나누기 위한 목적으로 세워지는 만큼 구조적 제한을 벗어나 자유로운 공간구성이 가능해 상대적으로 디자인의 자유도도 높다고 볼 수 있다. [주로 실내건축에서 사용되는 벽체는 메탈 스터드(metal stud)를 골조로 하고 석고보드(gypsumboard)나 합판을 마감면으로 하는 경량벽체가 일반적인데 시공이 용이한 대신 벽돌벽이나 콘크리트 벽체에 비해 방수, 방음 등에 상대적으로 취약한 점이 있다] 철근 콘크리트 가 개발되고 슬라브와 기둥, 보 만으로건물의 구조적 문제를 해결하게 되면서 벽체는 더 이상 구조적 의미가 아닌 공간 디자인의 적극적 요소로 이용될 수 있다는 건축가 르 꼬르뷔제의 '도미노 시스템'(domino system)도 결국은 이와 맥을 같이 한다고 볼 수 있다.

벽체는 여러 공간 요소들 중 가장 직접적이고 강제적인 방법으로 하나의 공간을 제어하는 요소라고 볼 수 있다. 그렇다면 공간을 디자인하는 관점에서의 벽체를 생각해 보자. 일반적으로 벽체를 떠올리면 바닥에서부터 천장까지 연속되어 완전히 공간을 분리하는 막힌 벽체를 떠올리게 되지만 좀 더 자세히 들여다보면, 다양한 방식의 벽 디자인을 통해 각 공간들의 상호관계에 따른 고유한 특징을 부여할 수 있는 가장 적극적인 도구라는 점을 이해해야 한다.

기존의 전공서적들을 보면 흔히들 벽체로 통해 이루어지는 공간 구성을 평면상의 특징으로 설명을 하는 것이 일반적이다. 그렇다 보니 학생들도 평면상에서 표현되는 벽체를 하나의 2차원의 그림처럼 착각하고 아름다운(?) 그림을 만들기 위해 이리 저리 벽체를 틀고 휘어 그럴싸한 느낌을 주려고 노력하는 실수를 범할 때가 있다. 재차 강조하지만 평면은 공간을 표현하고 설명하기 위한 여러 원시적 도구들 중 하나에 불과하다. 도면에 집착하게 되면 평면조형처럼 되어 버릴 수 있다. 결국은 3차원의 관점에서 디자인하는 것이 디자이너의 최종 임무이므로 벽 디자인도 평면, 전개도, 단면, 모형, 스케치, 머릿속 상상력 등을 총동원해서 디자인하는 것이 바람직하다. 이러한 관점에서 벽체가 공간에 미치는 영향을 제대로 이해하기 위해서는 크게 벽체의 평면구성과 더불어 3차원의 관점에서 분석해 볼 필요가 있다.

벽체를 입면에 따라 크게 분류해 보면 다음과 같다.

바닥에서 천장까지 막히는 벽
낮은 벽
매달린 벽

위 세가지 벽들의 특징을 살펴보자.

바닥에서 천장까지 막힌 벽

말 그대로 공간을 완전히 분리할 경우에 사용된다. 벽을 사이에 둔 양쪽 공간은 아무런 물리적, 시각적 소통도 일어나지 않는다. [벽체의 한 부분이 열린다거나 일부가 열리는 조건에 따라 양쪽 공간의 심리적 효과는 달라질 수 있지만 이러한 요소들과의 복합적인 상호작용은 배제하고 이야기하자] 결과적으로 가장 강제적으로 공간을 완전히 차단하기 위한 방법이다.

낮은 벽

일반적으로 낮은 벽체는 '파티션'(partition)의 성격을 가진다. 오피스의 개인 작업공간을 나누기 위한 시스템가구의 칸막이도 파티션이라고 부르긴 하지만 벽체에서 얘기하는 파티션의 성격을 가지는 낮은 벽은 공간을 고정적이고 강제적으로 나눈다는 관점에서 그 의미가 조금 다르다.
우선은 '높이'를 어떻게 설정하느냐에 따라 일반적인 허리높이의 파티션과는 디자인의 다양성도 달라진다. 공간의 성격

천장의 연속성을 통한 공간의 심리적 연계성

에 따라 어느 정도의 높이까지 벽을 올리느냐에 따라 나누어지는 공간의 성격도 달라질 수 있다. 물리적인 소음이나 밝기로 인한 영향도 있지만 가장 크게 영향을 미치는 요인은 역시 '시각적 개방감'이다. 시각적으로 얼마나 열려 있느냐에 따라 공간에서의 개방감도 달라지므로 공간의 특징과 기능에 따라 벽의 높이를 어느 정도로 올리느냐의 문제는 디자이너만의 고유한 감각과 경험이 발휘되어야 하는 부분이다.

전시공간을 간단한 예로 들어 설명해보자. 경우에 따라 다르긴 하지만 박람회장을 방문해보면 전체적으로 큰 전시홀 몇 개를 두고 각 전시홀 내부에 또 다시 몇 개의 낮은 벽들로 칸막이가 만들어져 전시물들이 배치되는 독립된 부스형의 배치방식이 일반적이다. 여기서 각각의 전시홀들을 나누는 벽은 복도나 여타 공간들로부터 독립적으로 존재해야 하므로 가장 강제적인 방법으로 완전히 막힌 벽으로 차단되어지고 각각의 전시홀로 들어서게 되면 몇 개의 낮은 벽들이 공간을

벽이 공간을 나누고 있지만 전체는 크게 하나의 공간으로 인식된다.

만들고 이들은 동선을 따라 조화롭게 배치되는 방식을 따른다. 관람객은 낮은 벽들로 쌓여진 여러 부스형 공간들을 관람하면서 전시홀 하나를 모두 경험하고 나서 다른 전시홀로 이동하게 된다. 여기서 낮은 벽과 막힌 벽의 차이를 간단하게 이해할 수 있는데 막힌 벽은 앞서 설명한 것처럼 완벽한 하나의 실(室)을 만드는 도구로 사용되고 낮은 벽은 하나의 실 안에서 또 다른 영역성 내지는 공간감을 부여하는 도구로 쓰인다.

비록 한 부스안에 머물러 있다 하더라도 관람자는 전체 홀을 자신이 있는 영역이라고 판단하고 그 안의 부분집합으로서 또 다른 내부감을 경험하게 되는 것이다. 다른 부스[공간]에 자신의 동료가 있다고 하더라도 크게는 동료와 같은 영역성을 느끼는 동시에 부스내의 고유한 공간감을 획득하게 된다. 이러한 개방성과 독립성을 동시에 느낄 수 있는 이유는 무엇일까?

낮은 벽은 나누어진 두 공간의 심리적 교감을 만들어낸다.

가장 중요한 포인트는 시각적으로 열린 '천장의 연속성' 때문이다. 낮은 벽에서 만들어지는 공간 효과는 공간을 나누는 벽 뒤의 또 다른 공간과 연속적으로 이어지는 천장을 공유하고 있다는 점에서 천장과 맞닿지 않는 낮은 벽이 공간의 부분집합과 전체집합을 동시에 표현할 수 있다는 것을 쉽게 이해할 수 있을 것이다. 위의 예시에서 설명한 전시회장은 대부분 압도적인 천장고(ceiling height)를 가지고 있다. 하지만 대부분의 실내공간에서는 인간적인 척도를 크게 뛰어넘는 천장을 찾아보기 힘들다. 이러한 공간에서 디자이너의 노하우가 필요하다. 낮은 벽이 가지는 기본적인 특성 위에 공간의 성격 및 천장의 높이, 인체치수를 동시에 고려해 어느 정도의 높이로 벽을 디자인할 지 깊이 있는 고민이 필요한 부분이다.

매달린 벽

낮은 벽이 중력에 순응하는 벽이라면 매달린 벽은 중력에 반하는 형태를 띠고 있다. 위에서 설명한 천장의 연속성이

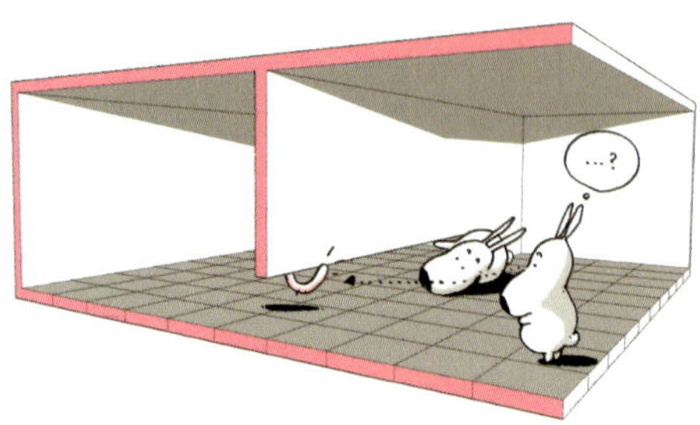

바닥의 연속성을 통한 공간의 심리적 연계성

매달린 벽에서는 '바닥의 연속성'으로 표현된다. 낮은 벽에 비해 상대적으로 시선이 바닥을 향하게 되므로 그만큼 심리적인 폐쇄감도 더 커지게 되고 매달린 벽으로 나누어지는 공간 사이의 커뮤니케이션 또한 낮은 벽에 비해 상대적으로 줄어든다. 형태적인 관점에서 보면 낮은 벽보다 구조적 긴장감이 더해 보이므로 좀 더 극적인 공간효과를 나타내기 위한 표현도구로 이용되기도 한다.

매달린 벽 역시 어느 정도의 높이만큼을 들어 올리느냐에 따라 시각적인 개방 정도가 달라져 나누어진 공간 사이의 심리적 소통 정도도 변하게 되므로 디자이너의 감각이 절대적으로 필요한 부분이라고 할 수 있다.

실제 내부에서 만들어지는 공간감은 벽체뿐만 아니라 창, 문, 바닥, 천장, 가구, 조명, 마감재, 소품 등의 워낙 다양한 변수들과 상호작용이 일어나므로 벽체만으로 공간을 설명할 수는 없다. 다만, 벽체가 가지는 공간의 지배력을 잘 고려한다

매달린 벽은 바닥의 연속성을 통해 소극적이긴 하지만 공간 사이의 커뮤니케이션을 만들어 낼 수 있다.

면 그만큼 공간의 퀄리티도 올라갈 수 있음을 이해하고 디자인해야 할 것이다.

공간의 '연속성'이 비단 벽이나 바닥, 천장의 연속성으로 국한되지는 않는다. 사진에서 보듯 내부의 가구와 외부의 난간이 하나의 축선 상에 놓여 내, 외부 공간을 심리적으로 관통함으로써 공간의 소통을 만들어내고 있다. 이제 평면에서 벽체를 바라보자. 평면상에서 벽이 가질 수 있는 의미와 방형(方形)의 공간이 인간들이 만들어낸 공간의 가장 기본 형태라는 전제하에서 육면체의 공간에서 벽체가 배치되는 방식에 따라 나타날 수 있는 공간적 특성들을 짚어 보기로 하자.

[사실, 국제주의 양식의 파괴적인 영향력으로 인해 현대까지 지속되어진 편협한 공간해석일 수 있다. 이는 분명, 기술력과 시대적 요구사항에 따라 이런 전형적인 방식에서 벗어난 진화된 공간이 만들어질 수 있고 이 또한 디자이너들이 풀어야 할 숙제이다]

공간의 '연속성'이 비단 벽이나 바닥, 천장의 연속성으로 국한되지는 않는다. 사진에서 보듯 내부의 가구와 외부의 난간이 하나의 축선 상에 놓여 내, 외부 공간을 심리적으로 관통함으로써 공간의 소통을 만들어내고 있다.

방향성을 지닌 벽

디자인 요소로서의 벽이 기둥과 다른 특성이 있다면 방향성을 가지고 있다는 점이다. 기둥을 단순화시켜 평면에 표현하면 점(point)으로만 존재하지만 벽은 시작점과 끝점이 존재하는 방향성을 내포한 벡터(vector)이다. 당연한 설명이라고 생각할 수도 있겠지만 이 당연한 특성을 공간의 목적에 부합시켜 표현하는 인테리어 디자이너도 많지 않거니와 실제 내부공간의 제약조건을 해결하면서 반영한다는 것도 만만치 않다. 벽이 공간 내에서 단순히 칸을 구획하는 의미로서만 작용하는 것이 아니라 보다 적극적으로 공간을 설명하는 도구로써 이용될 수 있다. 사람과 공간이 서로 커뮤니케이션을 일으킬 수 있다는 점을 인식한다면 비로소 벽이 사람을 안내하기도 하고 스스로 달리기도 할 것이다.

Henri Ciriani 페론 전쟁박물관
박물관 입구를 지나 뒷마당까지 이어지는 통로공간의 중심에 이질적 재료와 색채를 가진 낮은 벽이 관람자를 맞이하고 있다.

벽이 공간을 이야기하는 방법

일반적으로 하나의 실(室)을 완성하기 위해서는 기본적으로 4개의 벽이 필요하다. [육면체의 공간을 전제로 했을 경우이다] 그렇다고 4개 이하의 벽들로 구성된 디자인이 밀폐된 공간을 만들어 내지 못하는 건 아니다. 삼각형의 공간도 있고 다각형의 공간도 있고 원형의 공간도 있다. 그렇다면 벽이 하나라면? 단 하나의 벽만으로도 공간이 만들어 질 수 있을까? 당연히 답은 '그렇다'이다. 명확한 내부감을 가지지는 못하더라도 아무것도 없는 벌판에서 벽이 하나 세워지면 이 벽을 둘러싸고 확연히 다른 공간감이 생긴다.

평면상에서 표현되는 벽체가 어떤 방법으로 놓여지냐에 따라 느끼는 공간감이나 내부감 또한 다양하게 달라질 수 있으므로 디자이너는 벽체를 배치하는 방식에 따른 기본적인 공간감부터 이해할 필요가 있다.

내부감을 형성하는 정도에 따라 설명하면 다음과 같다.

Tadao Ando, Vitra Semina House
벽체 하나가 내부에서 외부 정원으로, 다시 지하의 선큰(sunken)공간으로 이어져 공간의 물리적 한계를 극복하고 있다.

① 1자형

사람을 사막과 같은 허허벌판 위에 세워두면 심리적으로 불안해 하다가 둔덕이라도 만나 등을 기댈 장소가 생기면 조금이나마 심리적인 안도감을 얻게 된다. 전쟁터에 나간 군인이 총알을 피하기 위한 일차적 목적 이외에도 어디 한군데 기댈 구석이 생기면 상대적으로 안도감을 느끼는 것과 같은 이치다. 주변에 아무 것도 존재하지 않으면 모든 신경이 분산되는 반면, 한쪽에 기댈 구석이 생기면 시각적으로, 심리적으로 확보할 수 있는 영역감이 생기기 때문이다.

공간에서 1자형의 벽

② ㄱ자형

두 개의 축을 가지게 되므로 1자형 배치보다 내부감을 좀 더 명확히 확보할 수 있고 심리적인 영역성 또한 강해진다. 건물의 배치에서 주로 나타나는 형태인데 축소시켜 생각하면 건물 내부에서도 같은 맥락으로 동일한 공간감을 구현할 수 있다. 이 경우 사람은 심리적으로 대각선으로 펼쳐지는 방향성을 느끼고 그 방향으로 확장된 공간감을 느끼게 된다. 주로 건물의 배치도에서 열려진 방향으로 입구를 두는 이유도 여기에 있다고 볼 수 있다.

공간에서 ㄱ자형의 벽

③ ㄷ자형

ㄴ자형보다 더욱 강한 내부감을 확보할 수 있다. 개방성이 위에서 설명한 ㄱ자형처럼 부채꼴로 열리지 않고 한곳으로 향하게 됨으로써 시선은 상대적으로 고정되고 둘러싼 벽체가 공간을 감싸 안아 보다 적극적인 내부감을 조성할 수 있다. 같은 면적이라도 ㄱ자형 배치보다 시선확보가 벽의 배치와 나란한 방향으로 제한되므로 상대적으로 면적감은 줄어들 수 있다.

공간에서 ㄷ자형의 벽

④ ㅁ자형

완전한 내부감을 만들어 낸다. 보통 실내공간에서 하나의 실(室)을 구축하는 경우라고 볼 수 있다. 이 경우 개구부를 어떻게 두느냐에 따라 다양한 공간감이 연출될 수 있다. 그림의 설명을 보면 개구부의 위치에 따른 동선의 흐름과 그로 인해 생기는 공간감을 이해할 수 있을 것이다. 이는 실내공간계획에 있어 전체 구성을 지배할 정도로 중요한 구실을 한다.

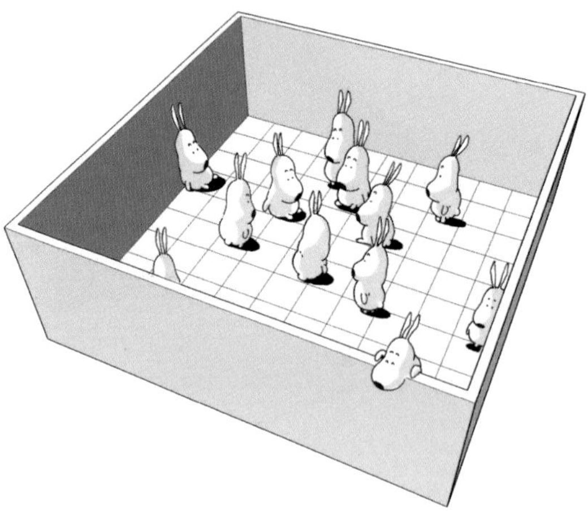

공간에서 ㅁ자형의 벽

지금까지 설명한 벽에 대한 의미는 공간을 디자인하기 위한 가장 기본적인 바탕에 대한 이야기이다.

볶음밥에서 가장 중요한 건 무엇일까? 각종 양념에 부가재료들도 중요하겠지만 결국은 밥이 맛있어야 한다. 쌀이 맛있어야 밥도 맛있고 밥이 맛있어야 반찬도 꿀맛이 된다. 공간으로 보면 이 쌀의 역할을 하는 것이 벽이라고 해도 과언이 아니다. 잘 준비된 식재료로 모든 상상력을 동원해 최상의 음식을 만들어 내는 요리사처럼, 벽이 공간에 끼치는 영향을 기본적으로 이해하고 벽의 두께, 깊이, 변화, 꺾임, 굴곡, 분할, 관통, 연결과 단절 등을 이용해 수없이 다양한 방법으로 벽을 주무르고 디자인할 때 비로소 맛있는 밥이 완성된다. 그 다음에 양념을 치듯 재료를 입히고 색깔을 내고 질감을 살려 최상의 볶음밥을 만들어 내는 감각을 키울 필요가 있다.

바닥과 공간

기본적으로 바닥은 내부공간에서 인간 또는 기능에 따라 고려되어야 할 여러 가지 하중을 견딜 수 있도록 하는 구조체이다.

바닥을 구조적인 의미로 지칭할 때 슬래브(slab)라는 용어를 사용하고 이 슬래브는 기둥 위를 가로지르는 보에 의해 지지되고 보 아래쪽을 우리가 직접 보게 되는 천장면으로 마감하게 된다. 그러므로 바닥과 천장은 동전의 양면 같은 관계를 지니고 있다. 바닥이 어떻게 디자인되느냐에 따라

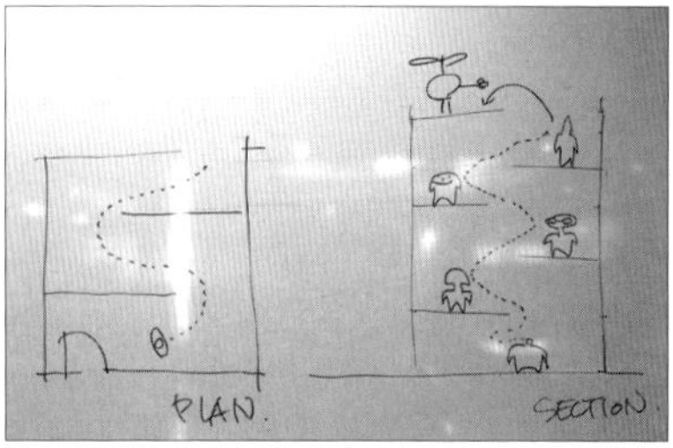

단면이 평면 이상으로 공간의 질을 결정하는 중요한 요소임을 강조한 필자의 강의 스케치

단면이 평면을 닮아 갈 때 공간에서의 이야기 거리도 많아진다.

천장도 상대적으로 영향을 받게 된다. [바닥의 고저 차나 경사와 상관없이 일자로 천장을 쳐버리는 단순한 사고를 탈피하자] 이 두 관계가 조율이 제대로 될 때, 단면상에서도 변화가 일어나며 이는 공간 전체에 대한 디자인으로 연결된다. 이러한 관점에서 평면만큼 중요성을 지니는 것이 단면이다. [대학, 또는 일부 인테리어 사무실의 작업과정을 보면 단면도를 디자인으로 보지 않고 평면과 입면의 결과물로 치부해 버리는 경우가 적지 않다. 그러면 결국 아파트 단면도만 만들어지고 공간끼리의 유기적 관계나 풍부함은 찾아 볼 수 없는 재미없는 디자인이 되어 버릴 가능성이 크다]

다시 바닥으로 포커스를 맞추어 이야기해보자. 만약 벽 하나 없이 완전히 열린 공간에서 영역을 구분하고 그에 따른 고유한 성격을 부여하는 방법에는 어떤 것들이 있을까? 바닥 디자인이 공간에 미치는 영향으로 설명해 보자.

바닥의 높이차이

벽처럼 강제적인 제어방법은 아니라 하더라도 바닥의 단차를 두는 것만으로도 공간이 분리되는 효과를 얻을 수 있다. 예를 들어보자. 종교건축에서 바닥의 높이를 달리해 제단을 설치하는 이유가 무엇일까? 이는 단을 경계로 해서 성격을 달리하는 공간을 나타내기 위한 물리적 표현수단이다. [기능적으로 보면 종교의식을 신자들이 볼 수 있게끔 시야를 확보하는 일차적 목적도 있다] 신자들은 함부로 제단위에 발을 올리지 못하고 이 공간은 쉽게 침범할 수 없는 또 다른 신성한 공간으로 인식된다. 주거공간에서도 이러한 특성이 드러나는 예가 있는데 단일 공간 내에서 거실영역과 침실영역을 구분하는 방법으로 높이차를 두는 경우이다. 비록 크게 보면 하나의 공간으로 묶여 있지만 단차 하나로 거주자의 심리적, 물리적 행동패턴을 규정하는 효과를 획득할 수 있다.

또 다른 예를 들어보자. 우리나라처럼 신발을 벗고 생활하는 좌식문화가 발달해 있는 문화권의 내부공간과 신발을 신고 생활하는 입식문화가 발달해 있는 서구권의 내부공간에서 가장 현저하게 차이 나는 부분 중 하나가 현관이다. 후자의 경우도 신발을 벗고 실내화로 갈아 신는 집들이 적지 않지만 현관과 거실 사이에는 우리처럼 단차가 존재하지 않는다. 이 경우, 바닥 재료나 카펫 정도로 경계를 나누고 있다. 전자에 익숙한 우리로서는 묘한 불쾌감을 느낄 수 있다. 심리적으로 외부에서 끌고 들어온 환경을 내부에서 경계 짓는 지점이 애매하게 느껴지기 때문이다. 이처럼 단차만으로 공간의 성격을 부여하고 심리적 효과까지 기대할 수 있다. 단차가 커질수록 심리적 위계도 비례해서 커지므로 공간특성에 맞게 물리적 기능과 심리적 공간감을 잘 고려해서 디자인할 필요가 있다.

재료 구분 또는 패턴 차이

바닥의 성격을 규정하고 나눌 수 있는 또 다른 방법 중 하나가 재료나 패턴의 구분이다. 백화점 매장을 떠올리면 쉽게 이해할 수 있다. 백화점이나 대형 매장의 바닥을 자세히 들여다보면 바닥의 색상이나 패턴으로 판매영역과 동선영역을 구분시켜 놓은걸 발견할 수 있는데, 이는 사람들에게 심리적으로 영역의 성격을 나누는 효과를 주게 된다. 동선 상에서 매장으로 들어서는 느낌도 이러한 바닥패턴을 인식함으로써 좀 더 명확히 느낄 수 있는데, 어린 시절의 땅따먹기 놀이나 일명 '오징어가생'[지역마다 명칭을 달리 불렀을 수도 있다]이라는 영역탈환게임을 생각해 보면 이해가 빠를 것이다. 지금이야 흙바닥 밟아보기가 하늘의 별따기라 이런 게임들은 모두 멸종하다시피 하고 방안의 피시로 총싸움하는 어린 세대들이 대부분이 되었지만 과거의 놀이문화는 돈 한 푼 안들이고 운동도 되는 건강한 놀이들이 대부분이었다. 이런 놀이들의 공통점이 아무런 물리적 장치도 없는 바닥에 경계선 하나 그어놓고 게임에 참여한 아이들이 일사분란하게 움직인다는 거다.

초등학교 시절 책상에 금 그어 놓고 못 넘어오게 하는 것과 비슷한 심리이다. 이런 심리를 잘 응용하면 바닥의 재료구분이나 색상, 패턴 등으로도 공간감을 다양하게 느낄 수 있도록 디자인이 가능하다. 호텔의 로비나 대형 오피스의 홀을 디자인할 때, 바닥 패턴을 중요시하는 이유도 여기에 있다. 이를 단순히 넓은 면적을 채우기 위한 장식적 수단으로만 본다면 참으로 무책임한 디자이너이다. 홀이 가지는 기능, 예를 들어 인포메이션영역, 접객영역, 대기영역, 전시영역 등 다양한 기능에 부합할 수 있는 바닥 디자인이 될 때 그만큼 공간의 퀄리티도 올라가게 된다. 특히 초보 디자이너들의 경우, 바닥패턴이나 문양을 단순히 장식적 패턴 정도로만 이해하고 예쁘게 그리는 데만 몰두하는 경향이 있는데, 좀 더 공

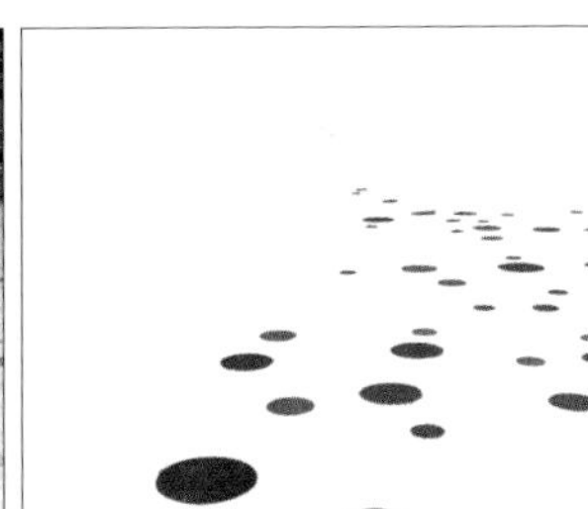

바닥패턴디자인을 통한 입구로의 자연스러운 동선유도

간의 기능과 적절히 조합해서 표현해 효과를 극대화시킬 필요가 있다. 간혹 영역 구분을 더욱 강하게 표현하기 위해 재료나 색상이 나누어지는 경계에 띠를 둘러 영역성을 더욱 강하게 표현하는 경우도 있는데, 이는 경우에 따라 심리적 면적감이 줄어들 수 있으므로 비례나 전체면적을 고려해 띠의 두께도 적절하게 디자인하여야 한다.

지금까지는 평면상에서의 바닥만을 설명하고 있지만 어쨌든 결과물은 도면이 아니라 완성된 3차원의 공간이다. 그래서 바닥 디자인과 밀접한 관계를 갖고 디자인되어야 하는 부분이 바로 천장이다. 바닥에 사용된 디자인이 천장과 연계되어 일관성을 가지고 디자인될 때 3차원의 공간에서 기능과 함께 더욱 풍부한 미적 공간감을 제공할 수 있다는 점을 이해하고 천장과 바닥을 동시에 두고 디자인할 수 있는 입체적인 안목을 지닐 필요가 있다.

천장과 공간

많은 디자이너들이 공간을 주무를 때 상대적으로 비중을 많이 두지 않는 곳이 천장이다. 천장을 통해 조명, 공기조화, 냉난방, 등의 각종 설비라인이 지나가고 사용할 수 있는 재료도 상대적으로 제한적이라 디자인할 수 있는 자유도도 높지 않은데다 인간의 감각기관 중 시각을 제외하고는 실제로 사람이 직접 물리적으로 경험하지 못하는 영역이라 디자인에

천장이 공간을 정의내릴 수도 있다.

서 더 쉽게 간과되는 부분이기도 하다. 하지만 바닥, 벽체를 통해 공간이 분할되고 최종적으로 천장을 통해 공간이 완성된다는 점을 생각해 보면 그만큼 디자인에서 중요한 몫을 차지하는 부분임을 명심해야 한다.

실제, 천장에서 기능적으로 우선순위를 차지하는 조명, 냉난방, 소방 설비, 디퓨저(diffuser), CCTV, 감지기 등의 위치들이 결정되어 버리면 그 나머지를 놓고 디자인하기란 여간 힘든 작업이 아니다. 여기다 마감 재료를 어떻게 쓰느냐에 따라 표현할 수 있는 디자인의 범위도 제한적일 수밖에 없다. 보통은 디자이너를 통해 조명디자인 정도가 표현된 천장도를 먼저 작업해서 각 해당설비분야로 보내게 되면 이 도면을 토대로 필요한 설비작업들이 입혀져서 다시 디자이너의 손에 돌아오게 되는데 여기서 디자인과 기능 사이에서 충돌이 일어날 수 있다. 이 경우 정말 좋은 디자인이 되기 위해서 위에 언급된 각종 설비의 전문가들과 여러 차례에 걸친 협의과정이 필요하다. 사실 이런 과정에서 서로간의 커뮤니케이션이 그렇게 원활하게 진행되기도 쉽지 않거니와 통상적으로 각자의 작업을 수월하게 하려는 쪽으로 의견충돌이 일어나는 경우가 다반사라 디자이너의 협의 능력과 지식, 경험이 절실히 필요한 부분이라고 볼 수 있다.

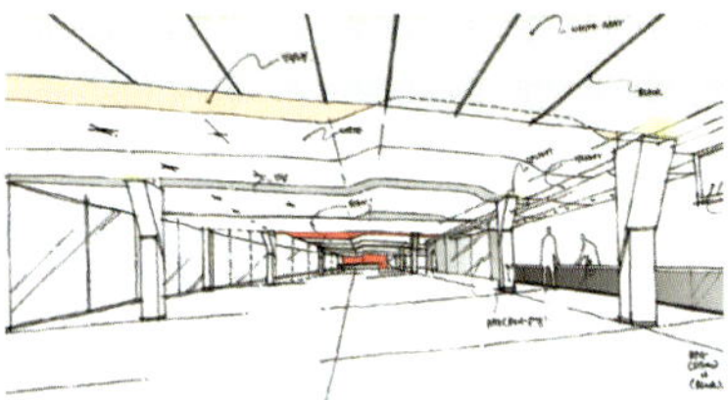

천장디자인이 디자인의 메인테마가 된 대규모 직원식당의 초기 스케치 작업

디자이너는 모형작업을 통해 전체 공간의 느낌을 확인, 수정하고 클라이언트에게 도면으로 이해시키기 힘든 부분의 이해도를 높이는 역할을 한다.

이러한 대규모 식당에서 시선을 집중시키기 위해서는 천장 디자인의 역할이 반 이상을 차지한다.

디자인 관점에서 천장면의 디자인도 바닥면의 디자인 원리와 비슷하므로 앞서 설명한 바닥디자인의 원리를 다시 한 번 읽어보길 바란다. 다만, 사람이 직접 물리적으로 딛고 서는 면이 아니라 단차이나 조형성에 있어 좀 더 볼륨감 있는 면을 만들어 낼 수 있는 장점도 있다. 보통 바닥이나 벽면에서 시공비용의 많은 부분을 지출하고 천장에서 대충 얼버무리는 경우들이 종종 있는데, 이는 시각적으로 가장 오픈된 부분이 천장이라는 점을 제대로 이해하지 못하는데서 나오는 실수이다. 특히, 레스토랑 같이 가구가 공간의 허리 아래를 대부분 차지하는 경우라면 천장면이 상대적으로 더 중요한 디자인 모티브가 될 수 있다는 점을 충분히 고려하고 디자인해야 할 것이다.

패밀리 레스토랑 '아덴힐즈' 천장 디자인

공간은 빛으로 이야기한다

인간이 건축행위를 한 이래로 공간을 디자인함에 있어 항상 빠지지 않는 화두는 '빛'이다. 지금까지 디자인 키워드의 금메달 자리를 굳건하게 지켜왔고 태양이 꺼지지 않는 다음에야 앞으로도 계속 디자인 언어의 최고 위치를 고수할 것으로 보인다. 인공조명이 발달하면서 자연채광을 대신할 정도로 훌륭한 조명장치들이 개발되긴 했지만 인간의 심리적 안정과 유희를 대신할 수는 없다. 태양빛 없는 잠수함 속에서 오랜 시간을 지내다 보면 심리적 불안을 느끼거나 우울증에 걸리는 선원들을 보면 자연의 빛이 얼마나 인간의 생활환경에 중요한 역할을 하는지 쉽게 이해할 수 있다.

르 꼬르뷔제, 롱샹성당 내부 (the pilgimage church of nortre dame-du-haut: ronchamp)
빛으로 이야기하는 공간. 벽의 깊이와 각도, 색채로 인해 빛은 여러 이야기들을 하고 있다.

오래전부터 공간 디자이너들은 더 많은 빛을 내부로 끌어들이는 연구를 계속해왔고 빛으로 인해 공간의 성격이 어떻게 변하는지 수많은 디자인과 실험을 거듭해왔다.

이는 건축물의 축조기술과 밀접한 연관이 있는데, 과거에 비해 건축물의 구조를 지탱하기 위한 재료와 구조 및 시공법이 놀라운 발전을 거듭하면서 빛을 끌어들일 수 있는 개구부의 면적도 훨씬 확장되었고 이를 통해 보다 더 많은 빛을 내부로 끌어들여 보다 쾌적한 생활이 가능해졌다. 이러한 기술적 발전과 더불어 빛을 효과적으로 유입하기위한 디자인 방법도 훨씬 자유로워졌다.

중세를 배경으로 한 영화를 보라. 수도원이나 교회, 성, 집의 내부를 배경으로 한 화면들이 이상하리만치 어둡다는 걸 쉽게 알 수 있을 것이다. 극의 분위기를 연출하기 위한 의도적

노트르담 대성당 (cathedrale notre-dame de paris)
빛이 신의 손길이 되는 순간이다.

공간을 묘사하는 가장 강력한 방법은 누가 뭐래도 빛이다.

인 조도처리도 있겠지만 실제로도 불쌍하게(?) 생각될 만큼 어둡다. 그 당시 사람들이 어두운걸 원해서 그렇게 지어놓았을까? 그렇게밖에 지을 수 없는 축조기술 때문이었다. 회화적 건축에 집중하던 시기였던 데다 구조적 해결을 위해서는 큰 개구부 자체를 만드는 것이 불가능했기 때문이다.

어둠이 존재해야 빛이 있다고 구멍만한 창에서 들어오는 빛줄기가 구원의 손길처럼 느껴지고 그 한 줄기 빛이 공간의 성격까지도 지배해 버린다. 이 당시 건축물 내부의 빛은 인간이 생활하기 위한 최소한의 생존요소처럼 보인다.

이러한 어둠의 시기를 거쳐 산업혁명이 일어나고 각 분야마다 급속한 기술발전이 이루어진다. 자동차가 거리를 질주하고 비행기가 떠다니기 시작했으며 증기선이 강위를 가로지

[왼쪽] 다다오 안도, 비트라 디자인 뮤지엄(vitra design museum)
[오른쪽] 자하 하디드(zaha hadid), 비트라소방서 내부(vitra fire station)
벽은 빛을 담아주고 그 벽은 공간을 이야기한다.

르기 시작한다. 건축이라고 별 수 있었을까? 건축도 이에 영향을 받기 시작한다. 높이 짓기 위한 신공법이 개발되고 시대상황에 걸맞은 건축이론들이 대두되기 시작한다.

공간의 개념 또한 달라진다. 젊은 건축가들 사이에서 지금까지 행해왔던 건축의 장식적 눈요깃거리가 무의미한 창작행위였음을 시인하고 공간의 질(質)에 대한 내용이 건축 디자인에 있어 새로운 논쟁거리가 되어 아카데미 안으로 파고들기 시작한다. 이러한 공간 이야기의 중심에보다 공간을 풍요롭게 만들 수 있는 도구인 '빛'이 새롭게 껍질을 벗고 등장한다.

이렇듯 빛은 공간에서 가장 핵심적인 역할을 담당한다. 공간을 웃게도 만들며 울게도 만들 수 있다. 사람을 고요하게 만들기도 하며 들뜨게도 만들 수 있는 힘을 가졌다.

공간을 이야기하고 싶다면 제일 먼저 빛을 이야기하라!

인공조명으로 공간을 그려라

지금까지 태양빛이 공간에 뿌려지는 축복에 대해 얘기했지만 21세기를 살고 있는 현대인의 생활패턴의 변화를 볼 때, 더 이상 태양빛이 실내 공간 디자인에 있어 지배적인 해결책이 되지는 못한다. 인공광원의 종류나 형태, 설치방식이 그만큼 디자인을 다양하게 끌어낼 수 있는 모티브를 제공하고 있고 이를 통해 현대인의 밤 문화(?)는 더욱 찬란하게 빛나고 있음에도 불구하고 아직도 공간에서 태양광이 쏟아지는 효과를 공간 설명의 주제로 논한다는 것 자체가 이제는 식상한 레퍼토리가 되어가고 있는지도 모른다. 중요한 것은 태양광 못지않게 인공조명이 공간의 분위기를 연출하는 데 있어 막대한 영향력을 가지고 있다는 점이고, 이를 공간의 특성에 맞게 효과적으로 연출하는데 많은 노력을 기울일 필요가 있다는 점을 인식해야 한다.

한국과 유럽의 인테리어 환경에서 차이점을 보이는 부분 중 하나가 이러한 인공조명의 연출기법이다. 재미있는 것 중 하나는 우리가 일반적으로 사용하고 있는 방이나 거실의 형광등이 유럽의 화장실에서 쓰이고 있고 우리네 화장실에서 사용하는 백열전구를 오히려 방이나 거실 같은 거주시간이 긴 실들에 사용한다는 점이다. 독일 친구의 설명으로는 에너지 절약을 떠나서 형광등의 발산하는 조명이 사람을 불안하게

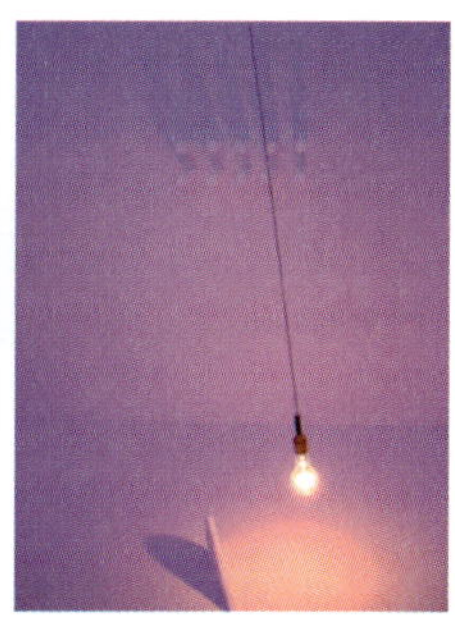

조명을 단순히 공간을 밝히는 장치라고 생각하지 말고 공간을 그리는 도구라라는 생각으로 디자인하라.

만드는 차가운 조명이기 때문에 좀 더 아늑한 분위기를 연출하기 위해 오히려 백열등을 설치한단다. 그 친구의 개인적인 생각일 수도 있지만 실제로 조도가 낮은 난색조명이 공간의 분위기를 아늑하게 감싸는 것만은 인정할 만한 부분이다.

또 하나 큰 차이점은 조도를 확보하기 위한 조명설치 방법이다. 우리나라 인테리어에서 조도를 확보하기 위한 대부분의 조명은 천장에 집중되어 있다. 반면 유럽의 조명은 여러 가지 다양한 방법들이 이용되는데, 예를 들어 스탠드 형식의 조명이나 벽부등(bracket) 또는 팬던트 조명 등이 실내 조도의 중요한 역할을 담당하는 경우가 적지 않다. 심지어 아예 천장에 조명을 설치하지 않는 경우까지 있다. 이는 단순한 조도확보의 차원을 벗어나 공간의 전체적인 분위기를 연출하기 위한 디자인 전략이라고 볼 수 있다.

우리나라 실무환경에서 천장도를 그리면 거의 대부분 천장에 등이 빼곡하게 배치되는 경우가 일반적이다. 천장이 꼭 조명을 설치하기 위한 배경처럼 사용된다.

디자인하는 사람으로서 다시 한 번 생각해 봐야 할 부분이다.

볼륨 디자인

당신은 공간디자인을 하고 있으면서도
조각가나 화가 행세를 하고 있지는 않은가?

공간은 '볼륨'이다.
공간을 디자인한다면서 덩어리를 주물럭대거나 표면만을
치장하고 있지는 않은지 곰곰이 생각해보라.

공간은 볼륨이다

일반적으로 '공간'을 디자인하고 그 공간에 대한 느낌을 이해하는 방법으로 비워짐과 채워짐 사이의 역학관계를 풀이해 보면 도움이 된다. 공간의 성격을 크게 보면, 공간을 즐기기 위해서 혹은 느낄 수 있는 무언가를 제공하기 위한데 초점이 맞추어진 '비움의 공간'과, 건축물의 기능을 효율적으로 수행할 수 있게끔 지원하는 역할을 하는 '채움의 공간'으로 나누어 생각해 볼 수 있다.

사실 이 둘 중 어느 쪽으로 정의해야할지 명확히 분류하기 힘든 경우도 있긴 하지만, 여기서 중요하게 이야기하고 싶은 것은 어떻게 분류하느냐가 아니라 공간을 어떤 관점으로 바라보고 디자인하느냐이다. 물리적, 심리적으로 비워져 있건 채워져 있건, 또는 즐기는 공간이든 기능하는 공간이 든 공간은 볼륨(volume)이라는 이해 위에 디자인할 필요가 있다는 점이다.

건축가들이 통상적으로 건축물의 형태를 잡아나가는 과정 속에서 머릿속에 그리는 중요 디자인기준은 그 건축물의 비례감이나 덩어리감인 경우가 많다. 흔히 건축가들 사이에서 '매스감'(mass)이 좋다, 나쁘다 로 토론하는 경우가 있는데, 이는 위에서 얘기한 비례감이나 덩어리의 느낌을 좋게 만들기 위해 수많은 매스모형을 만들어 보고 대안들을 나열해 두고 어떤 느낌이 가장 좋은지 의논하는 과정에서 오고 가는 이야기이다. 정말 훌륭한 디자이너라면 이 과정과 동시에

공간은 볼륨이다.
매스로 공간을 조각하려 들지 마라.

머릿속에서 계속 바쁘게 움직여야 하는 무언가가 있다. 외부 형태와 연계되어 만들어질 내, 외부 공간에 대한 끊임없는 피드백과정을 거치거나 따로 공간에 대한 검증이 가능한 스케치나 모형작업이 따라다니고 이에 따라 외부 형태가 어떻게 영향을 받을지 지속적으로 주고받는 고민이 필요하다. 하지만 많은 디자이너들이 처음 얘기한 매스느낌 하나로 건축물 전체 디자인을 결정 내 버리는 어리석은 짓을 한다.

이는 공간디자인이 아니라 조형디자인에 불과하다.

Mass, Surface & Volume

건축물은 공간의 집합체이다. 건축물을 볼륨으로 보느냐 매스로 보느냐에 따라 그 공간의 질은 엄청난 차이가 생긴다. 내부공간을 중심으로 디자인하는 실내건축 디자이너들은 특히 이 차이에 대해 분명히 알고 있어야 한다. 공간 하나 하나를 볼륨으로 이해하고 건축물이 갖고 있었던 원래 의도에 맞게 어떻게 더 풍부하게 만들어내느냐에 집중할 때 훨씬 풍부한 공간을 창조해 낼 수 있다는 말이다.

건축이 매스(mass)와 볼륨(volume)이라면 실내건축은 면(surface)과 볼륨(volume)의 관계로 이야기할 수 있다.

외부에서 바라보는 3차원은 입체적인 덩어리로 접근해서 디자인한다고 하지만[이것도 말이 쉽지, 아직도 2차원으로 동서남북 따로 디자인하다가 지치는 경우도 많다] 내부에서 바라보는 3차원은 고려해야 하는 기본 면(面)수만 해도 6면일 경우가 대부분이다. 그러다 보니 많은 인테리어 디자이너들이 이를 다시 각각의 2차원 면으로 쪼개서 디자인하는 경우가 허다하다. 이는 '전개도'라는 표현의 한계를 가진 도구로 디자인하기 때문이기도 하고[강조하지만 도면은 디자인 결과를 표현하는 도구이지 절대 창작의 도구가 아니라는 점을 이해하라!] 모형을 만들어 보거나 스케치를 통해 내부공간의 볼륨을 이해하지 않고 2차원의 면들의 조합으로만 상상하는 나쁜 습관이 원인이기도 하다.

이렇다 보니, 하나의 면안에서 조잡한 요철은 있지만 이들을 둘러싼 공간의 전체적인 볼륨감이 어떻게 될지에 고민이 미치지는 못한다.

건축디자이너이든 실내건축디자이너이든 공간을 디자인하려면 공간을 조각하려들지 마라. 혹은 공간을 낱장의 면들의 결과라고 생각하지도 마라. 적어도 공간을 디자인하는 사람이라면 공간이 에너지 가득한 볼륨이라는 점을 확실히 인식하고 디자인해야 한다는 것을 잊지 마라.

공간디자이너가 조각가 행세를 하는 순간부터 공간에 죄를 짓는 것이다.

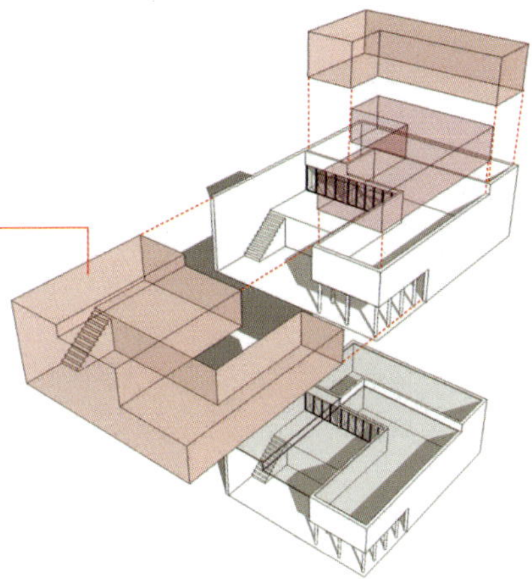

공간의 유기적 흐름을 파악하고 그 흐름 내의 볼륨을 기반으로 디자인할 때 공간의 질도 높아진다.

균형과
긴장

디자인의 시각적 즐거움은
'균형'과 '긴장'의 관계를 얼마나 잘 표현하느냐가
핵심이다.

대립할 수 있는 두 요소 간의 절묘한 줄타기 위에서
사람들의 눈은 즐거워진다.

대칭은 지루하다?

건축물의 외관이나 내부 공간을 경험하면서 사람의 심리를 자극하는 가장 중요한 요소 중 하나가 시각적, 공간적 '대칭'(symmetry)과 '비대칭' 사이에서 느끼는 심리적 효과이다. 일반적으로 디자인 이론에서 정의내리는 대칭으로 인한 심리적 효과를 안정, 편안함, 위엄, 경건함 등으로 설명하고 있는데, 이러한 심리적 효과가 적용될 만한 대표적인 사례가 중세의 교회, 관공서 등의 기념비적 건물들이다.

일단 대칭은 디자인하기가 비대칭보다 상대적으로 쉽다. 아이들이 스케치북에 집이나 사람을 그릴 때 유심히 한번 지켜보라. 디자인에 천재적인 감각을 가진 아이가 아니라면 거의 99.9%가 대칭적인 형태를 그린다.

건축에서도 구조적인 문제를 감안하면 대칭으로 건물을 디자인하는 것이 상대적으로 수월하다. 인체구조 역시 대칭이다. 중력의 지배를 받는 자연요소들도 그렇지만 인간이 만들어내는 인공요소에 대칭만큼 문제를 쉽게 해결해 주는 방법도 없다. 하지만 쉬운 만큼 재미없을 수 있다는 것이 문제이다. 특히 건축물이나 공간 디자인에서 대칭은 사람들을 지루하게 만드는 특성이 있다. 시선의 이동경로가 고정되어 버리고 방향성이나 역동성, 운동감이 없어지므로 심리적인 긴장감까지도 사라져 버리기 때문이다.

물론 대칭구조도 디자인에 없어서는 안 될 꼭 필요한 요소이

대칭은 안정적이지만 지루할 수 있다.

다. 대칭의 효과가 필요한 디자인에 지루함을 없애겠다고 비대칭을 사용하는 어리석은 디자이너야 없겠지만 무의식적으로 대칭에 끌려 다니지 말고 대칭이나 비대칭적 요소가 주는 디자인적 의미를 이해하고 주어진 상황에 적절한 디자인을 할 수 있는 유연함이 디자이너가 갖추어야 할 능력이다.

비대칭과 균형이 만나면

얼핏 들으면 '비대칭'(asymmetry)과 '균형'은 그다지 어울리는 궁합이 아닌 듯 들린다. 하지만 이 어울리지 않는 요소들을 어울리게 만드는 일이 공간을 디자인하는 사람들이 해야 할 일이다.

건축물은 외부입면이나 내부 공간에서 주어진 상황이나 프로그램에 따라 다양한 비대칭적 요소들이 만들어질 수 있다. 굳이 디자이너가 지루함을 덜고자 비대칭으로 디자인하려고 애쓰지 않더라도 자연스럽게 비대칭을 요구하는 경우가 적지 않다. 문제는 이런 경우에 그냥 생긴 그대로 놔둬버리면 사람들은 심리적으로 불안감을 느끼게 된다는 점이다. 디자이너는 이에 대한 적극적인 해결책을 찾아야 하고 여기서 필요한 것이 비대칭 속에서의 '균형감'을 만들어내는 재주이다.

저울의 추로 설명해보자.

양쪽에 균일하게 10kg의 추를 얹으면 양쪽 다 안정적인 구도가 된다. 그런데 공간을 디자인하다 보면 저울처럼 균등한 무게의 디자인이 불가능한 경우가 대부분이다. 한쪽만 10kg이 놓이는 상황이 생길 수도 있고 요행이 양쪽이 동일한 무게균형을 이룰때도 있다. 양쪽이 다른 무게의 추가 얹어져 기우뚱해지는 경우가 생길 수도 있다. 이렇게 각각의 경우에 따라 디자이너는 공간을 경험하는 사람으로 하여금 시각적인 불편함을 줄이는 것 이상으로 즐거움을 줄 수 있는 기지를 발휘해야 한다.

저울처럼 한 쪽에 10kg의 추가 놓인다면 다른 쪽은 10kg에 상응하는 무언가가 놓여질 때 균형감이 만들어진다고 생각할 수 있다. 이 경우 똑같은 10kg의 추를 가져올 것인가?

여기서 디자이너의 본능적인 감각이 필요하다. 1kg의 추 10개를 가져다 놓는 방법이 있고 5kg의 추 2개를 가져다 놓는 방법이 있다. 추가 아니라 물먹은 솜 10kg을 놓을 수도 있다. 줄다리기로 설명해 보자. 덩치 큰 거구 두 명을 선발해서 서로 힘겨루기를 시킨다면 관중들이 얼마나 긴장할까? 이와는 다른 방법으로 한 쪽에서는 거인 한 명이 당기고 다른 쪽을 어린이 20명이 당긴다면 어느 쪽이 더 재미있을까? 이런 비대칭적이고 불안정한 상황을 의식적으로 연출하는 것도 디자이너의 몫이고 이를 균형감 있게 만들어내는 것 또한 디자이너가 해야 할 일이다. 디자이너가 이러한 여러 상황을 어떻게 표현해 내느냐에 따라 공간은 훨씬 역동적이고 풍부한 즐거움을 제공할 수도 있고 반대로 관중들을 경기에 관심 없게 만들어 버릴 수도 있다.

공간디자인은 어쨌거나 중력과의 투쟁이다. 저울의 추를 예로 든 이유도 건축이든 실내건축이든 중력을 배제하고 디자인하기란 불가능하기 때문이다. 과장해서 이야기하면 중력에 순응하느냐 반하느냐가 형태 디자인의 가장 중요한 디자인모티브일지도 모른다.

디자이너는 기본적으로 청개구리 심성을 갖고 있다. 중력이 끌어당기면 그 굴레에서 벗어나고 싶어 하고 이러한 심리적 효과를 건축물의 형태와 공간에서 표현하고자 노력한다. 이러한 투쟁(?)의 표현법이 중력에 반하는 비대칭을 만들어내고 그 속에서 중력에 대응하는 균형을 만들어 내는 것이다.

비대칭 속에서 긴장감 넘치는 균형을 만들어낼 때
보는 이를 즐겁게 만들 수 있다.

4

'흙 속에 묻힌 진주는 돌이다.'

디자이너는 자신의 생각을 세련되게 표현할 수 있어야 하고
세련되게 만들 수 있어야 하고 세련되게 포장할 수 있어야 한다.

있는 그대로 보여주는 것이 올바른 방법이라고 착각하지 말아야 한다.
오렌지주스도 금으로 만든 잔에 넣어 팔면 최소 3배는 받을 수 있다.
중요한 것은 금으로 만든 잔과 주스가 어울리는지
판단할 수 있는 안목이 필요하고
팔아야 한다면 어떤 전략으로 팔 수 있을지 고민하는 작업도
디자인임을 알아야 한다.

디자인 말하기

디자이너는 선의의 '사기꾼'이
되어야 한다.
순수해 보인다고 아무도
알아주지 않는다.
잘 표현하고 잘 포장할 때
디자인도 참된 가치를 발한다.

프리젠테이션
하기

할 줄 아는 건 많은데 표현력이 딸리는 사람이 있고
표현력은 뛰어난데 그게 다인 사람도 있다.
두 경우 모두 잘 팔리는 디자이너가 되긴 틀렸다.

디자인 능력을 쌓아가는 만큼 자신의 디자인을
효과적으로 설명하기 위한 능력도 같이 키워라.

자신의 디자인을 '실현'시키고 싶다면…

필자는 개인적으로 버림(?)받은 목소리를 가지고 있다.

언젠가 '스스로는 자신의 목소리가 타인에게 어떻게 들리는지 알 수 없다'는 이야기를 들은 적이 있어, 한창 독일어 공부에 열을 올릴 대학 졸업반 당시에 심심풀이 삼아 녹음기로 내 독일어 목소리를 녹음해 들어본 적이 있다.

한마디로 참혹했다…

내 목소리가 이랬구나 하는 생각이 들면서 한동안 다른 사람들과 대화를 나눌 때도 왠지 모를 주눅이 들어 대화를 기피하곤 했다. 지금 생각해 보면 피식 웃음이 나기도 한다. 물론 지금은 누가 뭐라 하든 말든 용감하게 떠들고 다닌다. 궁금해 할 분들이 있을 것 같아 굳이 내 목소리를 누군가와 비교해 설명하자면 개그우먼 박경림 씨와 비슷하다. [절대로 박경림 씨 목소리를 폄하하는 것이 아님을 밝힌다. 매사에 자신감 넘치는 박경림 씨를 보면 그저 부러울 따름이다]

목의 울림통이 큰 사람을 보면 부럽다. 사내가 되서 목소리가 그렁그렁해야 상대방에게도 호감을 줄 수 있을 것 같기도 하고 왠지 멋있어 보이기도 할 것 같다. 언제는 한번 가족들과 식당을 갔다가 한쪽 테이블에서 50대 초, 중반의 신사분이 다른 한 분과 대화를 나누는데 모두의 시선이 일제히 그곳으로 쏠리는 걸 경험한 적이 있다. 울림통이 얼마나 좋은지 꼭 마이크 잡고 이야기하는 듯 했다. 아마 직업이 성우였는지도 모르겠다. 또 한 번 부러운 순간이었다.

본인의 목소리가 마음에 안 든다고 성대에 상처를 내서라도 락커(rocker)의 목소리를 만들어 달라고 병원을 찾은 가수의 기사를 본 적도 있다. 의학적으로 가능한 얘기인지는 모르겠지만 목소리로 먹고 사는 직업이니 그 마음도 충분히 이해가 간다.

손바닥의 지문처럼 저마다 타고난 목소리가 있다. 인테리어 하는 사람과 목소리가 무슨 관계가 있다고 자꾸 목소리 타령이냐 생각하는 분들이 있을 수 있겠지만 분명 관계있다! 어쩌면 매우 관계가 깊다. 우리뿐 만이 아니라 창조적인 작업을 하는 사람들에게 자신의 생각이나 아이디어를 논리적으로 누군가에게 설명해야 하는 일은 정말 중요한 부분을 차지한다. 목소리에 신뢰감을 심어주고 귀에 거슬리지 않는 톤으로 설명하면 그 내용도 빛나기 마련이다. 문제는 앞서 이야기한 것처럼 목소리라는 놈이 훈련만으로는 한계가 있다는 점이다. 그래도 훈련해서 자신이 낼 수 있는 가장 아름다운 목소리를 만들기 위한 노력을 해야 한다.

효과적인 프레젠테이션을 위해서는 영상, 도면, 모형사진 등 설득 가능한 모든 매체를 활용하는 것이 클라이언트의 이목을 끌기 수월하다.

그럼 타고난 목소리가 안 좋은 사람들은 다들 침묵하고 프레젠테이션이 있을 때마다 전문 나레이터(narrator)라도 대동해야 하나? 물론 아니다. 내 머릿속에 있는 얘기는 나밖에 논리적으로 설명하지 못한다. 타고난 목소리는 어찌할 도리가 없으니, 그 이외에 훈련할 수 있는 후천적 노력에만 힘을 쏟아도 충분히 맛깔 나는 프레젠테이션이 가능하다.

지금부터 하는 이야기는 프레젠테이션을 잘하기 위한 디자인 테크닉이 아니라, 프레젠테이션에 임하는 기본적인 자세와 후천적 노력에 대한 이야기이니 적으나마 도움이 되길 바란다.

천천히 이야기하라

우리 직종에 종사해 보면 본인의 디자인을 대중 앞에서, 또는 클라이언트 앞에서 프레젠테이션 할 기회가 사무실에 따라 꽤 많이 있다.

공부를 마치고 한국에 들어와서 처음 일한 사무실은 평균 일주일에 두, 세 번은 프레젠테이션 일정이 잡혀 있는 곳이었다. 그 당시 필자는 디자인 작업을 주로 담당하고 있었고 프레젠테이션은 거의 대부분 소장님이 직접 하셨다. PT(presentation)상대도 대기업 간부를 상대로 한 경우가 대부분이었고 PT에 참여하는 인원들도 적지 않았기 때문에 개인적으로 클라이언트를 만나 PT를 하는 것과는 확연히 다르게 긴장되는 분위기였다.

고정적으로 PT를 하는 장소까지 가기 위해서는 평균 한 시간에서 두 시간 정도를 차로 움직여야 한다. 그 안에서 소장님과 인생사는 이야기, 가족 이야기, 친구 이야기, 일 이야기 등등 많은 좋은 이야기들을 주고받을 기회가 있었는데 그 때 나눈 대화 중 지금의 주제와 관련된 정말 공감했던 이야기가 있다.

'천천히 이야기하라.'

소장님이 본격적으로 대기업 간부들 사이에서 PT할 기회가 생겼을 무렵, 본인의 나이도 얼마 되지 않아 많이 긴장했더란다. 그러면서 오히려 윗사람이 질문하거나 이야기하는 방식을 들어보니, 공통적인 특징이 있음을 발견했다고 한다. 품위 있어 보이는 사람들의 말투가 대체로 느리다는 점이다. '아부지 돌 굴러 가유~' 식의 느림과는 다른 차분함이 베어나더라는 거다. 그래서 그 때부터 말을 되도록 급하지 않게 하려고 거울 보면서 노력했다고 한다. 급하게 빨리 말하다 보면 말을 그르치고 실수를 하기 마련이다. 방정맞아 보이고 신뢰가 떨어져 보일 수도 있다. 노력하다 보니 점점 긴장감도 풀어지고 본인의 머릿속에서 정리되지 않아 두서없던 부분들도 차근차근 정리가 되어 논리적이고 합리적으로 설명이 가능해졌다고 한다.

이 '천천히' 말하는 방법이 정상적인 속도를 잃어버리고 지루할 정도가 되면 오히려 역효과가 될 수 있으므로 적당히

긴장할수록 긴 호흡을 하자. 말을 빨리 하는 사람치고
무게 있어 보이는 경우란 거의 없다. 적당한 마디를 두고 상대가
이해할 수 있는 시간을 벌어 주는 여유가 필요하다.

차분한 속도를 유지할 필요가 있다. 잘만 훈련하면 간혹 PT 도중의 예상치 못한 질문에도 유연하게 답할 수 있는 찰나의 시간을 벌어주기도 한다. 오늘부터 크게 한숨 한번 쉬고 차분하게 천천히 말하는 훈련을 해 보자. 당신 스스로를 품위 있게 만들어 주는 강력한 무기가 될 것이다.

만연체로 주절대지 말고 포인트를 이야기하라

필자는 학생들을 가르치면서 강의 도중 시도 때도 없이 질문을 많이 하는 편이다. 가르치는 사람도 감정이 있는 사람인 지라 인내를 갖고 대답을 들어 주다가 말을 잘라버리는 경우가 있는데, 질문의 요점을 정확히 파악하지 못하고 주절대는 경우이다. 한참을 들었는데 무슨 얘기를 들었는지 정리가 안 될 때처럼 클라이언트를 짜증스럽게 만들 때가 없다.

앞서도 밝혔지만 필자는 학부 때 전공이 건축이었다. 처음 대학을 들어오고 접하는 전공 잡지와 교재, 이론 서적들을 읽다 보면 내가 뭘 읽고 있는지 파악이 안 될 때가 많았다. [지금도 괜히 어렵게 적어놓은 것 같은 전공서적들은 몇 페이지 읽기도 전에 책꽂이 장식용으로 고이 접어 보관한다] 왠지 주절주절 말을 많이 해야 있어 보이고 온갖 어려운 미사여구를 갖다 붙여야 나름대로 철학이 있어 보이는 현학적 허세를 부린 책들이 너무도 많았다고 생각했던 것 같다. 조금 머리가 굵어진 요즘도 전공 잡지에 소개되는 디자이너의 개념설명을 읽다가 확 집어던지고 싶은 충동이 생기는 기사가 있다. 인쇄비가 아깝다 싶다. [내 머리가 나빠서 이해 못한 책도 많았을 텐데 교육자로서 반성해야 할 부분이다]

전공인도 아닌 클라이언트 입장은 오죽하겠는가? 그래서 학생들에게 요점을 명확히 짚어 되도록 간단명료하게 설명하는 습관을 들이라고 강조한다. 단어 몇 마디로도 훌륭하게 표현할 수 있는 개념을 구구 절절히 이야기한다고 해서 더 훌륭한 디자인이 되지는 않는다.

프레젠테이션은 논문발표 하는 시간도 아니고 아는 내용 자랑하는 시간도 아니라는 점을 명심하라.

요점을 파악하고 맥을 짚어 간단명료하게 설명하라. 클라이언트도 신나서 맞장구를 쳐줄 것이다.

문장 끝을 흐리지 말고 명확하게 마침표를 찍어라

학교에서 학생들을 가르치면서 느끼는 우리나라 학생들과 서구권 학생들의 뚜렷한 차이점이 있다면 자기 표현력에 대한 훈련부족이다. 대답할 때 보면 말끝을 또렷이 하지 않고 흐리는 경우가 많다. 말하는 문장의 머리는 있는데 끝이 없다. 초등학교 때다 배웠음에도 불구하고 왜 이런 학생들이 많은지 곰곰이 생각해 보지만 교육학자도 아닌 입장에서 명확한 해석을 내리기가 쉽지 않다. 흔히들 얘기하는 주입식 교육의 한계일 수도 있고 발표하는 수업보다는 시험 치는 수업이 훨씬 더 많다는 데서 기인한 고질적 문제일 수도 있다. 하물며 대학교육도 이런데, 졸업하고 사회가 나간 초보 디자이너라고 해서 말하는 습성이 180도 달라질 리는 만무하다. 이런 친구들에게 PT를 해 보라고 하면 거의가 머릿속은 무아지경이 되고 땀만 뻘뻘 흘린다.

당장 오늘부터 훈련하자. 말꼬리를 명확히 하고 생각을 내 뱉기 전에 설명할 전체 줄거리를 머릿속에 집어넣어라. 조그만 메모지에 순서대로 키워드만 적어두는 것도 방법이다. 그리고 앞서 얘기한 천천히 말하는 것과 결부시켜 또박또박 명료하게 발음하는 훈련을 하라. 아이디어는 좋은데 문장이 깔끔하지 않거나 말꼬리가 흐려지면 클라이언트가 당신의 디자인을 살 확률도 그만큼 흐려질 수 있음을 명심하라. 참고로 기자들이나 앵커가 표현하는 방식을 흉내 내 보면 도움이 될 것이다.

클라이언트의 눈높이에 맞춰라

한 때 TV CF에 자주 나왔던 '눈높이교육'이라는 광고카피가 있었다. 그 카피 하나로 대한민국 어린이들 또 눈높이교육 받아야 되겠구나 싶었다. 프레젠테이션도 똑같다. 연령별, 직업별, 성향별로 무수히 다른 종류의 클라이언트들이 있고, PT를 하기 전에 설득의 주체가 되는 클라이언트의 성향을 잘 파악해 PT에 임해야 한다.

설계나 디자인은 잘하는데 이 부분에 약한 사람들이 적지 않다. 여기에 맞는 일화가 하나 있다. 평소에 잘 알고 지내는 이 분은 매사에 정말 꼼꼼하고 디자인에 있어서도 철두철미하다. 대화도 참 재미있게 하는 분이다. 평소에는 농담도 잘하고 유머러스한 분이지만, 자신의 디자인철학을 진지하게 이야기할 때는 나도 같이 진지해 질 수밖에 없는 분위기를 만들어 내는 멋진 분이다. 이 분이 관공서에 PT를 할 기회가 있었다. 정해진 전체 PT시간을 마치고 질의응답 시간이 되었다. 클라이언트 측과 몇 가지 중요한 문제를 놓고 질의응답이 오가던 중, 이 분이 발표장의 딱딱한 분위기를 좀 풀어보고자 그 당시 뜨고 있던 유행어를 사용했던 것이다.

결과가 상상이 되는가? 완전히 찬물을 끼얹은 듯 냉랭한 분위기가 되어 버렸단다. 실내공기는 싸늘해지고 갑자기 등에서 식은땀이 죽 흐르는데 꺼낸 농담을 어떻게 매듭지어야 할지 난감한 상황이었단다. 더군다나 그 유행어가 '그때그때 달라요'였으니 어떤 상황이었는지 짐작이 가고도 남는다.

공무원들이 그 유행어를 몰랐다고 가정해 보자. 나이 지긋한 공무원이 "그 문제는 어떻게 해결할 수 있습니까?"라고 물었는데, 웃어보자고 "그때그때 달라요"라고 대답했다면 이건 완전히 최악의 시나리오다. 질문 내용이 정확히 기억이 안 나 옮길 수는 없지만 위의 상황은 아니었을 거라고 굳게 믿고 싶다. 만약 공무원들이 그 유행어를 알고 있었다고 해도 역시나 설계자에게 신용이 가진 않았을 거다. 우여곡절 끝에 오해를 풀고 좋은 결말을 만들어 내긴 했지만 당사자가 아닌

프레젠테이션에서 가장 중요한 것은 클라이
언트와의 교감이다. 디자이너가 표현하고자
하는 내용에만 집중해 클라이언트와의 눈높
이를 맞추지 못하는 것만큼 어리석는 프레젠
테이션도 없다.
쉽게살자!
KWON.

내가 지금 생각해도 아찔한 순간이다.

얘기를 아주 부드럽게 풀어갈 수 있는 클라이언트가 있는 반면, 군대에서 보고하듯 긴장된 상황에서 설명해야 믿음을 주는 클라이언트가 있다. 이런 다양한 클라이언트의 상황을 면밀히 파악하고 PT에 임해야 한다.

또 한 가지 의식해야 할 점이 있다. 프레젠테이션을 할 때 머릿속에 항상 이 말을 새겨두자.

'클라이언트는 전문가가 아니다.'

당연한 말이지만 실제로 프레젠테이션을 진행하다 보면 이 점을 간과하는 경우가 적지 않다. 발표자가 긴장을 하고 있다 보면 자신의 생각을 걸러내서 뽑아 내지 못하고, 디자인하는 사람들끼리 대화하는 방식으로 얘기할 때가 있다. 클라이언트의 미간이 좁아진다. PT내내 클라이언트를 고문하고 싶지 않다면 최대한 간명하게 전달하고자 하는 내용을 이해하기 쉽게 설명해야 한다. 간혹 선무당이 사람 잡는다고 클라이언트 중에도 어느 정도의 전문지식을 가지고 있는 경우가 있다. 몇 번 인테리어 공사를 주관해 봤거나 관련업종에 있는 경우인데 이 경우도 역시 해당 클라이언트의 수준에 맞춰 설명하는 세심한 배려가 필요하다.

다시 한 번 강조하지만 클라이언트의 눈높이에 맞추자. 그러면 당신의 디자인에 도 날개가 달릴 것이다.

시간약속을 철저히 지켜라

앞서도 언급했지만 몇 번을 강조해도 절대 지나침이 없는 말이다. 옛날 옛적(?)에 코리안 타임이라는 말이 있었다. 정말 옛날 옛적 이야기 같다. 그만큼 우리나라도 전반적인 문화수준이나 상대에 대한 배려수준이 많이 향상되었다는 얘기다. 그래도 아직 습관적으로 늦는 사람들이 있다. 디자이너들 중에 특히 많다. 독일에서 공부하던 시절, 은사님이 하신 말씀이 있다.

> "디자이너는 게을러야 한다. 게을러야 창조적 사고력도 생기고 남이 생각하지 못하는 아이디어도 떠오른다."

옳은 이야기다. 문제는 본인에게만 게을러야 한다는 점이다. 사회적으로도 게으르다면 그 사람은 누구에게도 인정받지 못한다. 이를 구분 못하고 그냥 게으르다 보니, 상대방과의 약속도 습관적으로 늦는다는 거다. 신뢰를 쌓기 위한 가장 첫 번째 사회적 규칙이 '약속 지키기'이다. 필자의 예를 들어 보겠다.

모 기업의 부회장을 모신 자리에서 최종 프레젠테이션을 할 기회가 있었다. 사는 곳에서 PT하는 곳까지 기차로 2시간을 움직여야 하는 거리였다. 우리 팀은 약속된 시간 1시간 전에 도착했다. 우리 앞 시간에 배정되어 있던 나머지 한 팀은 그 때까지 나타나지 않았고, 덕분(?)에 우리는 그 주변을 구경할 여유까지 생겼다. 예정된 시간보다 30분가량 늦게 PT를 시작했다. 발표를 마치고 발표물들을 정리하는 도중에 클라이언트들 사이에서 나누는 대화가 들렸는데 [절대 의도적으로 들으려고 한건 아니었다. 그런 장소에서는 보통 때와 달리, 온 감각기관이 슈퍼맨이 되기 마련이다] 다른 팀이 약속시간에 늦어 부회장님의 심기가 좋지 않다는 내용이었다. 그래서 PT 내내 별 질문사항도 없이 끝났다는 거다. 속으로 쾌재를 불렀다. 결과는 이도 저도 아니게 영 엉뚱하게 풀리긴 했지만 말이다. [이 이야기는 하고 싶어도 참아야겠다]

약속은 이렇게 중요한 파워를 가진다. 벼락치기를 하는 학생들이나 초보 디자이너에게도 꼭 하고 싶은 이야기다. 디자인을 소중히 하는 만큼 클라이언트와의 약속도 소중히 생각해라. 당신을 믿고 어느 날 불쑥 잊고 지냈던 클라이언트로부터 당신을 찾는 전화가 걸려올 지 누가 알겠는가.

떨리면 숨기지 말고 떨어라?

필자를 아는 사람들이 들으면 의아하게 생각할지 모르겠지만 아직도 대중들 앞에 서면 떨린다. 목소리에 떨리는 기운이 느껴진다. 문제는 자꾸 그걸 의식하면 더 떨린다는 거다. 누군가 근거 없는 민간요법을 하나 알려준 게 있어 떨릴 때면 엄지손가락 안쪽을 지그시 눌러도 본다. 하지만 별로 도움은 안 되고 멍만 든다. 떨리는 건 후천적 노력에 관계없이 타고난 천성도 작용하나 보다.

지금도 매 학기 첫 수업시간은 살짝 긴장된다. 새로운 얼굴들, 새로운 교재, 새로운 내용들에 대한 부담감인가 보다. 언젠가 개그맨 유재석씨의 데뷔초기 방송내용을 본 적이 있다. 얼마나 떨리는지 대본을 제대로 읽지도 못하는 모습을 보고 한참을 웃었다. 지금은 최고의 엔터테이너가 되어 그렇게 편안하게 방송하는 모습을 보면 얼마나 숨은 노력이 있었을까 짐작이 된다. 그 사람이야 방송에 나와 말하는 것이 직업이니 노력할 수밖에 없다고 이야기할 수도 있겠지만 디자이너도 별반 다르지 않다. 표현잘 못하는 디자인은 항상 점수가 깎이는 법이다.

설계PT를 그렇게 해도 아직도 많이 떨린다. 필자만 그런 것도 아니다. 주위 분들에게 물어봐도 다들 긴장되고 떨린단다. 어떻게 하면 떨지 않을 수 있을까 아무리 생각해 봐도 머리로 떠는 게 아니니 방법이 없는 것 같다. 그래서 맘을 달리 먹기로 했다.

'떨리면 떨어야지 별 수 있나?'

그 이후론 생각보다 덜 떨린다. 중요한 PT는 긴장이 배가 된다. 그래도 역으로 '떨리면 떨자.'라는 마음을 먹으면 짧은 시간 내에 평정심을 되찾는다. 떠는 모습을 보고 편안한 분위기를 만들어 주는 고마운 클라이언트도 간혹 있으니 마구마구(?) 떨자. 좀 떨다 보면 더 떨 힘도 없어진다. 참고로 PT중에 자신에게 호의적인 눈길을 보내주는 사람을 집중적으로 바라보면서 그 사람과 대화하듯 PT를 이끌어 나가라. 큰 도움이 될 것이다.

이야기하듯 하라

누군가에게 이야기를 들려주듯 프레젠테이션을 이끌고 가면 효과적이다. 클라이언트와 디자이너 사이에서 흐르는 미묘한 긴장감을 완화시켜 줄 수 있고 클라이언트에게 전달해야 하는 어려운 내용도 쉽고 강하게 어필할 수 있다.

조금 다른 이야기이지만 어린 아이들을 예로 들어보자. 한 무리의 어린이들을 모아 놓고 컨트롤하기가 얼마나 힘든지 유치원 선생님들에게 물어보면 확실히 알 수 있다. 이럴 때 만약 구연동화 같은 이야기를 들려주면 아이들의 눈망울이 삽시간에 초롱초롱해지지 않던가? 그만큼 이야기가 가지는 집중력의 힘은 대단하다. 문제는 프레젠테이션의 내용이 소설이나 수필처럼 이야기하듯이 이끌고 가기에는 무거운 내용이라는 점이다. 설명하는 내용의 전문성을 보여줘야 한다거나 디자인 작업 자체의 품위를 지키려고 하다 보니 발표 분위기가 딱딱해 지는 것이 일반적일 수밖에 없다.

하지만 이 사이에서 절묘하게 이야기꾼의 묘를 발휘하는 디자이너가 있다. 딱딱한 보고용 문어체를 피하고 대화체 방식의 문장을 사용하거나, 디자인 진행 내용을 재미있는 에피소드를 들려주는 것처럼 경직된 분위기를 부드럽게 풀어내는 재주를 가진 사람을 보면 얼마나 많은 훈련과 경험이 필요했을지 절로 감탄사가 나온다.

부드러운 PT를 진행하기 위해서는 프레젠테이션용 자료도 이에 맞추어 준비해야 하는데, 직장상사에게 보고하듯이 복잡한 발표 자료보다는 내용의 중심이 되는 핵심 포인트를 간단하고 명쾌하게 구성하는 노련함도 필요하다.

'스토리텔링'(story telling)만큼 듣는 이를 쉽게 집중시켜 내용전달을 할 수 있는 방법도 잘 없지만, 까딱 잘못하면 상대방을 무시하거나 디자인 의도가 유치하게 보일 위험성도 가지고 있다. 그러므로 적절한 어투의 훈련과 표준어 사용, 편하게 대화를 나누는 분위기에서도 상대를 존중하고 있다는 느낌을 실어 이야기하는 훈련이 필요하다.

프레젠테이션 프로그램을 사용할 때

분야에 관계없이 가장 많이 알려지고 쉽게 사용되는 프레젠테이션용 프로그램은 누가 뭐래도 마이크로소프트사의 '파워포인트'(Microsoft Power Point)이다. 그만큼 사용하기 편리한 기능을 담고 있고 버전이 업그레이드될수록 일반인도 그럴듯하게 표현할 수 있는 디자인 기술들도 많은 부분이 추가되었다. 건축이나 인테리어 분야에서도 PT가 있는 장소나 공모전 제출요강에서도 거의 빠지지 않고 이용되는 프로그램이다 보니 우리에게는 꽤나 친숙해져 있는 프로그램이라고 할 수 있다. 다만 좋은 약도 잘못 사용하면 독이 되듯이 PT를 준비하는 사람들 위주로 레이아웃을 구성하여 보는 이를 불편하게 만드는 경우도 적지 않다. 여기서 몇 가지 중요한 레이아웃 구성의 포인트들을 짚어보자.

현란한 애니메이션 효과는 최대한 자제하라

디자인하는 사람들은 무의식적으로 시각적인 효과에 집착하는 경향이 있는데, 여기서도 그 습관이 드러나는 경우가 많다. PT의 가장 중요한 목적은 내용의 효과적인 전달이다. 내용전달 이외의 장식적인 효과들은 최대한 절제하는 것이 깔끔한 프레젠테이션의 기본이고 보는 이를 편안하게 만들 수 있다는 점을 인식하고 레이아웃을 구성해야 한다.

보는 이의 가독성을 최대한 배려하라

건축이나 인테리어분야의 프레젠테이션에서 주로 사용하는 소스는 도면과 이미지, 표, 다이어그램, 텍스트이다. 보통 제안서를 만든 원본 그대로를 파워포인트에 옮겨 PT를 하는 경우가 흔한데, 바쁘게 작업하다 보니 어쩔 수 없었다고 변명할 수 있을지는 몰라도 클라이언트는 절대 그 변명을 받아들이지 않는다는 점을 인식할 필요가 있다. 제안서는 출력된 결과물을 자세히 평가하기 위한 자료이다 보니 많은 내용이 담길 수밖에 없고 사용되는 소스들 또한 상대적으로 작아질 수밖에 없다. 하지만 프레젠테이션은 다르다. 프로젝터를 통해 비춰지는 화면을 바라보는 청중의 입장이 되면 눈에 잘 읽혀지지 않으면 바로 언짢아진다. 텍스트, 도표, 도면 할 것

없이 일정거리에서 쉽게 읽혀지는 크기로 제작하는 데 각별히 신경을 써야한다.

텍스트 내용은 최대한 삭제하라

발표자 위주의 내용정리를 화면에 바로 나타내서는 곤란하다. 화면은 보는 이의 관심을 집중시키는 역할 정도로 충분하다. 발표하는 내용의 줄거리와 중요 항목들만 주지시킬 수 있도록 설명하고자 하는 타이틀 위주로만 구성하는 것이 바람직하다. 간혹 화면에 나타나는 텍스트를 그대로 읽어 내려가는 발표자가 있는데 듣는 클라이언트는 PT시간 내내 지루하고 고통스러워한다는 것을 인식해야 한다.

전체 줄거리가 느껴지게 구성하라

프레젠테이션 시간을 충분히 고려하여 전체구성을 어떻게 갖고 갈 것인지 뼈대부터 구성하고 그 뼈대의 흐름을 클라이언트가 인식할 수 있도록 디자인하라. 그래야 클라이언트는 자신이 듣고 있는 내용이 전체내용의 어디쯤인지 파악이 가능하고 뒤에 따라 나올 내용에 집중하게 된다. 언제 PT가 끝날지도 모르는 무방비상태에서 집중한다는 것은 거의 불가능하다. 하물며 시간을 가장 중요하게 여기는 클라이언트라면 더더욱 그러하다. 그러므로 전체 구성이 PT 중간 중간 파악될 수 있도록 레이아웃을 짜는 것이 바람직하다.

앞에서 언급한 파워포인트 이외에도 PT에 사용되는 프로그램이나 도구는 다양하다. 대표적인 프로그램으로 애니메이션 효과 등의 비주얼적인 효과가 돋보이는 마크로미디어사의 '플래쉬'(Macromedia Flash)가 있는데 사실 프레젠테이션하기 위해 전문적인 기술이 필요하고 작업시간 또한 파워포인트에 비해 비교적 오래 걸려 그다지 많이 사용되지는 않는다. 하지만 플래쉬는 웹 기반의 표현기술을 용이하게 하고자 하는 목적으로 만들어진 프로그램이기 때문에 홈페이지 상에서 사용하기에는 매우 매력적인 표현도구라고 할 수 있다.

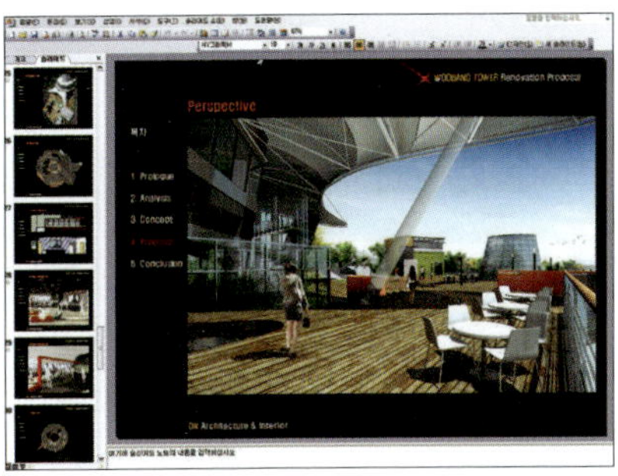

Microsoft Power Point
빠른 시간 내에 전문가가 아니더라도 손쉽게 작업할 수 있도록 만들어진 프레젠테이션 전용 프로그램이다.

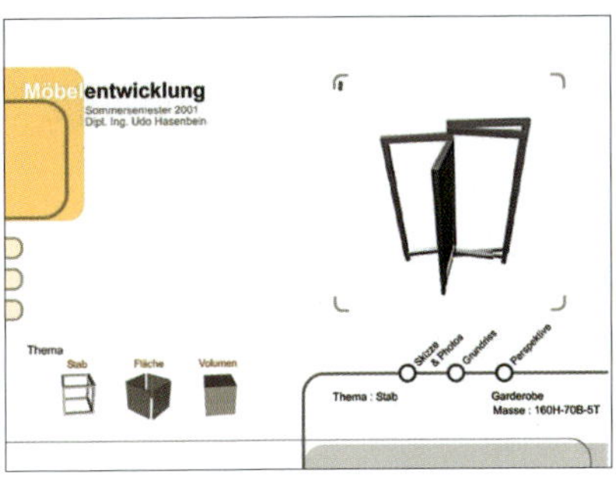

Macromedia Flash
온라인상에서 프레젠테이션하기 유용한 프로그램으로 효과적인 애니메이션이 가능하고 시각적 볼거리가 많은 장점이 있다.

포트폴리오 만들기

전쟁에서 자신의 목숨을 지켜 줄 무기가 총이라면
디자이너의 무기는 포트폴리오이다.

포트폴리오라는 무기, 제대로 만들어야
제대로 디자이너의 목숨을 지켜주지 않겠는가?

언젠가부터 포트폴리오(portfolio)가 디지털화되면서 이와 관련된 서적들도 갑자기 봇물 터지듯 쏟아지기 시작했다. [사실 10여 년 전만 해도 디자인 관련 포트폴리오 서적은 잘 찾아보기 힘들었고 특히, 건축이나 인테리어 관련 내용이 들어있는 포트폴리오 가이드북은 거의 대부분이 스케치기법, 도면컬러링기법, 효과적인 표현기술, 수작업으로 표지를 만드는 방법 정도가 소개된 책이 그나마 간간히 눈에 띄는 정도였다. 하지만 그때가 오히려 상상력 넘치는 포트폴리오를 구성할 수 있는 자유도는 더 높지 않았나 생각되기도 한다]

멋진 사례들과 현란한 기법들로 치장된 눈요깃거리들도 매체기술이 발달한 만큼 다양해졌다. 독특하게 제본하는 방법, 편집하는 기술, 자신의 작품을 돋보이게 하는 다양한 프로그램 관련 테크닉들이 소개되면서 과거의 아날로그 표현기법들이 디지털 기술에 눌려 초라해 보이기까지 한다. 심지어 프레젠테이션 관련 프로그램(power point, flash, acrobat과 같은)의 발달로 인해 인쇄하지 않고도 디지털 데이터만으로도 훌륭한 포트폴리오를 구성할 수 있게 되었다. [이는 우리 쪽이 가지는 편향된 트랜드일 뿐이고 실제 순수 디자인 분야는 아직도 손작업에 훨씬 가치를 두는 경향이 우세하다]

각 디자인 분야별로 포트폴리오가 추구하는 방향들도 각기 다양하다. 심지어 건축디자인 분야의 포트폴리오와 실내건축 분야의 포트폴리오도 적지 않은 차이가 있는데 시각디자인, 제품디자인, 산업디자인 등의 타 디자인 분야는 두 말할 필요도 없을 것이다. 그렇다면 거두절미하고 포트폴리오에서 가장 중요한 것은 무엇이고 특히 실내건축분야의 포트폴리오에서는 무엇을 가장 중요하게 볼까?

간단하다.

> 평가받고자 하는 대상에게 자신을 가장 잘, 효과적으로 표현하는 내용들을 성실히 열정을 담아 채우면 된다. 평가받고자 하는 대상의 대부분은 건축인테리어업계의 대표이거나 관련기업의 인사 부장쯤 될 것이다. 간혹 유학이나 대학원 진학, 편입을 목표로 하는 친구들은 평가받아야 할 대상이 교수일 수도 있다. 결국 그들이 필요로 하는 사람의 메뉴에 맞는 내용들로 잘, 효과적으로 구성하면 된다.

사실, 위의 얘기는 도덕교과서(?)에 다 나올 법한 말이다. 굳이 관련서적을 읽지 않더라도 마우스 클릭 몇 번 만으로도 이러한 질문들에 대한 답과 유사한 내용을 쉽게 찾아 볼 수 있다. 표현의 세련됨에 있어 차이가 있긴 하지만 알맹이는 다 거기서 거기다. 누가 그걸 모르나 싶다. 그런데 그게 생각만큼 잘 안 된다는 게 문제다. 내용이 뛰어나야 된다는 것은 당연한 이야기이고 이 부분은 본인의 노력과 실력으로 다져야 하는 부분이니 어느 누구도 도와줄 수 없다는 점은 분명하다. 열심히 실력을 쌓고 열심히 디자인하여 좋은 결과물들을 많이 만들어 질 좋은 소스들을 최대한 많이 보유하는 것이 결국 보는 이의 눈과 마음을 움직이게 하는 기본이 된다. 다만 여기서 이야기하고 싶은 것은 그 소스들을 어떻게 포장하고 다듬을 수 있을까에 관한 부분이다.

그 전에 하나 염두에 둘 것은 어떤 포트폴리오에도 정석이나 형식은 존재하지 않는다는 거다. 지금부터 이야기하는 것들은 직, 간접적인 경험을 토대로 여러 포트폴리오를 보면서 아쉬운 점이나, 좋은 내용물을 가지고 있음에도 잘 포장하지 못해 안타까운 부분들을 중심으로 설명한 것이므로 본인의 자유로운 포트폴리오 구성에 참고하는 정도로만 받아들이고 형식에 구애받지 않는 자신만의 개성 넘치는 포트폴리오를 만드는데 조그만 도움이 되었으면 한다.

포트폴리오는 자기만족이다?

포트폴리오는 만드는 사람이 주인인 동시에 주인만 만족시키면 곤란한 작업이다. 자신이 낳은 자식처럼 소중한 작업결과물이긴 하지만 궁극의 목적은 나를 팔아먹기 위해 포장한 또 다른 나의 분신이다. 그 분신은 나의 전체 모습 중에서 내가 갈고 닦은 어느 한 특정 분야에 집중되어 창조된 한 단편이며, 그 단편을 목적한 대상이 마음에 들어 해서 '나'라는 인적 자산을 사줬으면 하는 목적으로 만들어진 결과물이다. 그럼에도 불구하고 많이들 착각하고 있는 것 중 하나가 마치 작품집 하나 묶어내는 것처럼 자신의 잣대와 자신의 취향만으로 포트폴리오를 디자인한다는 거다.

자신의 작품을 묶어 한 편의 자료집처럼 만드는 작업은 당연히 뿌듯한 일일 테지만 포트폴리오는 불특정 다수가 보도록 편집된 '작품집'이 아니다. 범위가 한정된 목적대상에게 보여주고 평가받고 인정받기 위한 '전략서'이다. 그러기 위해서는 당연히 작업물의 포커스도 그 목적대상에게 집중되어져야 한다. 그 목적한 대상이 교수이면 그 대학 전공의 평가기준에 어필할 수 있도록, 기업의 오너이면 그 기업의 인재평가기준에 어필할 수 있도록 포커스를 맞추어야 한다. 자신이 해 놓은 작품들을 단순히 그럴싸하게 편집해 묶어놓은 개성 없는 포트폴리오는 그래서 별로 맛깔이 나지 않는다.

이력서나 자기 소개서 같은 단순매체로 표현하기 힘든 자신만의 생각과 개성이 효과적으로 표현되어야 포트폴리오에서 자신만의 잠재가치를 느끼게 할 수 있다. 포커스를 어디에 두느냐에 따라 자신에 대한 비전이나 소개의 관점도 달라질 수 있으며 자신의 작품들 중 어느 부분을 부각하고 생략해야 하는지도 자연스럽게 정해진다.

"단순히 예쁜 포트폴리오는 이제 가라!"

프로필은 사기다?

일반적으로 포트폴리오 제일 첫머리에 자신을 소개하는 내용이 많이들 들어간다. 자신의 포부나 비전을 시적으로 표현하기도 하고 이미지로 강력하게 어필하기도 한다. 단순히 자신의 이력이나 학력, 진행했던 작품들을 나열하기도 한다. 줄줄이 나열하는 것은 일반적인 이력서나 자기 소개서에 기록

해도 충분하므로 포트폴리오에서는 좀 더 시각적인 방법을 이용해서 눈길을 끌 수 있도록 유도하기도 한다.

중요한 것은 얼마나 잘 포장하는가이다. 거짓말을 하지 않되 어느 정도의 과장이 필요하기도 한 부분이다. 사실, 학생들을 가르쳐 보면 이 부분에 대해 도덕적이지 못하다고 생각하는 경우가 종종 있는데 이렇게 생각해 보면 어떨까?

누군가가 일이 하기 싫어 직장생활을 때려치우고 6개월간 놀았다고 가정해 보자. 자신의 경력 사이에 방탕한 생활을 한 6개월 간의 공백기가 있었다면 그 부분이 마이너스로 작용될까봐 경력에서 빼는 것이 일반적이겠지만, 남들이 경험하지 못한 6개월의 방탕기(?)에서 얻은 무언가를 훨씬 개성 있게 표현하는 모험은 어떨까? 이 부분이 오히려 플러스알파가 될 수도 있다는 사고의 전환이 필요하다.

화려한 프로필(profile)만이 프로필은 아니다. 사랑에 실패해 본 사람만이 이성에 대해 더 잘 알 수 있고 고통에 대한 내성도 더 강해지는 법이다. 성공한 연애담만 주절주절 떠들어 대면 듣고 있는 이는 거부감을 느끼기 마련이다.

한 가지 예를 더 들어보자. 부유한 집안에 태어난 덕으로 2개월 동안 어머니 손잡고 유럽여행을 다녀올 기회가 있었다고 가정해 보자. 보통은 전공 관련 프로필에 놀러갔다 온 걸 집어넣는다는 것이 이상하게 생각될지 모르지만 왜 이 2개월을 '유럽건축기행'이라고 포장하지 못하는가? 수많은 건축물들을 경험했을 것이고 하다못해 멋들어진 호텔방의 인테리어라도 구경해 보았을 것 아닌가? 이 경험이 오히려 호텔을 전문으로 하는 인테리어 사무소에서 필요한 포인트가 될 수도 있다는 것을 생각해 보면 때로는 선의의 과장이 프로필을 빛나게 할 수도 있다. 그래서 지금도 강의 중에 꼭 한번씩 하는 말이 있다.

> "어차피 디자이너는 사기꾼 이다. 가능하면 얼마든지 선의의 사기꾼이 될 용기를 길러라."

과정이 중요한가? 결과가 중요한가?

설계를 하거나 디자인을 할 때 가장 많이 언급하는 화두이다. 답은?

둘 다 중요하다. [개인적으로는 결과물이 5% 정도 더 중요하다고 생각한다. 화려한 이력과 뛰어난 논리력을 지닌 언변이나, 출중한 스케치력과 바위 같은 진지한 태도가 간혹 결과물까지 다르게 보이도록 마술을 부릴 때도 있기 때문에 책을 보면 되도록 결과 먼저 보고 누가 디자인했는지, 어느 작품이 공모전 수상작인지 작품을 먼저 본 뒤에 확인하는 버릇이 있다]

그렇다면 당연히 포트폴리오에 들어가는 내용에도 과정과 결과가 모두 담겨있는 것이 좋다. 문제는 여기서 이 글의 첫 부분에 언급한 디지털화의 맹점이 나타날 수 있다. 손으로 작업하는 과정이 뭉텅 잘려나가고 바로 컴퓨터로 결과물이 나오는 경우가 많다 보니 과정상의 소스들을 포트폴리오

포트폴리오를 만들기 위해 습관이 되면 좋은 것들

1 디자인 중의 모든 작업과정에 대한 흔적들을 버리지 말고 모아두어라. (스캔 받아 두는 것이 최고다.)

2 최종모형은 말할 것도 없고 스터디 모형들은 귀찮더라도 꼭 사진으로라도 남겨두어라. (최종 모형보다 스터디 단계의 모형이 훨씬 호소력 짙은 경우가 많다.)

3 설계과정 중의 도면들은 꼭 스크랩해두어라. (사본보다 원본의 가치가 항상 더 높기 마련이다.)

4 디지털화된 소스들은 꼭 여러 저장매체에 분산해 보관하라. (데이터 날려 먹고 하소연하면 팔불출 소리 듣는다.)

5 기사화되거나 공모전에서 수상한 자료는 증빙서류를 꼭 챙겨라. (증명되지 않으면 믿지 않는 게 사회다.)

에 넣으려야 넣을 것도 없어지는 상황이 발생한다. 어느 정도 능력이 검증된 사람의 포트폴리오라면 굳이 과정을 생략하여 포트폴리오를 만들더라도 평가하는데 무리가 없을 수 있지만 신입 디자이너들의 포트폴리오를 보는 평가자는 [수준 낮은 평가자가 아니라면] 그 잠재가치를 더 우선순위로 평가할 것이므로 그만큼 과정에 대한 표현이 포트폴리오안에 녹아 있어야 한다.

저명한 잡지나 디자인 서적들의 편집기술을 흉내 내보자

사실 인테리어 디자이너는 건축물의 내부공간을 중심으로 공부하고 디자인하는 분야이다. 디자인 작업에 대한 결과물을 표현하기 위해 패널이나 보고서, PT 관련 매체를 통해 간단한 편집 작업을 경험해 보긴 하지만 편집디자인에 대한 제대로 된 이론이나 실제를 접해 볼 기회가 거의 없는 것이 일반적이다. 나름대로 디자인 전반에 대한 안목이나 감수성이 뛰어나다고 해서 본인의 경험 치로만 포트폴리오를 디자인하다가는 낭패를 볼 수 있다. 주위에 포트폴리오를 준비하는 과정을 지켜보면 대부분이 자신의 작품소스만 들고 모니터와 씨름하는 경우가 많다. 좀 심하게 말해 맨땅에 헤딩하는 식이다. 이래서는 곤란하다.

포트폴리오를 구성하는 방식에 따라 특별히 레이아웃에 집중하지 않아도 되는 경우가 있을 수 있겠지만 거의 대부분의 포트폴리오는 눈을 즐겁게 하고 작품을 돋보이게 하기 위해 어느 정도의 편집기술을 필요로 한다. 그렇다고 멋진 레이아웃을 만들어내기 위해 편집디자인을 완전히 새로 공부할 수도 없지 않겠는가. 이에 대한 차선책이 소위 '모방'이다.

디자인하는 사람들에게 있어 듣기 거북한 단어 카테고리의 대표 주자가 바로 표절이나 모방이다. 실제로 모방이나 표절로 판명된 작품 때문에 작가의 이미지가 실추되고 도덕적 책임으로까지 확대되어 사회적 이슈가 되기도 한다. 유명가수가 이미 알려진 다른 노래의 일부를 표절해 삽시간에 가수의 생명이 끝나버리기도 한다. 그럼에도 불구하고 모방이 필요하다고 주장하는 이유가 뭘까? [사실, 모방과 표절은 의미상 구분이 있다. 사전적 의미로 모방은 다른 것을 본뜨거나 본받는 행위를 일컫는 말이고 표절은 작품의 전체나 일부를 그대로 들어내서 사용하는 행위이다. 그러므로 모방은 표절에 비해 교육적 차원에서는 조금이나마 발전적 의미를 가진다고 볼 수도 있다]

응용디자인 분야에서 실제로 제로에서 출발해 퍼펙트를 만든다는 것은 거의 불가능하다. 간혹 한 시대의 혁명을 일으킬 만한 천재가 나타나 듣지도 보지도 못한 디자인을 창조하지 않으리란 법은 없겠지만, 인간이 생겨난 이래로 활자가 생기고 기록 도구들이 생기면서 수천 년 동안 내려온 역사의 결과물들은 거의 대부분이 그 전 시대나 동시대의 경험들을 토대로 발전시켜 온 '모방을 통한 응용의 역사'라고 해도 과언이 아니다.

너무 거창하게 이야기가 커졌지만 결론적으로 얘기해 디

포트폴리오의 레이아웃을 만들기 위한 훈련

1 잡지책이나 브로셔, 디자인 서적 등 레이아웃에 관련된 자료들은 최대한 많이 보고 분석해 보라.

2 트레이싱지로 잘 된 레이아웃을 한 번 베껴보라. 그러면 서체의 크기, 면의 분할, 비례, 대칭과 비대칭, 균형, 통일, 긴장, 전체 구성의 흐름 등이 보인다.

3 잘 된 레이아웃에 사용된 색채를 최대한 똑같이 적용해 보라. 몇 번 훈련하고 나면 굳이 이론적인 색채학을 통하지 않고서도 각각의 색상들의 배치, 충돌, 조화 등을 느낄 수 있을 것이다.

4 전공 포트폴리오 샘플을 구할 수 있으면 최대한 많이 보라. 보면 볼수록 흉내 낼 것 같아 불안해 할 수도 있지만 많이 보면 볼수록 나만의 포트폴리오는 어떤 개성을 가져야 하는지 느낄 수 있다.

5 관련 디자인 분야의 포트폴리오도 찾아보라. 전공분야의 포트폴리오에서 느낄 수 없었던 새로운 시도나 감각을 경험할 수 있다. 20세기가 학문을 쪼개는 시대였다면 21세기는 관련분야간의 경계를 무너뜨리는 시대가 아닌가!

자인도 모방을 통한 재탄생이나 기존의 디자인을 응용한 제안도 분명히 필요하다는 얘기를 하고자 함이다. 모방이나 응용이 잘못된 것이라면 설계사무실의 그 수많은 작가의 작품집들 또한 불에 태워 없애야 하지 않겠는가? 베끼라는 말이 아니다. 기존의 잘 만들어지고 아름답게 디자인된 좋은 참고자료들이 주변에 널려 있으므로 그들을 최대한 많이 접하고 흉내 내고 응용하는 훈련을 통해 눈높이를 올릴 필요가 있다는 말이다. 하물며 편집디자인을 공부하지 않은 상태에서 자신의 편집물을 만들어야 하는데 왜 그리도 자신만만하게 자신의 어설픈 눈높이로만 포트폴리오를 디자인하는지 답답함을 느낄 때가 많다.

하나 더 확실히 할 것은 도서관이나 서점에서 수많은 자료들을 접하고 감동받고 는 제자리에 꽂아 두고 집에 와서 혼자 끙끙대는 어리석은 행동은 절대로 하지 말기를 바란다. 자신의 작업 도중 고개만 돌리면 그 감동들이 눈에 띌 수 있도록 자료들을 늘어놓고 작업해야 한다. 작업하는 책상을 쓰레기장으로 만들더라도 주변에 깔아놓고 참고하고! 모방하고! 응용하라!

일관성을 유지하라

포트폴리오의 마지막 장을 덮었을 때 무엇이 남아 있어야 할까? 여러 포트폴리오를 보고 나면 그 전에 봤던 포트폴리오

일관성을 만들어내는 레이아웃 요소들

1 각 페이지의 포맷

2 사용되는 폰트의 종류와 크기

3 표지와 내용의 조화

4 작품 배열의 구성방식

5 간지 디자인

의 내용들이 머릿속에서 뿔뿔이 흩어져 스멀스멀 사라져 버리는 경우가 많다. 하루에 여러 편의 영화를 보고 나면 처음 봤던 영화가 잘 기억나지 않는 것과 동일한 이치이다. 그렇다면 어떤 방식으로 포트폴리오를 구성해야 보는 사람으로 하여금 오래도록 강하게 각인될 수 있을까? 여러 방법이 있지만 그 중 하나가 일관된 맥락을 만드는 일이다. 작품 내용을 일관성 있게 만드는 것이 가장 확실하긴 하겠지만 사실 기성 작가가 아닌 다음에야 디자인된 작품 소스들이 동일한 디자인철학 안에서 작업되었을 리도 없고 다양한 가능성의 관점으로 볼 때, 바람직하지도 않다. 결국은 이러한 개성 넘치는 작품들을 하나로 묶어 줄 수 있는 레이아웃 요소들을 일관성 있게 디자인하는 방법이다.

포트폴리오에 형식이나 틀이 있어서는 안 된다는 관점에서 반대로 생각해 보면, 일반적인 규칙을 벗어나 의도적으로 통일된 레이아웃을 깨고 각각의 작품마다 개성 있는 레이아웃을 가지는 것도 방법일 수 있다. 결국 중요한 것은 만드는 사람의 제작의도가 평가하는 이에게 명확하게 전달되어야 한다는 점이고 그 의도가 일관성을 유지할 때 포트폴리오를 만드는 본연의 목적도 달성할 수 있다.

보여주고 싶은 것은 강하게!

자신의 작품들 중 상대적으로 돋보이는 작품도 있고 보이기 부끄러운 작품도 있을 것이다. 모두 다 집어넣는 게 맞을까?

우선 보여주고자 하는 대표적인 작품은 어떤 방식으로든 부각시킬 필요가 있다. 종이의 종류를 달리 할 수도 있고 크기를 달리 할 수도 있다.

하나 중요하게 알아야 할 점은 '궁금증'을 유발해야 한다는 것이다. 단순히 잘 된 작품 잘 편집해서 싣는 것이 다는 아니다. 의도적으로 무엇을 뜻하는지 정확히 보여주지 않고 실마리만 보여주는 것도 보는 사람으로 하여금 관심을 끌게 만들 수 있는 좋은 방법이다.

누구에게나 털어서 먼지 안 나는 사람 없고 장, 단점 없는 사람 없다. 어디까지 자신을 노출시킬 것인지, 어떤 장점을 부각시킬 것인지 전략적으로 판단해서 구성하는 것이 포트폴리오를 만드는 가장 기본적인 뼈대가 되어야 한다.

일반적인 포트폴리오를 보면 시기별로 과거에서부터 현재까지 작업한 것들을 연대기식으로 구성하는 경우가 많은데 정말 재미없는 포트폴리오를 만드는 것이 목적이라면 그리 하라. 포트폴리오 전체를 하나의 음악이나 영화라고 생각하고 시작을 무엇으로 해서 어떤 리듬을 타고 마지막은 어떻게 만들어야 할지 고민부터 하고 때깔은 그 다음에 내자.

궁금하게 하라

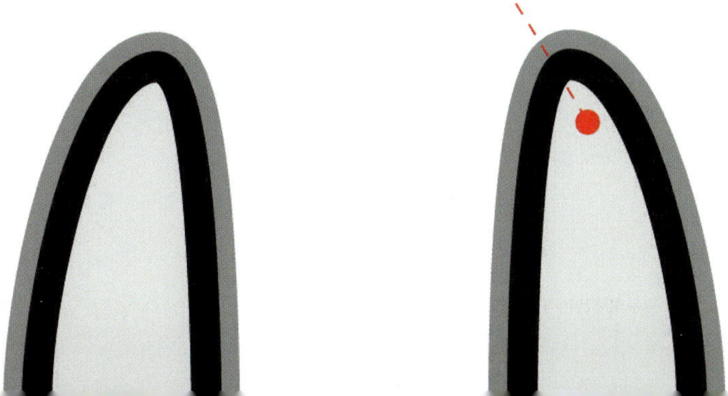

강하게 보여줘라

패널 만들기

디자인 작업 결과를 보여주는 방법은 무궁무진하고
그 중 가장 전통적인(?) 도구가 패널이다.
도면 한 장 딸랑 들고 가서 클라이언트를 마주 하는 무성의한
디자이너도 없진 않겠지만, 이는 클라이언트에게
무성의한 것이 아니라 자신의 디자인 자체를 무성의하게
취급하는 것과 같다.

자신의 디자인을 팔고 싶다면 제품판매를 위한
쇼케이스를 꾸미듯 패널을 만들어라.

1990년대 중반만 하더라도 대학이나 실무에서 디자인 작업의 최종 표현수단으로 패널(panel)을 만들게 되면 거의 99%가 손으로 이루어지는 수작업이었다.

21세기를 살고 있는 지금 빌게이츠(Bill Gates)나 스티브 잡스(Steve Jobs) 같은 천재들의 덕분으로 개인이 떡 주무르듯 할 수 있는 개인용 컴퓨터가 보급되고 이에 따른 수많은 관련 프로그램들이 개발되어 디자인 관련 분야 뿐 아니라 미래 성장 산업의 대부분에 엄청난 파급효과를 불러 일으켰다. 건축 분야의 대표적인 도면작성 프로그램인 오토캐드(auto cad)를 비롯해, 포토샵(photo shop)으로 대표되는 전문 그래픽 프로그램, 일러스트레이터(illustrator), 코렐드로우(corel draw) 등의 그래픽 및 레이아웃 전문 프로그램, 쓰리디맥스(3dsmax) 등의 3차원 모델링 및 랜더링 프로그램들이 개발되면서 손으로 전문적인 투시도를 그려서 먹고 사는 직업은 멸종(?)되었고 전문 CG관련 회사들이 새로 탄생하게 된다.

참 편리하고 좋은 세상이면서도 인간미 떨어지는 세상이 되어 버렸다. 어쨌든 이런 대세에 발맞추어 대학에서도 거의 대부분의 작업 결과물은 위에서 언급한 프로그램들을 이용해 교육하고 있다. 이러한 각각의 결과물들을 한 눈에 볼 수 있도록 요약해 종합적으로 표현하는 매체 중 하나가 바로 패널이다. [이런 페이퍼 작업조차도 낭비라고 생각해 프로젝터를 통해 시연하는 경우도 적지 않지만, 전자책보다 인쇄된 책을 선호하고 모니터로 보기보다는 출력해서 봐야만 마음이 편한 세상에서는 여전히 페이퍼 작업이 대세다]

산업디자인, 제품디자인, 시각디자인, 캐릭터디자인, 건축디자인, 인테리어디자인 등등 거의 모든 디자인 분야에서 패널은 작품의 마지막 표현수단으로 일반화되어 있고 이를 이용해 각종 공모전에 출품하고 클라이언트에게 설명하기 위한 프레젠테이션 자료로 활용한다. 당연히 각 분야에 따라 패널에 대한 표현기술이나 종류, 내용의 중요도 또한 달라진다. 그렇다면 인테리어디자인 분야에서 만들어지는 패널에는 어떤 종류가 있고 무엇이 중요할까?

대학의 설계프로젝트 패널

하나의 주제가 주어지고 그 주제에 맞춰 작업한 디자인 결과물을 평가하기 위해 제작되는 패널로 다음과 같은 내용들이 들어가게 된다. 경우에 따라 일부 내용은 생략되기도 하지만 디자인 결과물의 효과적인 프레젠테이션을 위해 일반적으로 표현되는 항목들을 요약해 보면 다음과 같다.

- 작품개요(Background)
- 조닝 및 동선(Zoning & Circulation)
- 개념(Concept)
- 평면도(Floor Plan)
- 전개도, 입면도(Elevation)
- 단면도(Section)
- 상세도(Detail)

- 투시도(Perspective) 또는 투상도(Isometric)
- 색채 및 마감재료(Color & Material Plan)
- 모형사진(Model Photos)

작품개요

자신이 디자인한 작품의 배경과 전체적인 상황을 설명하기 위한 작업으로, 디자인하는 곳의 업종, 위치, 향, 주차, 진입, 주변상황 등 외부적 요인을 체크하고 디자인하는 내부공간에 관련된 면적, 내부현황, 구조 등을 설명하는 것이 일반적이다. 이와 함께 작품의 주제를 정하고 전체 디자인을 풀어나가기 위한 당위성과 개념을 잡기 위한 조건들을 설명한다.

조닝 및 동선

디자인하고자 하는 공간의 기능에 부합하는 전체 동선과 공간분할에 대한 설명으로, 사용자를 기능별로 분류하여 각각의 동선을 시뮬레이션해보고 가장 합리적인 체계를 만들어 낸다. 또한 디자인하는 공간이 심리적, 기능적으로 효율적인 구성이 되어 있는지 검증해보고 이를 일목요연하게 시각적으로 표현한다.

개념

디자인을 진행하는데 있어 가장 중요한 항목으로 디자인의 전체적인 방향을 이끌어 나가는 지침이 된다. 보통 프로젝트 진행 스케줄에서 개념표현에 대한 비중을 잘못 다루는 경우들이 많은데 이는 자신의 디자인을 짧은 시간에 어필해야 하는 관점에서 볼 때 잘못된 방법이다. 많은 디자이너들이 도면이나 투시도 등의 비주얼적인 처리에는 거의 대부분의 시간을 할애하면서도 개념 표현에 대한 투자는 인색하다. 하지만 평가자는 작업한 당사자에 비해 짧은 시간에 패널을 보고 판단하게 되므로 개념을 가장 먼저 보고 가장 중요하게 생각한다는 점을 인식해야 한다.

물론 도면이나 다른 표현매체에 개념이 녹아들어 있긴 하지만 직접적이고 명확하게 디자이너의 의도를 짧은 시간 내에 보여 줄 수 있는 가장 강력한 도구는 디자인개념의 효과적인 표현기술이다. 디자이너가 풀어낸 사고를 정리하여 어떻게 효과적으로 표현해 낼 수 있는지 많은 고민이 필요한 작업이므로 어쩌면 가장 많은 고민과 시간을 필요로 하는 작업이라고 볼 수 있다. 이는 대학에서 프로젝트를 진행할 때뿐만이 아니라 공모전, 또는 실무의 제안 작업에서도 똑같이 적용된다.

평면도, 입면도

패널에 표현되는 도면은 실제 공사에 바로 적용하기 위한 도면이라기보다 전체 공간 구성을 알기 쉽게 이해시키는데 그 목적이 있다. 그러므로 실시도면에 나타나는 각종 공사용심벌이나 구체적인 재료의 표기, 자세한 치수 등은 오히려 도면을 읽는 데 방해가 될 수 있으므로 생략하는 것이 바람직하다. 다만, 종종 빼먹고 실수하는 것 중 하나인 스케일은 꼭 표기해야 한다. 1/100, 1/50 등의 숫자로 표현되는 스케일이나 적정 스케일로 표현하기 힘든 경우에는 '바 스케일'(bar scale) 등의 방법으로 공간의 상대적 크기를 읽어 낼 수 있는 정보를 꼭 제공해야 한다.

단면도

실내건축에서는 상대적으로 다른 도면들에 비해 비중이 낮다고 생각하는 도면이 단면도이다. 이는 실제 실무에서 디자인되는 범위가 한 개 층에 국한되는 경우가 많아 그렇게 볼 수도 있지만 자세히 뜯어보면 한 개 층 안에서도 단면이 가지는 의미는 크다. 공간의 수평읽기 방식인 평면도와 더불어 '수직적 공간읽기'가 가능한 도면이 바로 단면이고 이는 한 개 층 안에서도 큰 중요성을 가진다. 간혹 인테리어디자이너들 사이에 단면도를 잘 읽지 못하거나 표현하기 난감해 하는 경우가 있는데, 난감해 할수록 그 공간도 재미없고 난감해질 수 있다는 점을 꼭 기억할 필요가 있다.

상세도

상세도를 이야기하면 일반도면의 축적으로 표현의 한계가 있는 경우를 확대해서 표현하거나 시공자가 제대로 시공할 수 있도록 설명하는 도면으로만 생각하는 것이 일반적이나, 사실 디자인의 관점에서 상세도는 실내건축의 마지막 화룡점정이라고 볼 수 있다.

거시적인 공간디자인에서 마지막 완성도를 높이기 위한 세심한 디자이너의 손길이 묻어나는 곳이 바로 상세도를 통해 나타날 수 있고 결국 이러한 상세도를 통한 시공의 마무리 작업이 일반인의 눈에 쉽게 들어오기 마련이다. 그러므로 디자이너가 표현하고자 하는 창의적 디자인이 상세도를 통해 표현할 수 있도록 노력하여야 한다.

투시도와 투상도

우리나라 학생들이 설계 과정에서 주로 목숨거는(?) 작업 중 하나가 바로 투시도이다. '투시도는 맥스'라는 등식이 형성될 정도로 특정 프로그램을 이용한 효과적인 표현에 치중하는 경우가 많은데 프로그램의 기술적 표현 방법에만 집중한 나머지 투시도 원래의 목적을 잘못 이해하면 소위 '앙꼬 없는 찐빵'이 될 수 있다. 투시도 작업의 근본 목적은 설계한 공간을 실제 크기로 지어 볼 수 없기 때문에 디자인한 공간을 가상적으로 체험해 보고 디자인 의도와 제대로 맞아떨어지는지 확인하기 위함이다. 이러한 원래의 목적을 간과하고 단순히 보기 좋은 뷰를 잡는다거나 실제 사람이 볼 수 없는 위치에 카메라를 두는 실수를 해서는 곤란하다. 또한 디자이너가 보여주고자 하는 포인트가 어디인지 알기 어려운 산만한 뷰를 잡아 보는 이로 하여금 무엇을 보아야 하는지 혼란스럽게 만드는 경우도 피해야 한다.

투시도는 결국 공간을 시각적으로 읽어내기 위한 도구이다. 그러므로 어느 특정 프로그램의 기술적 표현에 집착할 바에는 차라리 과거의 손 투시도가 훨씬 강력한 도구가 될 수 있다. [프로그램의 현란한 시각적 효과로 인해 본질을 꿰뚫어 보는 능력을 가지지 못한 질 낮은 평가자가 많은 것도 문제긴 하지만] 투상도와 마찬가지로 투시도도 디자인을 설명하고 있어야 한다는 점을 잊지 말아야 한다.

투상도는 투시도에 비해 훨씬 더 서술적이다. 투시도를 문학으로 비유해 볼 때, 시에 비유한다면 투상도는 단편 소설에 가깝다. 그만큼 작품 패널에서 가장 쉽게 작품을 이해시킬 수 있는 도구가 투상도이다. 단위 공간끼리의 상관관계와 기능적 분배 관계, 동선체계, 심리적 공간위계를 한 눈에 확인할 수 있는 방법은 모형 다음으로 투상도가 가장 쉬운 표현 방법이라고 볼 수 있다.

모형사진

기본적으로 패널에 개념모형 등의 디자인 의도를 설명하기 위한 목적 이외의 모형사진은 들어가지 않는 것이 가장 바람직하다. 모형은 실제 공간의 축소판이다. 그러므로 직접 보고 체감하는 것이 모형작업의 목적이다. 그럼에도 많은 학생들

전시공간 작품전시 부스

이 멋들어지게 잘 찍은 모형사진을 패널에 집어넣는다. 왜? 패널의 빈자리를 메우기 위해서…
하지만 모형사진이 필요한 경우가 있다. 모형을 직접 보여줄 수 없는 경우이거나 모형에서 보여주고자 하는 특정 뷰 포인트를 설명하고자 할 때이다. 이는 디자인한 자신이 가장 잘 안다. 디자인을 처음 보는 사람이 이러한 디자이너의 의도까지 모형에서 바로 파악하기란 쉽지 않다. 이럴 경우를 위해 설명하고자 하는 부분을 카메라에 담아내는 수고가 필요하다.

공모전 출품용 작품패널

일반적인 패널제작 내용과 큰 차이를 보이지는 않지만 주제의 효과적인 설명과 개념의 논리적 프로세스에 훨씬 비중이 높다. 공모전 출품은 결국 당선을 최종목적으로 하는 작업이므로 심사위원이 무엇을 중요하게 보는지에 포커스를 맞추어 작업하는 것이 당연하다. [사실, 건축분야와 달리 실무에서 인테리어 공모전을 통해 설계권을 얻을 수 있는 경우는 그다지 많지 않다. 대부분이 수위계약이거나 지명입찰 정도이고 디자인을 통한 경쟁입찰은 찾아보기 힘든 것이 현실이다. 그래서 대부분의 인테리어 공모전은 학생 공모전이라고 봐도 무방하다] 공모전 심사위원들의 판단기준을 간단히 살펴보자.

Thema _ 디자인 주제가 무엇인가?

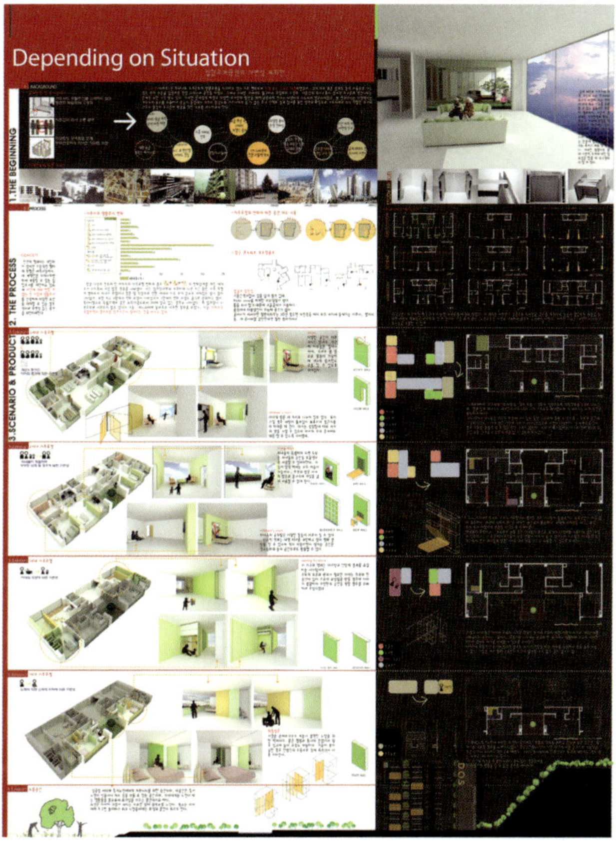

실내건축 관련 공모전 출품작 - 김수연, 이준영, 정효진 作
기존 아파트의 구조방식을 변경함으로써 세대별 Needs에 맞추어
다양한 공간을 구성할 수 있다는 아이디어를 표현한 작품

Concept _ 개념을 풀어가는 논리에 비약은 없는가?
Design _ 개념에 맞게 제대로 혹은 잘 디자인되었는가?

아이디어 경쟁이 먼저이고 그 다음이 디자인 경쟁이다. 시원찮은 아이디어에 그럴듯한 디자인과 기발한 아이디어에 좀 떨어지는 디자인이 있으면 일반적으로 심사위원은 후자 쪽에 손을 드는 경우가 많다. 다 잘하는 것이 가장 좋겠지만 굳이 상대적인 비중을 놓고 보자면 주제와 개념표현에 더 무게를 실어 패널을 구성하는 것이 공모전 패널을 구성하는 전략일 수 있다.

실무용 패널

실제 실무에서 제작되는 패널은 클라이언트에게 보고하기 위한 용도로 사용되는 보드(board) 작업과 제안 작업의 최종 PT용으로 사용되는 패널이 있다. 보고 목적으로 만들어지는 패널은 클라이언트가 보기 쉽도록 여러 장의 작은 패널로 쪼개어 표현하는 경우가 많다.

1. 보고용 패널
- 현황 보드
- 도면 보드
- 마감재료(material) 보드
- 투시도 보드

현황보드

공사에 관련된 전반적인 규모, 면적, 기능, 요구사항 등을 설명하는 보드로써 클라이언트에게 전체적인 정보를 전달하는 것이 목적이다.

도면보드

클라이언트와 협의를 진행하는데 있어 가장 중요한 평면도를 중심으로 구성하는 경우가 많다. 실의 크기, 위치, 동선 등에 대한 의견을 조율하는 목적이 우선이므로 이해가 쉽도록 적당히 비주얼한 효과가 들어간 도면으로 제작된다.
우리나라의 경우, 유독 도면의 사실적인 컬러링에 신경을 쓰는 경우가 많은데, 이는 클라이언트의 이해를 돕고자 하는 1

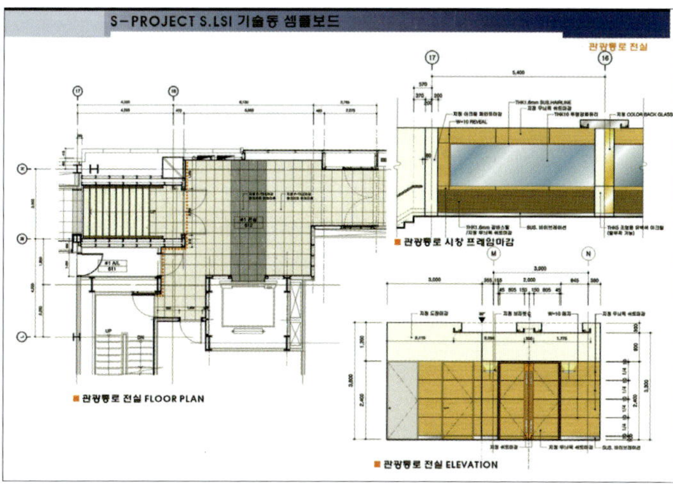

도면보드 도면에서 공간의 분위기를 어느 정도 상상할 수 있는 정도로 마감재료 및 색상효과를 나타내는 것이 바람직하다.

위_ 샘플보드
위 경우는 일반적인 샘플보드와 달리 약식으로 표현된 경우인데, 도면과 투시도, 마감재료를 하나의 보드에 같이 표현함으로써 PT과정에서 클라이언트의 빠른 이해를 가능하도록 한 사례이다.

아래_ 투시도 보드
클라이언트에게 가장 효과적인 어필이 가능한 자료이므로 미묘한 분위기의 차이를 최대한 실제상황과 가깝게 묘사해야 한다.

차적인 목적 때문이기도 하지만 과도한 컬러링은 오히려 유치해 보일 수 있으므로 분위기를 느낄 수 있는 정도의 가벼운 터치나 추상적인 심플한 표현이 공간을 읽어내기에 더 유리할 수도 있다는 점을 이해할 필요가 있다.

마감재료 보드

공사에 사용하고자 하는 마감재 샘플을 꼴라쥬해서 배치한 보드로 클라이언트에게 보다 쉽게 재료의 물성과 질감, 색감 등을 설명하기 위한 용도의 보드이다.

투시도 보드

클라이언트가 가장 쉽게 이해할 수 있는 매체로 실제 디자인된 내부 공간이 어떻게 느껴지는 지에 대해 간접적으로 이해할 수 있다.

2. 제안용 패널

클라이언트에게 제안하기 위한 목적으로 제작되는 패널은 딱히 형식이 존재하지 는 않지만, 위에서 언급된 항목들을 시각적으로 일목요연하게 정리해서 보여줄 필요가 있다. 디자인한 내용물만 좋으면 된다고 패널디자인을 가볍게 생각하지 마라. 클라이언트는 의외로 디자인의 내용만큼 패널의 시각적인 효과에도 마음을 움직일 때가 있다. 그만큼 클라이언트를 유혹(?)할 수 있는 패널구성에도 신경을 써야 한다. 모 대규모 설계사무소의 공동으로 제안용 패널작업을 할 때 경험담인데, 출력되는 용지의 재질, 출력물을 부착하기 위한 전체 디자인을 풀어 나가기 위한 중심내용을 정리한 것으로 보통, 설계개요, 디자인개념, 색채개념, 마감재에 대한 설명과 이미지들로 구성된다. 클라이언트에게 전체 presentation의 윤곽을 설명해 주기 위한 뼈대가 된다.

인테리어 개념을 공간별로 나누어 설명하면 클라이언트가 이해하는데 도움이 된다. 간단한 설명과 시각적인 자료들로 공간개념의 이해를 돕는다.

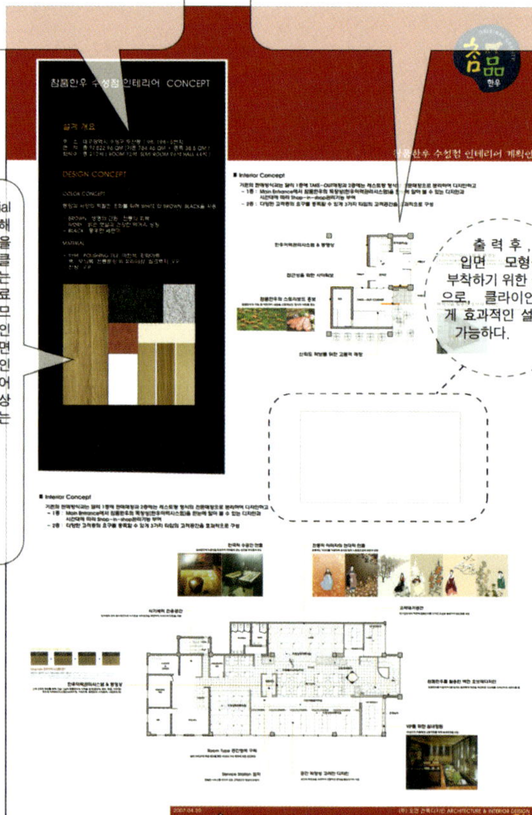

경우에 따라, Material Board를 따로 준비해 실제 사용되는 샘플을 부착해 설명함으로써 클라이언트의 이해를 돕는 경우도 있다. 모든 재료를 다 보여줄 수 없으므로 디자인의 주요 포인트가 마감재들을 사용면적 비율로 표현하고 인접재료를 같이 보여주어 전체적인 분위기를 상상할 수 있도록 구성하는 것이 중요하다.

출력 후, 입면 모형을 부착하기 위한 공간으로, 클라이언트에게 효과적인 설득이 가능하다.

패널의 머리부분은 프로젝트명과 주제를 포괄할 수 있는 소제목이 오고 패널하단부에 디자인한 업체의 이름과 정보, 날짜 등을 기입한다.

도집과는 달리, 프리젠테이션을 위한 보드를 제작하는 경우는 모든 도면을 다 표현할 공간이 없으므로 내부공간을 읽을 수 있는 주요 평면도를 보여주고 클라이언트의 이해가 쉽도록 Coloring으로 공간을 구분해주는 것이 효과적이다.

공사용 실시도면처럼 너무 자세한 도면표기나 치수표현은 자제하고 전체적인 공간구성과 가구배치, 바닥재료를 알 수 있는 패턴 등을 알아보기 쉽게 정리해서 나타내는 것이 설명에 효과적이다.

벽체선, 가구, 입면선, 기준선, 치수선 등의 선두께를 적절히 구분하여 표현함으로써 도면을 보는 이로 하여금 명확하게 읽혀지도록 구성하는 것이 바람직하다.

전개도(입면도)는 마감재료의 느낌이나 색채 등을 실제에 가깝게 표현하고 입면상의 입체적인 표현을 위해 음영이나 그림자를 적절히 표현하면 도면을 이해하는데 도움이 된다.

보드의 두께까지도 일일이 신경 쓰고 부하 직원이 잘못 만들어온 패널을 다시 출력해서 붙이라고 돌려보내는 걸 보고, 속으로 '도대체 왜 이런데 에너지를 쏟고 있지? 차라리 이럴 시간에 내용에 좀 더 시간을 써야 되지 않나?'라고 생각했던 적이 있다.

내용보다 형식에 집착하는 이런 사례는 규모가 큰 사무실들이 가진 관리위주의 업무체계에서 흔히 볼 수 있는 풍경이다. 하지만 이를 부정적인 관점으로만 보아서는 안된다. 그런 사소한 부분들이 클라이언트에게 신뢰감을 주는 역할을 할 수도 있기 때문이다.

제안용 패널의 경우는 앞서 얘기한 것처럼 특별한 형식에 구애받지 않으므로 오히려 좀 더 효과적인 비주얼 작업이 가능하다. 간혹 실제 설계내용보다 시각적 표현기술로 인해 클라이언트의 마음을 사로잡는 경우도 적지 않은데, 일반적인 안목을 지닌 클라이언트로서는 디자인 속에 담겨져 있는 깊이 있는 부분까지 이해하기 힘들 수 있다 보니 사무실마다 이런 내용 외적인 부분에 신경 쓰는 것도 당연한 이야기다. 하지만 아무리 화려한 표현기법이 중요하다고 해도 어쨌든 제안용 패널에서 가장 중요하게 생각해야 할 것은 디자인 내용이 얼마나 클라이언트의 이해를 돕도록 구성되어 있는가 하는 부분이다.

모형 만들기

공간에 대한 사고를 발전시키기 위한 과정에서 가장 탁월한 힘을 발휘할 수 있는 도구는 모형이다.
또한 디자인의 최종완성을 가장 효과적으로 보여줄 수 있는 도구 역시 '모형'이다.

모형은 눈 앞에서 볼 수 있는 '삼차원 이미지이기 때문이다.'

만드는 작업이 그리는 작업보다 시간이 많이 걸리는 반면 가장 월등한 디자인 스터디 도구임을 인식해야 한다.

필요한 줄 알면서도 [실제 전혀 필요성을 못 느끼는 디자이너도 많긴 하다] 생각보다 손이 잘 가지 않는 작업 중 하나가 바로 모형작업이다. 설계 작업량 대비 주어진 시간이 절대적으로 부족해서일 수도 있고 모형작업에 익숙하지 않아 모형작업을 통해 공간을 디자인한다는 것을 부담스럽게 생각하기 때문이기도 하다.

그나마 필요성을 느끼기라도 하면 다행인데 모형으로 스터디하는 방법 자체를 이해하지 못하는 경우라면 최악이다. 모형작업을 도면에 대한 결과물 정도로 생각하거나 클라이언트의 이해를 돕기 위한 표현도구 정도로 생각한다면 처음부터 완전히 새로 공부하라.

꽤나 규모가 있는 설계사무소의 프로젝트를 자문할 때의 경험이다. 몇 번의 미팅을 거쳤는데도 계속 도면만 수정해서 가지고 오기에 모형 스터디가 필요한 것 같다고 얘기했더니 도면이 완성되기 전인데 굳이 모형을 만들 필요가 있겠냐고 답하는 담당자의 대답을 듣고 너무 어이가 없어서 더 이상 아무 얘기 없이 그 자리를 나온 경우가 있다.

공간을 창조하는 사람에게 가장 확실한 디자인 도구는 3차원을 표현할 수 있는 도구이다. 가장 좋은 방법은 1대1로 모형을 만들어 보는 것인데 디테일모형을 제외하면 실제로는 거의 불가능한 작업이다. 그 다음으로 좋은 방법이 3차원 시뮬레이션이다. 가상의 공간을 둘러보는 것이 실제 공간이 지어지기 전에 확인해 볼 수 있는 확실한 방법이긴 한데 이런 수고를 하기에는 너무나 기술적인 지식과 인력, 시간 및 장비가 필요하므로 디자이너의 머릿속에서 구상중인 공간을 자유롭게 스터디 하기에는 쉽지 않은 방법이다. 그래서 흔하게들 사용하는 방법이 스케치이다. 어느 정도의 훈련만 거친다면 스케치만큼 빠른 시간 내에 공간을 구체화시키는 도구도 없다.

그렇다면 스케치로 해결하면 되지, 굳이 자르고 붙이고 하는 수고로운 모형작업을 하면서까지 공간을 디자인할 필요가 있을까 싶기도 하다. 하지만 실제로 스케치와 달리 모형은 공간의 연속성을 검증하고 디자인할 수 있는 놀라운 힘을 가지고 있다. 스케치는 실제로 한 시점을 고정적으로 바라보고 느껴지는 공간을 표현한 시간의 축이 빠져있는 작업이고 모형 스터디는 각 공간들마다의 위계와 흐름, 연속성과 시선의 이동에 따른 장면의 변화까지도 느낄 수 있는데다 생각지 못한 공간의 특성까지 확인할 수 있으니, 훨씬 강력한 공간 디자인 도구라고 볼 수 있다.

공간을 파악할 수 있는 가장 효과적인 디자인 도구는 모형이다.

그래도 대부분의 설계자들은 모형을 만들지 않는다. 가장 중요한 이유는 모형을 만들어가면서 디자인한다는 것을 이해하지 못하기 때문이다. 앞서 예를 들었던 것처럼 설계도처럼 뭔가 완성되어야 그 결과를 만든다고 생각하기 쉬운데 이는 마지막에 납품하기 위한 목적으로 제작되는 납품모형이다. 스터디모형은 전혀 다른 의미를 가지고 있다. 펜을 들고 벽을 그리듯이 가위와 칼을 들고 벽을 만들어 붙여가는 디자인도구 중 하나라고 생각해야 한다. 누군가에게 보여주기 위한 모형이 아니라 스스로 공간을 확인해 가면서 발전시키는 디자인 도구라는 점을 확실히 이해해야 모형을 만드는 목적도 이해할 수 있다.

천재가 아니라면 공간을 디자인하기 위해 펜만 들지 말고 칼을 들어라. 자르고 붙이는 과정에서는 공간이 나올 수 있지만 펜으로만 그리다 보면 평면상에서 땅따먹기 하다 끝나버릴 수 있다는 점을 꼭 명심하라.

일단 만들자. 모형은 완결된 형태를 구축하는 작업이 아니다. 생각이 가지를 뻗을 수 있도록 실마리가 될 만한 요소들은 일단 만들고 보는 것이 가장 효과적인 디자인 방법이다.

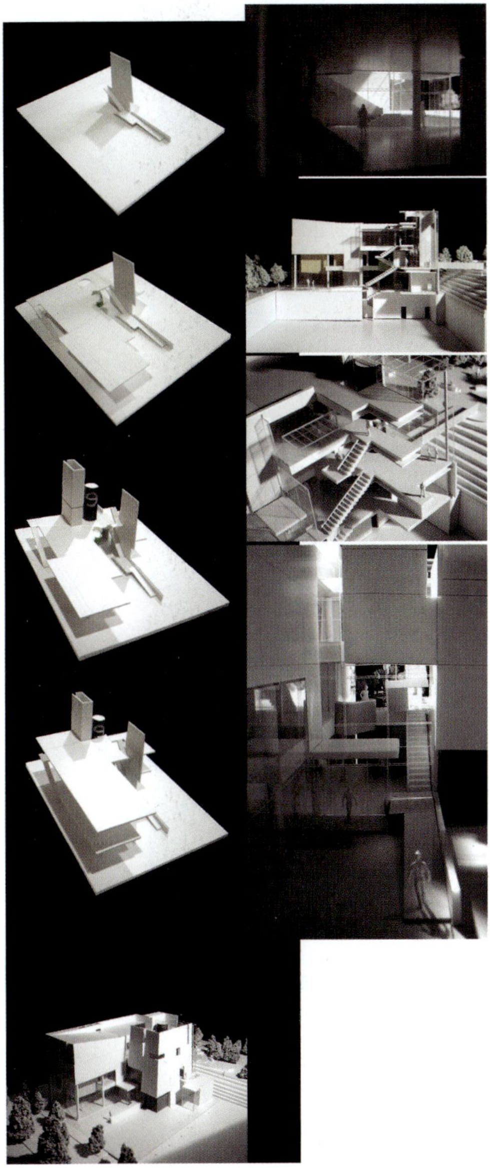

모형으로 디자인하면 보이지 않던 공간도 보이기 시작한다.

5

세상은 어쨌든 권력을 쥔 사람들을 중심으로 움직인다.
디자이너들을 받쳐줄 사회구조가 빈약하다고 한탄하는 수많은
디자이너들이 있다. 그 구조를 뛰어넘어 성공한 사람들을 우상삼아 열심히
자신의 꿈을 다지고는 있지만 한참 먼 꿈이다 싶다.
능력을 지녔는데도 권력이 없어 자기 자리를 못 찾는 바보 아닌 바보들이
많을수록 진화가 덜 된 사회이다.

푸념하지 마라.
디자이너 스스로가 자기 자존심을 지키지 않으면
아무도 자신의 능력을 권력으로 바꿔주지 않는다.

스스로 자존심을 지켜라. 권력을 가진 자로부터 능력을 인정받기만
'해바라기'하지 말고 스스로 자신을 인정하라.

디자이너여, 혁명하라!

디자이너 스스로 바꾸자

디자인의 가치에만
목숨 걸지 말고
디자이너의 가치에도
신경 좀 쓰자!

디자이너여,
혁명하라!

처음 실내건축이라는 학문을 접하게 되면 그 매력에 푹 빠지게 된다. 밤새워 작업하는 것도 즐겁고 자신의 결과물이 만족할 만큼 나오면 학생 때나 사회인이 되어서나 그보다 더 큰 뿌듯함도 없다. 그만큼 재미있는 공부고 즐거운 경험이다. 그리고는 이 습관이 고착화된다.
효율적으로 일하기 위한 시스템이나 제도에 관심을 둘 겨를도 없이 일하는 데만 정신이 없다. 사랑도 멀어지고 가족도 멀어지고 취미도 멀어지고 돈도 멀어진다.

이제 이런 악순환도 슬슬 바꿀 때가 되지 않았나?

디자인 비용 없는 디자인

우리나라에서 실내건축을 직업으로 삼는다는 것이, 특히나 처음 사회에 발을 디딘 초보 디자이너들에게는 얼마나 척박한 환경인지 구구 절절히 설명하지 않아도 관련 종사자들은 다들 경험해 봐서 알 것이다.

하루를 멀다 하고 밤샘작업이고 까다로운 클라이언트를 만나면 여러 차례에 걸친 크고 작은 수정작업으로 모든 에너지를 소모해야 한다. 회사를 이끌고 가는 관리자 입장이 되면 어떻게든 클라이언트의 비위를 맞추어가며 계약을 맺기 위한 모든 수단과 노력을 아끼지 않겠지만 야근 수당도 제대로 없는 사무실에서 월급 받고 일하는 초보디자이너에겐 너무나 가혹한 시련이다.

경험상 큰 기업의 클라이언트들에게서 주로 보여 지는 모습이기도 한데, 이들은 너무나도 디자인작업에 대한 업무량을 쉽게 본다는 거다. 오늘 미팅에서 새로운 요구사항이 떨어지면 내일 반영된 도면이 나올 수 있을 거라 생각한다. 왜냐고? 지금까지 자기가 겪어본 디자이너들이 다 그렇게 비위맞추기에 여념이 없었으니까. 요구사항이 떨어지는 순간, 사무실 직원들은 밤새 불을 밝히고 클라이언트의 마음에 드는 공간을 창조해 내기 위해 코피 터지는 전쟁을 한다. 그게 우리 쪽 분야에서는 당연한 일인데 뭐가 이상하냐고 반문할지 모른다. 정당한 대가만 주어진다면 뭐 이상할 게 있겠냐만 한국의 인테리어 시장이 그렇게 이상적으로 움직이는 구조가 아니라는데 문제가 있다. 아무런 조건 없는 제안 작업[말이 제안 작업이지, 여기에 드는 노동력과 부대비용을 생각하면 엄청난 소모전이다]이 난무하는 풍토에서 클라이언트가 변심하는 순간 지금까지의 노력은 말짱 도루묵이 된다는 거다. 통상적으로 계약을 맺기 직전까지의 작업에 따른 디자인비용을 받는 업체가 대한민국에 몇 군데나 될까? 문제의 본질은 이런 풍토를 형성하는데 주도적인 역할을 한 사람들이 디자인하는 우리 자신들이라는 거다.

바보들의 행진

디자이너들의 공통적인 습성[물론 필자도 사실 그 부류에 속한다]이 하나의 일에 매달리기 시작하면 그 일의 사회적, 금전적 가치와 무관하게 일에만 신들려 끝장을 보는 추진력이다. 밤, 낮이 중요하지 않다. 사무실 소파에 꼬꾸라져 한두시간 눈을 붙이고 대충 컵라면으로 식사를 때워서라도 만족할 만한 결과물을 만들어 내고 싶어 하는 본능적 욕구가 샘솟기 때문이다.

좋은 작품을 만들고 싶어 하는 디자이너에게 있어 얼마나 아름다운 모습인가? 하지만 정말 아름답기만 한 모습인가? 정녕코? 박봉에 시달리며 사무실 밖에서는 벚꽃이 한창인지 하얀 눈이 펑펑 내리는지도 모르면서 컴퓨터 모니터만 죽어라 쳐다보다 지쳐 잠들어 있는 디자이너의 모습이 정녕 아름다운 모습인가? 이 글을 쓰는 필자조차도 그 처절한(?) 아름다움이 옳은 길이라고 생각하며 대학생활을 보냈다. 그리고 지금도 작업에만 미쳐 지내는 모습만을 생각하면 정말 존경스러울 정도로 아름답다. 돈에 관계없이 자신의 일을 사랑하는 이들만큼 순수한 열정을 가진 사람들이 어디 있을까 싶다.

하지만 다시 한 번 물어보자. 정말 순수하게 아름답기만한 모습인가? 아니다. 이건 '바보들의 행진'이다. 본인의 사회적 가치가 무시된 줄도 모르는 순진함만으로 무장된 바보집단이다. 여기에 불량(?) 디자이너들이 이 바보스러움에 한몫을 한다. 인테리어분야는 특히나 불량 디자이너들을 양산할 수 있는 좋은 시장이다. 건축이나 타 관련 분야들처럼 특정한 자격증이 강력한 파워를 보이는 분야도 아닌데다[물론 법적으로 실내건축기사 몇 명을 고용해야만 공사면허가 나오긴 하지만 건축기사나 건축사, 소방기사, 전기기사처럼 업무활동범위를 규제할 만큼 강력한 신분증이 못되는 게 현실이다] 어깨너머로 경험을 쌓은 사람들이 다들 인테리어사업자를 내고 일을 해도 일반인들 누구도 흰자, 노른자 구분할 방법이 없다.

여기서 적지 않은 불량 디자이너들이 클라이언트의 비위를 맞추기 위해 로비를 하고 비용을 후려치고 막무가내의 견적서를 밀어 넣으니 클라이언트의 입장에서야 당연히 아무런 디자인비용 없이 디자인결과물들을 손에 쥐려고 하지 않겠는가? 변호사나 의사가 공짜로 상담해 주는 걸 본 적 있는가? 그런데도 우리 바보집단은 잘도 해 준다.

누가 다 먹었을까?

사실, 십 년 전만 하더라도 일반인들이 바라보는 인테리어 이윤이라는 것이 상도덕에 무리가 있을 정도로 폭리를 취했던 적이 있었다. [물론 그 때도 초보 디자이너들은 죽어라고 일하고 박봉에 시달렸다. 그 이윤은 도대체 누가 다 먹었을까?] 지금처럼 정보가 흘러넘쳐 검색사이트에서 5분 안에 마감재 가격을 다 알아낼 수 있을 정도로 투명한 시장이 형성되어 있지 않다보니, 부르는 게 가격이고 그만큼 견적을 부풀릴 수 있는 틈새도 많았다.

혹시 십여 년 전쯤 인테리어 공사견적을 받아본 서류를 갖고 있는 분은 다시 꺼내서 찬찬히 읽어보면 한 가지 중요한 항목이 빠져 있다는 걸 발견 할 수 있을 것이다. 그리고 조금 양심적인 분들은 고개를 갸우뚱하며 의문점을 가질 수도 있을 것이다.

디자인비용에 관련된 항목이 눈에 보이는가? 없을 가능성이 높다. 제대로 디자인을 한 곳에서 의뢰한 견적이 아니라면 백발백중 없을 것이다. 이상하지 않은가? 자재비 얼마 들고 인건비 얼마 든다는 내용이 전부 시공에 관련된 항목으로만 기재되어 있지 않은가? 그럼 이 견적에서 재료 사고 시공자 돈 다 주고 나면 밤새며 설계한 디자이너의 이윤은 어디에 숨어 있을까? 디자이너와 클라이언트 둘 다 '눈 가리고 아웅'하는 꼴이다. 어딘가 다른 항목에서 클라이언트에게 가격을 부풀린 곳이 있으니 설계비용 10원도 안 받고 공사를 하겠다고 견적을 내민 것이다. 클라이언트도 당연히 그 사실을 짐작하고 있으니 가격을 깎으려고 떼를 쓰게 되고 디자이너는 선심 쓰듯이 못이기는 척 단가를 낮춘다. 그렇게 했는데도 꽤 많은 이윤을 취할 수 있는 구도였다면 분명 문제가 있는 상거래 구조이다.

물론 다른 업체보다 자재수급방법이나 시공방법의 효율성으로 단가를 낮추어 시공할 수 있는 경쟁력 있는 회사라면 그 몫은 인테리어회사가 취하는 것이 당연하다. 하지만 과거의 구도를 보면 분명 정상적인 구조는 아니다. 디자인비용 또는 설계비용 자체가 없다는 걸 어떻게 해석해야 할까?

첫째는 작업내용에 디자인이라고 얘기할 부분이 없다는 거다. 간혹 제자들이 취업을 하고 학교에 인사하러 오는 경우가 있다. 제자의 얘기를 듣다보면 한숨이 절로 나온다. 우주 정거장을 짓는 시대에 아직도 평면도 한 장 없이 시공하는 사무실이 있다고 한다. [멀건 대낮에 UFO 발견할 확률 정도라고 믿고 있지만] 현장에서 바로 보고 경험치대로 작업한다는 거다. 그래서 재미가 없고 비전이 없는 것 같아 이직을 고민 중이란다. 학교에서 배운 걸 써먹을 방법이 없으니 오죽하겠나 싶다. 이런 상황이라면 견적에 디자인 비용을 넣기도 부끄러울 수 있겠다 싶다.

둘째는 경쟁 사무실과의 견적 싸움에서 비용을 줄이기 위해 디자인 비용을 넣지 않는다는 거다. 왜? 다른 데서 빼먹을 자신이 있으니까. 정말 양심적으로 디자이너 측에서 취할 수

디자이너가 도구가 되어서는 안 된다.
디자인 결과물에 모든 것을 바칠 수 있는 열정만큼 자기 스스로의 경영에 대해서도 열정을 가져야 한다. '신도'가 되지 말고 '교주'가 되어라!

있는 이윤을 최소화하기 위해 그랬다고 보자. 그럼 디자이너는 뭘 먹고 생활할까? 나물먹고 물먹고 팔을 베고 누웠으니 세상에 부러운 게 없을까? 대학 다니면서 머리 쥐어짜며 설계하고 디자인했던 노력에 대한 보답은 어디 가서 하소연해야 될까? 밤새워가며 눈 흰자위를 실핏줄로 지도를 그려가며 고생한 대가는 누구에게 보상받아야 할까?

셋째는 클라이언트가 이해를 못하는 풍토가 만연해 있다는 점이다. 왜 디자인 비용이 견적에 들어가야 하는지 영문을 모른다는 거다. 한 번도 그런 견적을 받아 본 적이 없다는데 뭐라고 대답해 줘야 할까?

여기서 내 사랑하는 제자와 후배님들, 인테리어사무실 소장님들, 그리고 대한민국의 양심적인 클라이언트님들께 부르짖고 싶다.

"이젠 좀 바꿉시다."

혁명합시다!

정당한 구조를 만듭시다. 직장생활하면서 수많은 낮과 밤을 설계와 씨름하고, 납품하고, 새벽에 포장마차에서 소주한잔하면서 직원들과 우리 신세를 한탄하면서도 답 안 나오던 고질적인 문제이긴 하지만, 과거보다는 훨씬 좋아진 환경이지 않습니까? 사회도 디자인을 인정해 주는 디자인선진국 문턱을 밟고 있지 않습니까? 비록 순수 디자인만큼 대접받기에는 일반인들의 건축이나 인테리어에 대한 안목이 다소 부족하긴 하지만 우리 스스로가 그 틀을 잡기 위해 노력한다면 더 이상 건축가나 실내건축가를 아버지, 어머니로 둔 가족들이 불행해지지 않을 수 있다고 자신 있게 이야기합니다.

디자이너들 스스로 본인의 디자인 작업이 헐값에 매도되어도 상관없다는 생각이 아니라면 더 이상 제대로 디자인 비용에 대한 정당한 대가없이 클라이언트의 막무가내 요구는 거절합시다. 초보 디자이너들 뒤 닦느라고 죽어납니다. 그들이 소장이 되어 똑같은 행태를 반복해야 되겠습니까? 이윤을 창출해야 되는 경영자 입장에서야 동화 속 이야기처럼 들릴 수도 있겠지만 제가 아는 유럽의 선진국들은 다들 그렇게 합니다.

호주에 아는 분 중에 음향설계하시는 한국분이 있습니다. 제가 다목적 홀 음향에 대해 문의할 일이 있어 국제전화로 나눈 이야기가 기억납니다. 저보고 호주로 이민 오라고 그러시더군요. 그러면서 노동법이니, 일하는 자의 권리니 하는 주제로 잠깐 통화가 길어졌습니다. 과장이 있었는지는 모르겠으나 하루에 정해진 근무시간 이외의 잔업이 있을 시는 오너가 직원들과 반드시 합의를 봐야 한다더군요. 그리고 직원이 동의하지 않으면 절대 일을 진행할 수 없답니다. 물론 시간외 수당에 대한 부분도 철저하게 지켜진답니다. 한국적정서나 현재의 우리나라 시장구도와 맞지 않을 수도 있으니 권리 부분은 차치하고, 중요한 얘기는 이겁니다. 회사에서 일을 가져올 때, 그 분 말로도 클라이언트 측에서 상식적인 스케줄을 벗어난 요구를 할 때가 있답니다. 그러면 사측에서 제시할 수 있는 스케줄을 다시 얘기해 보고 맞지 않으면 과감히 거절한답니다. 그 스케줄이라는 것이 직원들이 정상적인 업무시간동안 할 수 있는 스케줄로 계산된다는 겁니다. 꿈같은 얘기 같죠? 그래서 회사운영이 되겠냐고 물었더니 결국 그 클라이언트는 자기 쪽으로 다시 올 가능성이 높다고 하더군요. 다른 회사에 의뢰해 봤자, 비슷한 대답을 들을 가능성이 높으므로 만약 클라이언트가 이 회사에 신뢰를 가지고 있고 작업에 걸리는 시간이 그 정도는 되어야 정상적이라고 뒤늦게라도 깨닫게 된다면, 당연히 다시 연락이 오지 않겠냐는 게 그 분의 답변이었습니다. 일 따는 데만 급급해서 무리한 스케줄로 작업하다 보면 발주자도 완벽하지 못한 결과를 가져 갈 수 있고 수주자로서도 회사의 명예에 먹칠을 하는 게 될 테니 발주자나 수주자 양 쪽 다 윈 윈(win-win)할 수 있는 방법이라고 생각되더군요.

우리분야에선 꿈같은 이야기로 들릴 수도 있습니다. 하지만 그 꿈을 실현할 수 있는 것도 우리 스스로라도 생각됩니다. 자긍심이 있는 사무실들은 벌써 그렇게 일한다고 알고 있습니다. 십년 쯤 지나 이 글을 다시 한 번 읽어볼 생각입니다. 그리고 십 년 뒤 이 글을 읽을 때 부끄럽지 않도록, 그동안 이 주장이 자리 잡을 수 있도록 최선을 다해 노력할 것입니다. 내 사랑하는 제자들이 자리를 잡았을 무렵, 그들이 디자이너로서 신명나게 활동 할 수 있길 간절히 바래봅니다.

많은 디자이너들의 습성이 밤만 되면 정신과 몸이 초롱초롱해진다는 거다. 비단 우리나라 디자이너들만 그런 건 아니지만 유독 그 정도가 심하다. 낮에 버리는 시간을 잘 활용하여 이 고질적인 패턴을 고치지 않고는 디자이너 스스로가 제 무덤 파는 격이라 할 수 있다.
밤샘 작업에 필수품이 되어버린 담배. 인테리어 디자이너 뿐만이 아니라 많은 디자이너들이 담배를 친구삼아 건강을 좀먹고 있다. 요즘은 금연이 대세라 사무실 안에서의 흡연은 거의 불가능한 형편이라 그나마 다행인가?
무에서 유를 창조한다는 건 초보디자이너에게 있어서 금기사항이다. 본인이 천재가 아니라면 될 수 있는 한 많은 책과 씨름하라. 경험이 쌓이고 보는 것도 많아지면 더 이상 모방이 아니라 디자이너 자신의 재산이 된다.
잠오면 세수는 필수다. 간혹 수건을 빨지 않아 냄새가 나기도 하지만 견딜만 하다.
담배와 함께 빠질 수 없는 친구가 바로 커피다. 시대가 변하면서 원두커피향에 익숙한 세대가 거의 대부분이지만 간혹 일명 '다방커피'라 불리우는 인스턴트 커피가 더 좋을 때가 있다. 문제는 타놓은 커피를 어디다 뒀는지 모르고 다시 타는 낭비(?)를 종종 한다는 게 문제다. 밤새고 나면 마시다 만 커피가 도처에 널린다.
건축이나 인테리어만큼 높은 사양을 요구하는 컴퓨터도 드물다. 문제는 머피의 법칙처럼 마감일 전에 항상 바이러스를 먹거나 알 수 없는 이유로 사망(?)하는 경우가 적지 않다. 그래서 마감은 항상 조금의 여유를 가질 필요가 있다.

Episode

지금 하는 이야기는 앞서 주장한 내용을 나 스스로 지키지 못한 부끄러운 얘기로, 나도 스스로 지키지 못하면서 디자이너의 권리를 찾자고 외치는 내 자신을 꾸짖고 반성하자는 것이 첫 번째 이유이고, 클라이언트와 디자이너 간의 잘못된 인테리어작업구조 사례를 설명해 디자인제안 작업의 현실을 보여주고 공감대를 형성하고자 하는 것이 두 번째 이유이다.

포항의 한 모텔신축공사 현장이었다. 건축공사가 먼저 진행중이었고 5층 건물에서 2층 거푸집을 떼고 3층으로 올라가고 있던 시기에 건축주와의 미팅이 잡혔다. 일을 가지고 오신 분이 앞뒤 상황을 체크하고 가능성이 높다고 판단하고는 같이 제안 작업을 해 보자고 디자인 의뢰를 받은 상황이었다. 일을 시작해야 말지 말아야 할지 사전회의를 몇 번 가졌다. 일의 구도를 들어보니, 약간의 불안함도 있었고 작업량에 대한 부담도 있어 선뜻 해 보자는 마음이 생기질 않았다. 회의 끝에 밑져야 본전이라는 판단 하에 바닷바람이라도 쐴 수 있겠다는 생각으로 일단 포항으로 내려가 건축주를 한번 만나보기로 했다.

공사현장을 둘러본 후, 현장근처 식당에서 건축주를 만나게 되었는데 예상과는 달리 젊은 외모라 얘기가 잘 풀릴지도 모르겠다는 생각을 하고는 이것저것 디자인에 대한 얘기를 나누고 한 주 후에 기본적인 디자인 작업물을 보여주기로 했다. 몇 년 전부터 모텔인테리어 관련 트렌드를 보면 각 방마다 테마를 설정해 색다른 경험을 할 수 있도록 디자인하는 게 유행처럼 번지고 있던 때라 전체 디자인 방향을 방 별 테마를 설정해 풀어나가는 걸로 가닥을 잡았다. 문제는 앞서 이야기한 것처럼 제안 작업에 대한 어떤 비용도 얘기가 없었다는 점이다. 클라이언트는 벌써 여러 업체에서 제안 작업을 받아 놓은 상태였는데 얼핏 책상위에 놓인 결과물들을 보니, 고생한 흔적들이 남 일 같지 않았다. 그걸 당연시하는 클라이언트에게 차마 입을 열지 못했으니…

일반적으로 정상적인 클라이언트는 이런 식으로 여러 업체의 제안 작업들을 모아 가장 마음에 드는 디자인과 견적을 참고로 해서 한 군데를 선정한다. 그럼 그렇게 하지 않는 나머지 클라이언트는 비양심적인가? 그렇다고 볼 수도 없다. 그게 당연한 걸로 시장이 형성되어 있는데 양심, 비양심 따질 시비꺼리 자체가 안 된다. 그걸 따질 필요도 없게 만든 사람들이 나를 포함한 대부분의 디자이너들이니 입이 열 개라도 할 말이 없다. 그럼 나머지 클라이언트들은 어떻게 할까? 보통 제일 싸게 견적 넣은 업체를 선정해 각 제안 작업들의 장점들을 모아 최종 선정한 업체에게 새로 디자인하도록 주문한다. 그렇게 고생한 여러 디자이너들의 작업물이 비용 한 푼 들어가지 않고 버물어 지게 되는 것이다. 이 정도를 벗어난 클라이언트는 어떻게 할까? 손수 업자들 모아서 제안 아이디어들을 모아 시공시킨다. 그래도 디자이너들은 할 말 없다. 무슨 계약을 맺은 것도 아니고, 법적으로 문제시할 만큼 여유 있는 디자이너들을 본 적이 없으니 말이다.

일주일동안 작업한 내용을 살펴보자.

작업한 인원만 순수하게 4명이었다. 지금 기억으로 대략 나흘 정도 밤샘 작업을 한 것 같고 클라이언트 손에 쥐어 준 결과물이 프레젠테이션용 보드 3장에 도면집 3부였다. 평면도, 천장도, 입면도 컬러링과 투시도 한 장, 개념 패널, 모텔 BI(Brand Identity), 등 이었다. 투시도 작업 비용과 출력비용, 시간으로 환산한 인건비, 부대비용 등을 생각하면 적지 않은 액수가 투입됐다. 약속된 날짜에 건축주와 만나 프레젠테이션을 시작했다. 전체적인 분위기도 좋았고 우리 개념을 마음에 들어 하는 눈치였다. 긍정적으로 검토해 보겠다는 얘기를 듣고 2차 미팅을 갖기로 했다. 위와 동일한 정도의 작업량을 추가로 했다. 각 실별로 테마를 잡아야 했기 때문에 도면 내용도 당연히 많아졌다. 2차 미팅 후, 매우 긍정적 분위기였다. 남은 문제는 공사비용으로 줄다리기할 일만 남은 듯 했다.

하지만 그 이후로 아무런 연락이 없었다. 뒤에 들은 소문으로는 본인이 업자들 불러서 직접 작업한다는 이야기만 얼핏 전해 들었다. 우리가 할 수 있는 일이라고는 그동안 제출한 자료들을 회수하는것 뿐 이었다. [회수한다고는 하지만 클라이언트가 복사해서 가지고 있으면 그만이다] 그리고 신신당부를 한다. 우리가 디자인한 내용들을 절대로 사용하면 안 된다는 구두확인이 전부이다. 이 클라이언트가 원래부터 작정을 하고 시작한 일이었는지, 진행되는 과정 중에 생각을 바꿨는지는 본인만 알고 있다. 그리고 우리 아이디어를 도용했는지 안 했는지도 알 수가 없다. 그걸 확인하려고 포항까지 가서 방방마다 묵어 볼 수도 없는 노릇이니 말이다.

다소 과장이 섞인 설정이지만 마지막 그림의 디자이너처럼 응대했다가는 굶어죽기 딱 좋은 풍토가 우리나라 인테리어 업계의 현실이다. 결국은 디자이너들 스스로가 바뀌지 않으면 같이 몰락할 수밖에 없는 비합리적인 경쟁이 누적된 결과이다.

문제는 이런 경우가 비일비재하다는 거다. 주변에 설계하는 분들과 이런 주제로 얘기를 나눠 봐도 다들 어쩔 수 없다는 분위기다. 이렇게라도 해야 운 좋으면 일을 따 낼 수 있다는데 남의 속 모르고 하는 이야기라고 눈치를 주는 게 충분히 이해가 된다. 앞으로도 계속 고민하고 풀어야 할 가장 큰 숙제이다.

잠깐 옆길로 빠져 클라이언트와의 첫 만남에서 고려할 점들을 짚어보자.

클라이언트의 성향

클라이언트의 성향을 대화를 통해 파악하고 디자인에 충실히 적용할 필요가 있다. 간혹 디자이너들 중에 너무 강하게 자신의 의도대로 끌고 가려는 욕심을 보여 설득위주로 대화를 이끌고 가는 경우가 있는데 이는 오히려 클라이언트에게 신뢰감을 주지 못하고 역반응을 일으킬 수 있다.

사례조사

클라이언트를 만나기 전에 동종 인테리어의 사례를 면밀히 분석하고 전체적인 디자인 방향을 두세 가지 정도 머릿속에 넣어두는 것이 대화를 풀어나가는데 유리하다.

일 얘기만 하지 말 것

클라이언트와 디자이너 사이에 호감을 형성하고 신뢰를 구축하기 위해서 너무 일에 대한 이야기로만 주제를 끌어가지 말고 가능하면 인간적인 믿음을 쌓을 수 있는 대화도 필요하다. 클라이언트가 인간적으로 신뢰감을 가지게 되면 디자인을 풀기 훨씬 수월할 수 있다.

프로의식

믿고 일을 맡길 수 있는 디자이너라는 느낌을 가지게끔 시간 약속이나 복장, 매너 등을 확실히 하고 본인의 작업에 대해 자긍심을 보여 줄 수 있어야 한다.

디자인하기 힘든 나라

뛰어난 능력이나 사회적 혜택을 받은 몇몇 디자이너를 제외하면 디자인하기 참 쉽지 않은 환경이다. 그렇다고 포기할 수는 없지 않은가?

디자인하기 즐거운 환경을 만들어 보려는 작은 넋두리 한 번 해보자.

클라이언트와 디자이너 사이에서 벌어지는 갈등요소들 중에서 솔직히 가장 민감한 부분이 '돈'이다. 디자이너 입장에서는 최대한 많은 이윤을 추구하기 위해 애를 쓰고 클라이언트 입장에서는 가능하면 적은 비용 안에서 원하는 결과물을 얻으려 한다. 당연한 시장논리이다. 하지만 이런 당연한 이익구조 속에 여타 산업분야들의 시장체제와는 다르게 디자이너와 클라이언트 사이에 미묘한 갈등(?)관계가 형성될 수 있다. 이러한 갈등관계를 한번 이야기해보자.

돈 놓고 디자인 먹기

기본적으로 올바른 디자이너라면 '좋은 디자인'에 대한 욕심을 가지고 있어야 한다. 사실 좋은 디자인이라는 것이 판단기준에 따라 다양한 답이 나올 수 있는 부분이라 정확히 어떠해야 한다고 딱 부러지게 이야기할 수는 없지만 실내건축분야의 좋은 디자인이 되기 위해서는 솔직히 '돈'을 무시하고는 거의 불가능하다고 봐야 한다.

'아름다운 디자인을 만들어 내는데 있어 비용이 문제가 되지는 않는다'라고 순진하게 이야기할 수도 있겠지만 실상, 그 이론을 실제 현장에 적용시켜 보면 대부분은 공감하기 힘든 교과서 속의 이야기인 경우가 많다.

인테리어잡지 몇 권만 뒤져보면 이 말을 공감할 수밖에 없다. 실리는 작품 거의 90퍼센트 이상이 일반적인 인테리어공사에 쓰이는 비용과 큰 차이를 보이는 작품들이다. 어떤 잡지의 기자도 '비용 대비 잘 나온 디자인'을 말하지 않는다. 그냥 디자인 잘 되었으면 잘 된 거다.

루이비통 백을 메고 페라가모 구두를 신고 아르마니 코트를 입고 다니는 사람을 아무리 시기어린 눈으로 안좋게 얘기하더라도 멋지다는 걸 부인하는 사람은 거의 없다. 진짜 멋쟁이는 시장에서도 멋진 물건 잘 골라서 감각 있게 소화한다고 얘기하지만 과연 100퍼센트 시장 물건일까? 시장에서 산 예쁜 블라우스 위에 구찌 스카프를 해야 감각 있다는 소리를 들을 수 있는 게 일반적인 사람들의 평가 기준이다.

인테리어디자인도 상황이 이와 별반 다르지 않다. 어지간해서는 저렴한 비용으로 작업해 잡지에 실릴 만큼 눈이 즐거운 작품이 나오기란 쉽지 않다. 이런 상황에서 디자인 욕심을 채우고자 하는 디자이너는 디자인을 의뢰한 클라이언트에게 미묘한 꼬드김(?)을 시도한다. 여기서의 꼬드김은 디자인의 퀄리티를 올리기 위해 드는 비용에 대한 설득이므로 디자이너의 직접적인 이윤과는 하등 연관이 없고 실제로 없어야 한다. [실제 여기서 뒷돈을 챙기는 바람직하지 못한 경우가 종종 있다 보니 클라이언트는 깨끗한 시선으로 봐주지 않는 경향이 있다]

세련된 디자인을 함으로써 얻을 수 있는 디자이너로서의 자부심과 인지도, 상업공간이라면 예상할 수 있는 매출에 끼치는 간접적 시너지효과, 주거공간이라면 그 공간에서 생활하는 사람에게 미칠 편리함과 만족감, 건물을 리모델링한다면 잘 된 인테리어를 통한 부동산 가치의 부가적 상승효과 등을 예상할 수 있다.

하지만 클라이언트 측에서는 이런 효과들은 직접 체감하기 힘들고 확신하기 어려운 부분이다 보니 들어가는 비용에 대한 부담만 생각하게 되고, 디자이너의 안목과 클라이언트의 안목이 불일치하거나 가능한 공사비용과 디자인하고자 하는 공사비용이 맞지 않으면 그 때부터 디자이너와 클라이언트 사이의 어려운 밀고 당기기가 시작된다. [사실, 디자이너가 디자인에 대한 욕심을 포기하고 주어진 조건만 충족시키고자 한다면 크게 문제될 것은 없으나 디자인하다 보면 디자이너의 본능 때문에 그게 생각만큼 쉽지 않다] 여기서 클라이언트가 디자이너의 경험과 안목을 존중해 주고 경제적 조건이 충족된다면 더할 나위 없이 좋겠지만 많은 경우가 그렇지 못하다.

한두 푼 드는 것도 아니고 몇 천만 원에서 몇 억이 왔다 갔다 하는데 선뜻 응할 과감한 클라이언트가 잘 있을까? 거기다 비싸게 디자인하는 것을 사심 없이 믿어 줄 만큼 상호간의 신뢰를 구축하기란 더욱 힘들다. 결국은 설득할 수 있을 만큼만 설득하고 나머지는 주어진 조건에 맞추어 최선을 다해 디자인하고 시공하는 수밖에 없다. 이런 과정 속에서 디자이너는 클라이언트의 눈높이를 한탄하게 되고 클라이언트는 디자이너의 무리한 요구에 불평을 한다.

결론적으로 디자이너는 돈 많이 들어야만 좋은 디자인이 나온다는 편협한 사고를 줄이고 디자이너로서 올바른 내공쌓기에 전념하는 자세가 필요하고 클라이언트는 기본적인 디자인 안목에 대한 상식을 높이고 디자인의 잠재적 가치가 만들어 낼 수 있는 경제적 효과를 냉정하게 생각해서 올바른 투자를 할 수 있는 분위기를 만들어 낼 때 비로소 디자이너와 클라이언트 모두 만족할 만한 작품을 완성시킬 수 있다.

Episode

여기서 직접적인 상호나 업종을 밝히기는 어렵지만 상업공간을 디자인했을 때의 경험담이다. 워낙 유사업종이 많은 인테리어라 기존 업종의 전형적인 내부 공간과는 차별화가 필요하다는 판단으로 일반인들에게 많이 익숙해진 내부 분위기를 바꾸어 기존에 시도하지 않았던 이색적인 재료와 디자인으로 작업을 진행하여 프레젠테이션을 했는데 클라이언트가 받아들이기에는 좀 부담스러워 하는 분위기였다. 이런저런 협의 끝에 클라이언트가 부담을 느끼는 디자인의 중요 부분이 변경되었고 마감 재료에 대한 비용도 만만치 않아 대체할 만한 저렴한 재료로 바뀌었다. 인테리어 비용으로 투자할 수 있는 금액이 얼마 되지 않으니 어쩔 수 없는 상황이기도 했다. 그래도 클라이언트가 전반적으로 작업내용을 신뢰해 주는 편이라 그나마 일하는 분위기는 순탄했다. 마케팅 방면의 전문가가 아니라 업종을 정확히 분석해서 그 위치에 그 업종이 가능성이 있는지 면밀히 파악해 볼 수는 없었지만 경험적으로 볼 때 장사가 잘 될 수 있을지 의구심이 드는 위치에 오픈한다는 생각을 떨쳐낼 수 없었다. 하지만 워낙 클라이언트의 확신이 있어 더 이상 문제제기 없이 작업이 시작되었고 시공 중간에도 큰 돌발 상황 없이 가게는 제대로 오픈되었다.

개장 후 며칠이 지난 뒤 오픈선물을 하나 사들고 가게를 들렀는데 가게 주인의 표정이 많이 어두웠다. 장사가 잘 안 되는 거다. 사실, 몇 번의 협의과정 끝에 처음 의도했던 과감한 디자인은 많이 축소되어 전형적이지도 특별해 보이지도 않는 애매한 공간이 되어 버린 것도 문제였지만 1시간여 동안 간간히 들어오는 손님들을 대하는 주인의 태도를 보니 장사가 안 될 법도 했다. 실제로 이런 판매 공간에서 매출에 영향을 미치는 가장 중요한 부분은 가게 주인의 영업능력이다. 일차적으로 여기서 문제가 있었고 둘째로 중요한 매장의 인테리어 분위기도 문제였다. 주변 유사업종과 별 다른 차별성이 없었다. 참 난감한 상황이었다.

이런 경우, 일반적으로 가게 주인은 장사가 잘 안 되면 어딘가에서 책임을 찾게 되고 우리 쪽에서 가장 흔히 듣는 말이 인테리어가 나빠서라는 얘기이다. 디자인하는 사람으로서 미안하고 심적으로 많은 부담을 느끼는 순간이다. 하지만 같이 생각해 봐야 할 문제다. 디자이너의 의견을 수용해 줄 수 있는 클라이언트의 안목과, 클라이언트와 부딪혔을 때 가장 경제적인 디자인 결과를 뽑아 낼 수 있는 디자이너의 능력이 조화를 이루어야 주어진 조건에서 최대한 멋들어진 디자인을 만들어 낼 수 있다. 그래서 식음료 공간이나 판매 공간은 디자이너에게 항상 부담스러울 수밖에 없다.

디자인이 필요 없는 우리나라 인테리어 디자인의 현실

제목만 들으면 의아하게 생각할 수 있다. 시대가 변하면서 사회 전반에서 디자인을 중시하는 분위기가 형성되었고 실내건축이라는 학문도 과거에 비해 제 모습을 갖추어 가고 있으며 수많은 훌륭한 디자이너의 작품들이 대중매체나 전문잡지를 통해 봇물 터지듯 쏟아진다. 정말 정신없을 정도로 다양한 공간 디자인과 아이디어들이 넘쳐나고 있다. 그런데 디자인이 필요 없는 우리 인테리어계의 현실이라니?

항상 빛이 따라가는 곳에 그림자도 따라붙는다. 과연 이런 훌륭한 디자인의 빛이 인테리어 디자인계의 어둠까지 수면위로 끌어 올려 숨쉬게 하는데 정상적인 역할을 하고 있을까? 아니라면 방구석은 엉망진창으로 만들어 놓고 외출하기 위한 꽃단장에만 신경을 쓰고 있는 것은 아닐까? 냉정하게 짚어볼 필요가 있다.

우선 실내건축 분야의 설계 풍토부터 짚어보자. 사실, 건축분야나 타 디자인 분야의 설계경기에 비하면 인테리어디자인계에서 설계와 디자인으로 그 능력을 검증받아 일을 수주할 수 있는 공정한 경쟁구도는 너무나 빈약한 것이 우리나라 인테리어현장의 현실이다. 그러다 보니 대부분의 인테리어 관련 종사자들은 아름다운 공간을 디자인하는데 일을 따는 열쇠가 있다고 생각하기 보다는 인맥, 혈연, 지연, 학연, 영업력, 접대능력 등이 결국 실제 시공으로 이어질 수 있는 가장 중요한 노하우라고 생각한다. 좀 과장해서 얘기하면 간이고 쓸개고 다 내어놓고 오늘도 열심히 클라이언트의 비위를 맞추는 슬픈 디자이너들이 참으로 많다는 이야기다. 그들이 대학에서 받은 디자인 교육에 얼마나 배신감을 느낄까 싶다. [비단 인테리어만 그런 건 아니다. 디자인이라는 단어 붙은 분야의 많은 뛰어난 젊은 디자이너들이 정상적인 능력을 펼칠 수 있는 기회를 얻기가 힘든 것이 현실이다. 대학교육 대부분도 이런 어두운 부분을 바라보기 꺼리고 있다] 국가 소속기관이나 지자체 기관들의 인테리어 공사도 설계 금액이 낮게 책정되어 있다 보니, 디자인을 통한 경쟁 방식보다는 로비력(?) 뛰어난 업체와 수위계약을 맺어 설계를 진행시키고 공사는 이와 별도로 금액에 맞추어진 입찰방식을 선택하는 경우가 많다. 디자이너가 비집고 들어갈 여지가 없다.

둘째로, 전문 디자인 교육을 받은 디자이너에게 일을 맡기는 것에 비해 일반 시공업자를 통해 시공을 하는 것이 돈이 덜 들어간다고 생각하는 클라이언트의 풍토도 문제다. [실제로 스타 디자이너들에게 일을 맡기면 부르는 게 값일지는 모르지만 대부분의 능력 있는 인테리어 디자이너들은 그 능력에 비해 참으로 보잘것없는 비용만 받고도 정말 열심히 작업한다. 왜냐고? 그들은 사회적 보상에 관계없이 진정 자기만족을 가치 있는 일이라고 생각하는 바보들이니까] 그들이 보는 디자인 안목도 결국 그만큼이라서 그런 걸까? 아니면 클라이언트의 입장에서는 이러나저러나 디자인에 별 차이도 못 느끼는데 굳이 목에 힘들어간 디자이너에게 일을 맡길 필요가 없다고 생각해서일까? 개인적으로는 한 나라의 문화적 한계라고 생각한다. 옷을 고르고, 가방을 고르고, 차를 고르고, 제품을 고르는 안목을 보면 우리나라 사람들처럼 디자인 눈높이가 높은 국민들이 있나 싶다가도 건축이나 인테리어 같이 내 손에 직접 잡히지 않는 디자인에는 그다지 관심들이 없다.

한 때 어학공부를 하면서 알게 된 벨기에 친구가 있었는데 그 친구의 전공은 경영학이었다. 우연히 수업을 마치고 같이 맥주를 한잔 할 기회가 있었는데 전공자인 나도 놀랄 수밖에 없는 그의 디자인 지식에 혀를 내두른 적이 있다. 근대 건축가들의 이름을 줄줄 꿰고 있고 그들의 건축물을 방문하기 위한 목적으로 여행도 몇 번 했단다. 그리고 거기서 느낀 얘기들을 풀어 놓는데 부럽기도 하면서 한편으론 부끄럽기도 했다. 이 친구만 유별날 거라고 위로(?)하기도 했지만 유럽생활 내내 느낀 것이 일반인들이 가진 문화적 파워와 안목이었다. 그런 저력이 있기 때문에 도심 중앙의 알토란같은 부지에 공원을 만들어 낼 수 있는 공무원들이 있고 '알레씨'(Alessi) 제품을 선물 받았을 때 너무도 좋아하는 주부들의 모습이 있는 것이 아닐까 생각된다.

셋째로는 인테리어 디자이너들을 바라보는 사회구조이다. 많은 클라이언트들이 인테리어 디자이너를 전문 디자이너로 보지 않는다는 점이다. 적지 않은 클라이언트들이 인테리어 디자이너를 일반 시공업자와 별반 차이 없게 바라보는 시각을 가지고 있다 보니 디자인 작업에 대한 대가도 인색하다. 심지어 비정상적으로 많은 이익을 취할 것이라고 오해하기도 한다. 이런 상황에서 일하는 젊은 디자이너들의 현실이 어떤지는 더 이상 설명하지 않아도 이해가 갈 것이다.

이외에도 수많은 구조적, 행정적, 사회적, 교육적 문제들이 있겠지만 불평불만만하고 있을 수는 없지 않겠는가? 21세기는 어찌 됐건 디자인을 빼놓고는 설명할 수 없는 시대이고 당장 지금은 부족하지만 우리 사회도 이 큰 흐름을 역행할 수는 없다.

역사적으로 볼 때, 결국 디자인을 즐길 수 있는 사회저변의 문화적 파워는 항상 다른 급한 문제들 다 해결하면 꼭 마지막에 따라 오기 마련이다. 속된 말로 우리나라도 이제 밥 먹고 살만한 수준이 되었으므로 디자이너들에게도 분명 신명나는 세상이 오리라고 굳게 믿는다.

'점잔'이 디자인을 망쳤다

조금 옆길로 새는 이야기를 해 보자.

거리를 걷다 보면 우리나라 사람들만큼 웃지 않는 국민도 잘 없다. 세상사는 게 힘들고 웃을 일도 별로 없어 그럴 수도 있겠지만, 개인적으로는 우리 사회 안에 뿌리 깊게 자리하고 있는 '유교' 정서 때문이 아닐까 생각된다. 나이에 걸맞은 점잖은 사고와 행동을 하도록 형성된 사회 분위기를 몸에 익히고 자랐으니 나이가 들면 들수록 안면근육이 굳어질 수밖에 없지 않을까? [그래서 TV연예프로그램의 나이답지 않은 행동을 하

는 연예인들을 보며 대리만족을 느끼고 배꼽잡고 넘어가는 건지도 모른다]

아이들을 보면 뭐가 그리도 재미있는지 하루 종일 깔깔거린다. 그렇게 웃던 아이가 꼬여있는 교육제도 안에서 청소년 시기를 보내고 성인이 되면 이상하리만치 웃지않는다. 다들 진지하게 정색을 하고 점잖게 행동하는 것이 연륜과 품위의 상징이라고 착각하기도 한다. [우리나라 대통령이나 기업의 수장이 회견장에서 위트 있는 농담을 던지며 좌중을 매료시키는 장면을 본 적이 있는가?] 이런 분위기가 사회의 다양성과 유연성까지 떨어뜨리고 여기에 가장 큰 타격을 받는 분야 중 하나가 바로 디자인이다.

재미와 장난이라는 상상력의 밑거름을 점잖지 못하다고 비웃음으로 받아들였던 생동감 없는 사회 구조가 디자이너들의 창작욕을 가두어 버렸다. 체통을 중요하게 생각하는 학자들의 틀이나 이론에 맞아떨어지지 않으면 눈길 한번 주지 않았다가 의외의 성공을 하고 나니 헛기침하며 인정할 수밖에 없었던 훌륭한 디자인 기형아들이 하나 둘이었는지 생각해 보라. 공부에 방해되는 아이들의 놀이문화라고 천대했던 온라인게임이 대한민국 신성장산업의 선두 주자가 되었고 캐릭터의 '캐'자도 모르던 '에헴' 아저씨들이 어느 날부터 대학에 학과까지 개설할 정도로 중요한 디자인 분야가 되었다. 이런 분야에 필수적인 역할을 담당했던 선각자적인 디자이너들이 당했을 지도 모를 서러움을 생각하면 안타까울 따름이다. [사실, 지금도 괄시당하며 다른 꿈을 꾸고 있는 4차원 취급받는 디자이너들이 적지 않다] 사회계층구조에서 피라미드의 꼭짓점이 딱딱하게 굳어 있으면 그 아래 부분은 두말할 필요도 없다. 점잖은 이론가와 철학자들의 놀이터위에 디자이너를 마리오네트로 만들어 좌지우지하는 이런 풍토도 결국은 '점잖은 사회인이 되어야 한다'는 유교적 무의식이 깊숙이 자리하고 있기 때문일 수 있다.

때로는 기존 사회의 틀을 깨고 유연하게, 자유롭게 사고하고 과감하게 실행하라. 그리고 때로는 기성세대를 무시하라. 사회가 점잖으면 더욱 더 까불어라.

'점잖음'을 디자인의 최고 적으로 생각하라.

일본 아나 항공사의 피카츄 캐릭터를 이용한 비행기 외부 그래픽디자인
디자인에 있어 품위를 가장 중요하게 생각해야 할 항공기 디자인에 만화적 요소를 입힐 수 있는 문화적 성숙도와 유연성이 지금의 일본제품을 세계최고 디자인으로 만들어 낸 원동력이라고 해도 과언이 아니다. 상업적 전략이 깔려 있다고 볼 수도 있겠지만 이들의 유연함은 배울 일이다.

우리나라 인테리어 공모전의 한계

학생 공모전은 공모전 특성의 아이덴티티를 살릴 수 있는 주제와 운영, 관리체계가 정립되어야 하고, 실무 공모전은 보다 제대로 된 공모전다워야 하거늘, 우리나라 인테리어공모전의 현 주소가 어디쯤 와 있는지 힘 빠질 때가 참 많다.

건축가 프랭크 로이드 라이트의 주장처럼 어떠한 공모전에도 출품하지 말아야 하는 건가?

실내건축 분야에서 공모전이라 하면 크게 두 가지 성격으로 나누어 볼 수 있다. 주로 대학생을 대상으로 만들어진 실내건축 관련 공모전[사실은 대부분의 인테리어공모전이 일반 공모전이라고 분류해 놓기는 하지만 90% 이상의 출품자는 대학생이라고 봐도 무방하다]과 실무에서 우선 계약자로 일을 따기 위해 접하게 되는 설계경기 방식의 공모전이다. 하지만 실제로 건축이나 타 디자인 분야에 비해 후자의 경우는 그다지 활성화되어 있지 않은 것이 인테리어업계의 현실이다. 그나마 순수하게 인테리어 설계경기의 성격을 띤 디자인 경쟁이라 해도 관공서나 공공 단체에서 매출규모나 도급순위를 기준으로 몇 개 업체를 지명해 놓고 진행하는'경쟁 입찰'이 대부분이다. [이러한 입찰방식도 디자인 평가보다 회사의 규모나 공사비용 부분이 더 중요한 평가 잣대가 되는 경우가 많다. 건축이든 실내건축이든 규모와 디자인력이 비례하지는 않는다]

이외에는 기업이나 개인 클라이언트가 몇 개의 인테리어 사무소와 접촉해 디자인 제안을 받아 선정하는 비공개 구도의 경쟁방식과 건축설계경기에 포함되는 실내계획 정도라고 보면 된다. 사실 사업구조상 단독으로 기획을 하고 진행하기 힘든 규모에 대한 문제점도 있고 디자인이나 시공에 있어 신뢰를 구축할 수 있는 바탕을 가지고 있는 인테리어 사무실이 일반화되어 있지 않다는 점이 문제일 수도 있다. 또한 이러한 문제점들을 직시하고 발전방향을 모색하기 보다는 항상 그래왔다는 관행에 젖어 있는 인테리어 디자이너 스스로의 진부한 대처방식에도 문제가 있다. 간혹 누군가 문제를 제기해도 무시당하는 것이 현실이다. 왜 다들 디자인에 대한 이론적 연구나 밥그릇 싸움에는 목소리를 높이다가도 공존과 관계되는 현실적인 문제에는 미온적으로 대처를 하는 걸까? 부끄러워해야 한다.

사실, 짧은 시간 안에 답을 낼 수 있을 만큼 간단한 문제도 아니고 지금까지 굳어진 관행을 깨기도 쉽지 않아 보인다. 그만큼 디자이너 스스로의 노력과 시간이 필요한 부분이다.

학생 공모전의 한계

주 참가 대상이 대학생들로 구성되어 있는 인테리어공모전은 실무 작업에 굳어져 제자리걸음하는 기성 디자이너의 디자인에 활력을 불어넣을 수 있는 기회를 제공함과 동시에 신선한 젊은 디자이너들의 창의력과 아이디어를 시험하는 무대를 제공하는 것이 목적이라고 볼 수 있다.

비용, 현실성, 구조, 클라이언트 등 실무 작업의 여러 제한 사항들을 어느 정도 제쳐두고 자유롭게 디자인을 풀어볼 수 있다는 점과 자신의 실력을 공정한 잣대위에 올려놓고 검증받아 볼 수 있다는 점에서 학생들에게는 그만큼 중독성 있는 작업이기도 하다. [공모전에서 높은 상을 수상하면 졸업 후 좋은 취업자리를 선점할 수 있는 보증서 역할이 되기도 한다. 간혹 공모전 상금에 눈이 어두워 출품하는 친구들도 종종 있긴 하지만 말이다]

하지만 실제 우리나라 인테리어 관련 공모전들의 결과물을 보고 있으면 고개를 갸우뚱하게 만드는 작품들이 적지 않다. 원래 목적을 상실하고 뭔가 한참 잘못된 방향으로 가고 있는 작품들이 적지 않은데, 예를 들어 아래와 같다.

- 말도 안 되는 건축물을 만들어 놓고 그 안에 자신의 인테리어 개념을 끼워 맞춘다.
- 주절주절 논리는 많은데 구체적인 결과물은 제대로 보이지 않는다.
- 건축 작품인지 실내건축 작품인지 구분이 안 된다.
- 높은 상을 받은 작품의 도면이 기본도 안 되어 있다.
- 작품의 현실성과 수상순위는 반비례한다.
- 그래픽 프로그램 잘 다루면 높은 상을 받는다.

하나하나 짚어 보자.

말도 안 되는 건축물을 만들어 놓고 그 안에 자신의 인테리어 개념을 끼워 맞춘다

분명 대학 교육의 문제다. 건축을 모르는 교수가 실내건축을 가르치면 이런 결과가 나올 가능성이 크다. 작품 의도나 개념을 표현은 해야겠는데 마땅한 건축물이 없으면 가상의 건축물을 만들어 놓고 그 안에 끼워 맞춘다. 그게 아니면 개념대로 내부공간을 주물럭거린 결과물을 건축물로 표현한다. 부끄러울 따름이다. 대지도 없고 주변상황도 없고 건물이라고 부를 수도 없는 희한한 형태의 평면을 벽만 올려놓고 박물관이니, 병원이니, 체험공간이니, 주제는 잘도 잡는다. 이는 학생이 말도 안 되는 건축물을 만들어 놓아도 내부공간에 대해서만 체크하는 식의 잘못된 교육방식의 문제이다. 만약 가상의 공간을 설정할 수밖에 없는 상황이면 건축적인 표현은 최대한 자제하는 것이 바람직하다. 건축까지 커버할 수 있는 능력이 있으면 좋겠지만 실내 건축 교육과정 안에서 특별한 경우가 아니면 건축적 완성도까지 끌어올리기는 생각만큼 쉽지 않다. 완전히 실험적인 주제가 아니라면 기본적인 건축적 현실은 베이스에 깔고 작업하도록 이끌어 줄 필요가 있다. 그래야 상 받을 가치가 있는 작품이 되고 이러한 훈련이 쌓일 때 실무에 대한 적응력도 높일 수 있다.

주절주절 논리는 많은데 구체적인 결과물은 제대로 보이지 않는다

이론이나 논리는 자신의 디자인을 설득하기 위한 필수사항이다. 자신의 이론적 깊이를 만들기 위해 고민하고 연구하고 분석하는 과정이 쌓일 때 디자인에도 깊이가 생기는 것은 당연하다. 하지만 이를 잘못 받아들이면'싸움도 못하면서 말로만 겁주는'뜬구름 잡기가 될 수 있다. 유독 우리나라 학생들에게 두드러지게 나타나는 경향 중 하나인데 어렵게 이야기해야만 깊이가 있을 것 같고 좋은 상을 받을 수 있을 거라고 착각하는 데서 생기는 문제점이다.

이러한 경향이 잘못된 방향으로 흘러가면 오히려 디자인이 논리의 노예가 될 수 있다.

실내건축은 디자인 결과로 논리를 설명해야 하는 학문이다. 현학적 허세는 버리고 명쾌한 디자인을 풀어낼 수 있는 제대로 된 논리력을 갖추어라.

건축 작품인지 실내건축 작품인지 구분이 안 된다

환경 디자인, 공공 디자인, 가구 디자인 등 실내 건축 공모전의 주제선정 범위는 참으로 다양하다. 특정 분야에 제한을 두지 않는 과감한 학생 작품의 분야간 넘나듦이 새로운 패러다임을 창출하기도 하고 기성 디자이너들에게 신선한 자극을 주기도 한다. 그렇다고 해서 인테리어 공모전에서 건축 디자인을 하면 곤란하다. 본인이 건축 작품을 디자인했다면 건축 관련 공모전에 출품하는 것이 맞다. 자신이 어느 공모전에 출품하는지 제대로 알고 디자인하자.

높은 상을 받은 작품의 도면이 기본도 안 되어 있다

공모전이라는 특성상 신선한 아이디어와 무한한 상상력이 가장 중요한 평가 항목인 것만은 분명하나 기본적인 것들이 갖추어져 있지 않은 채, 아이디어만 현란한 작품은 이유 불문하고 떨어뜨리는 것이 심사위원의 도리이다. 그래야만 이들이 진짜 디자인을 할 수 있다.

작품의 현실성과 수상순위는 반비례한다

우리나라 인테리어 공모전의 독특한 경향 중 하나가 현실성 높은 소위 디자인만 잘된 작품들을 평가 저하하는 심사 분위기이다. 개성 넘치는 아이디어와 실험적인 시도가 가치가 없다는 얘기는 아니지만 디자인을 잘한 작품도 디자인 하나만으로 이에 못지않은 평가를 받아야 하는것이 마땅한데도 불구하고 이상하게도 심사위원들은 이런 작품들을 사고의 깊이가 없는 작품으로 치부하는 관행이 있다. 이런 편중된 공모전 평가 기준으로 인해 많은 디자이너들이 실무초기의 현실상황에 적응을 하지 못하고 좌절하는 푸념을 많이 듣곤 한다. 다시 한 번 생각해 볼 일이다.
미래의 디자이너들이 제대로 자신감을 가지도록 도와주기 위해서는 개념잡기만이 답이 아니라고 정직하게 말해줘야 한다. 디자인 개념이 현실성을 가질 때 비로소 제대로 된 가치를 지닐 수 있다고 힘주어 가르쳐 주어야 한다. 그리고 그 가르침이 공모전의 결과로 나타나야 하도록 평가자들이 제대로 평가해 주어야 한다.

그래픽 프로그램 잘 다루면 높은 상을 받는다

이 문제는 순전히 심사위원의 자질 문제이다. 눈이 즐거운 음식이 맛도 좋을 것 같은 착각을 하는 질 떨어지는 심사위원들이 적지 않다는 말이다. 제발 옥석을 가릴 수 있는 제대로 된 수준을 갖춘 심사위원들을 선정해 주시길 부탁하고 싶다.

인테리어 실무 공모전의 한계

앞서 얘기했듯이 솔직히 인테리어 관련 분야의 디자인 경쟁 방식을 공모전이라고 부르기에는 체계나 규모, 참여하는 경쟁업체의 수로 볼 때 그리 마땅한 표현은 아니다. 고작 4~5개 업체들이 디자인 경쟁을 하는 경우가 일반적인데다가 지명 방식이 아닌 공개 응모 방식은 거의 없기 때문이다. 그렇다고 흔히 실무에서 사용하는 입찰이라는 금액 위주의 응모방식도 디자인으로 경쟁한다는 관점에서 보면 적절한 공모전의 형식은 아니다. 용어에 대한 정의가 논점은 아니므로 여기서는 그냥 '인테리어 디자인경쟁'이라고 표현하자.

이러한 디자인 경쟁을 주최하는 공급자를 기준으로 나누어 보면 정부나 관에서 주최하는 방식, 기업이나 법인 등의 단체에서 주최하는 방식, 개인이 주최하는 방식의 세 가지 정도로 볼 수 있다.

세 번째 경우는 클라이언트 개인이 심사위원(?)이 될 가능성이 많으므로 논의의 여지가 거의 없다. 발주자 본인의 마음에 들면 게임 끝인데 어찌 이래라 저래라 할 수 있겠는가? 다만, 한 가지 문제점이 있다면 채택된 안을 제외하고는 시쳇말로 손가락만 빨아야 하는 현실이 가혹하다는 점이다. 물론 일부 양심 있는 주최자는 작업물에 대한 최소한의 비용지불을 하기도 하지만 이런 경우는 99퍼센트 없다고 해도 과언이 아니다. 근본적으로는 디자이너들 스스로가 이런 구도를 바꾸기 위해서는 채택되지 않더라도 최소한의 작업에 대한 가치를 금전적으로 결정하고 착수하는 것이 상식이겠지만 대부분 이를 오히려 비상식으로 몰고 가고 이런 상식이 진짜 상식이 되기에는 클라이언트, 디자이너 모두가 너무나 몰상식하다. 언젠가는 이런 구조가 바뀔 수 있는 문화적 토대가 마련될 수 있도록 클라이언트와 디자이너, 디자이너와 디자이너 사이의 공감대가 절실히 필요한 부분이다.

두 번째 방식인 기업이나 단체의 경우, 심사주체가 그 기업의 오너나 단체의 장이 되는 수가 대부분이다. 그 외에 발주를 주관하는 담당자 몇 명과 전문가라고 초청된 심사위원 한, 두 명 정도이다. 이 구도에서 당선에 가장 큰 영향력을 끼치는 요인이 무엇일까?

경험으로 보면 오너 맘대로인 경우가 대부분이다. 현명한 오너는 전문가의 견해와 실무자의 조건 등을 최대한 수렴해 판단을 내릴 것이고, 더욱 현명한 오너는 오너와 실무자의 제반조건과 의견을 전문가에게 설명하고 전문가가 최종 판단을 내릴 수 있도록 만든다. 최악의 경우는 주위의 눈을 고려해 공모전의 모양새만 경쟁구도로 만들어 놓은 경우이다. 오너의 지인이 소속되어 있거나 모종의 관계를 가진 업체를 대내적으로 결정해 놓고 나머지 업체들의 들러리 제안을 받는 방식인데 눈치 빠른 업체들은 판세를 재빨리 읽어내고 발을 빼지만 순진한 업체들은 소위 삽질만 열심히 하는 꼴이 되어 버린다. 디자인하는 사람들에게 가장 깊은 상처를 남기는 경우이다. 이를 제어하기 위해서는 인테리어 관련 협회나 단체에서 도덕적 잣대를 만들고 서로의 공감대를 통해 룰을 지키는 수밖에 없다. 당장은 밝은 곳으로 날아가지만 타죽는 지도 모르고 뛰어드는 불나방이 되면 곤란하지 않겠는가.

첫 번째 방식인 관이나 정부로부터 공모되는 경우는 그나마 심사위원들의 선정이나 진행 구도가 다른 두 가지의 경우에 비해 가장 투명하다고 볼 수 있으나, 인테리어 단독으로 주최되는 공모전이 거의 없다보니 이 역시 디자이너들에게는 슬픈 일이다. 종종 있다고 하더라도 설계비용이 얼마 되지 않아 경쟁방식보다는 수위계약의 형태로 진행되는 경우가 대부분이고 설계자의 깊은 의도와 무관하게 시공자는 전자입찰 등의 방식으로 또 다른 업체를 결정해 버리므로 최종적으로 원하는 결과물이 나오기도 쉽지 않다. 이런 시스템에서 시공자로 선정된 업체에게 다른 업체가 한 디자인이 눈에 들어올 리가 없다.

어떻게 하면 주어진 설계안 내에서 많은 이윤을 남길 수 있을까가 주된 관심사가 되고 이를 관리하는 주무자도 디자인의 관점에서 접근하기 보다는 업무책임에 대해 집중하게 되므로 처음 설계의도에 신경 쓸 리 만무하다. 도면대로만 시공하면 그만이지 않겠냐고 쉽게 생각할 수도 있겠지만 인테리어 과정이라는 것이 그리 간단할 리가 없다는 것은 일을 해본 사람은 다 아는 사실이다. 아무리 현장을 제대로 점검하고 실측해서 설계했다고 하더라도 그대로 딱 떨어지게 시공되는 경우는 거의 없다. 더욱이 공사 규모가 크면 클수록 그 변수도 비례해서 많아질 수밖에 없다. 공사 진행 단계에서 부딪히게 되는 수많은 변수와 돌발 상황에서 얼마나 유연하게 대처하는 지에 따라 결과물의 완성도는 하늘과 땅 차이가 되기 마련이다. 이런 프로세스에서 설계자와 시공자가 따로 노는 구도라면 결과는 뻔하지 않겠는가?

마지막으로 한 가지 경우를 더 들자면 여러 방식의 건축설계경기 내에 인테리어가 한 분야로 포함되는 경우인데, 이 역시 근래에 들어 인테리어의 중요성이 대두되는 사회 분위기가 반영된 결과라고 할 수 있다. 이런 구도에서의 문제는 많은 수의 인테리어 사무실들이 건축에서 풀어낸 전체적인 공간개념을 제대로 이해하지 못하고 전혀 다른 색깔의 디자인 작업을 하는 경우가 많다. 그러다 보니, 전체가 취합이 되면 인테리어 혼자서 튀는 어색한 작업물이 만들어진다. 더 더욱 문제는 배점을 각 분야의 전문가가 따로 하다 보니 건축, 조경, 실내건축, 디자인 등의 전체적인 조화를 읽어내고 그 기반 위에 평가하기가 어려운 부분인데 이는 심사위원을 잘못 선정하는 무지한 공무원들에게도 책임이 있다. 구조 분야의 교수가 설계 심사를 하는 경우도 있고 시각디자인 분야의 교수가 인테리어를 평가하는 말도 안 되는 상황이 연출되기도 한다. 디자이너들의 피땀 어린 노력이 어수룩한 운영미숙에 처참히 무너지는 순간이다.

한 나라의 문화수준이 올라가고 디자인이 대접을 받는 풍토가 조성되면 이러한 관행은 자연스럽게 사라질 수 있을 거라고들 얘기하지만 이 구조에 관여되어 있는 책임자들이 변화를 위해 아무런 노력도 하지 않는 이상, 우리나라 같이 보수적인 집단 안에서는 절대 바뀌지 않을 먼 나라 이야기가 될 수도 있다.

책상에서 멋진 디자인만 꿈꾸는 순진한 디자이너, 로비력만 앞세워 일을 따 내는 것이 당연하다고 생각하는 무기력해질 수밖에 없는 오너들, 설계공모전을 주최하고 운영하는 행정담당자 모두가 건강한 디자인 문화를 만들기 위해 움직일 때이다.

간판 뜯어보기

분야가 세분화되다 보면 분야간 연결고리가 끊어져 이도 저도 아닌 결과가 생길 수 있는 분야가 인테리어다.

깊이를 만들기 위한 '분야 간 경계 나누기'로 대응할 수 없는 시대가 되었다면 이젠 경계를 허물어뜨리는 유연함이 필요할 때이다.

입면 디자인 왜 하지?

우리나라만큼 유흥문화와 음식문화가 발달한 나라도 드물다. 물론 일본이나 홍콩만큼 음식 종류가 많은 건 아니지만, 한 집 건너 식당이고 두 집 건너 술집이 있는 나라는 우리나라가 최고가 아닐까 생각된다. 그만큼 요란한 간판들도 많다. 시내를 나가보면 항상 놀라고 또 놀라는 것 중 하나가 건물은 안보이고 간판만 보인다는 거다. [굳이 시내 중심가까지 나갈 필요도 없다. 집밖으로 몇 걸음만 나와도 간판들이 전쟁하듯 아우성치는 소리가 들릴 정도다] 건물 전면에 붙일 수 있는 모든 면을 도배하듯 부착한 간판들을 보고 있노라면 측은한 생각마저 든다. 아름다운 건축물을 만들기 위해 최선의 노력을 다한 건축가의 노력을 이렇게도 무기력하게 짓밟아버리다니.

물론 자치단체에서 권역별로 미관심의지구를 정해 건축물의 외관에 대한 규제를 실행하고 있긴 하지만 그 효과가 아직은 그리 만족적이지 못하다는 것이 사실이다.

유럽의 거리와 우리나라의 거리를 비교해 보면 도시 디자인에 문제가 있음을 쉽게 확인할 수 있다.

하우스 안경브랜드 'yaga' B.I 디자인
간판이나 BI, 인테리어 디자인 간의 토탈리티(totality)를 생각한 디자인

분야 간 경계를 허물어야 할 때

도시 미관을 이렇게 낙서장(?)으로 변하게 한데는 수많은 복합적인 요인들이 있다. 일단 커야 잘 보이고 손님을 끌 수 있다는 일반적인 클라이언트의 고정관념이다. 둘째, 간판업체나 사인디자인을 담당하는 전문가들의 전문성 부족이다. 셋째, 전체 디자인 과정을 제대로 총괄하지 못하는 인테리어디자이너의 떠넘기기식 사고다. 그 밖에 이와 관련된 조례나 규정에 대한 체계적인 틀이 부족한 문제도 있고 도시 디자인에 관련된 환경/ 공공디자인에 대한 인식부족도 있다. 다른 문제들은 차치하고 인테리어디자이너의 문제에만 촛점을 맞추어 보자.

사실상, 일반적인 인테리어공사에서의 작업영역이라는 것이 내부 공간 디자인에 국한되는 경우가 많다. 하지만 상업 공간 디자인의 경우, 내부 공간 디자인과 더불어 손님을 받아들이는 입구디자인, BI(Brand Identity) , 간판 디자인 등이 서로 밀접한 관계를 맺고 있기 때문에 이들 디자인을 나누어 생각해서는 곤란하다. 모든 디자인이 유기적으로 연계된 토탈리티(Totality)를 구축했을 때 각각의 디자인이 그 빛을 발할 수 있다. 그럼에도 불구하고, 보통 인테리어 견적에서 간판디자인에 관련된 부분은 제외시키는 경우가 일반적이다.

간판을 달기 위한 베이스작업까지만 인테리어가 담당하고 실제 로고를 디자인하는 전문가와 간판을 설치하는 전문가의 작업부분은 따로 나누어져 발주가 나가는 것이 관행처럼 되어 있다. 여기서 인테리어디자이너의 역할을 다시 생각해 볼 필요가 있다. 간판디자인 또는 간판설치전문가 및 로고디자이너들과 인테리어디자이너 간의 긴밀한 디자인 공조체제가 필요하다는 거다. 그런데 그게 사실상 잘 안 된다. 서로의 분야를 잘 모르기 때문이기도 하다.

그들에게 실내건축 공부를 하라고 강요할 수는 없으므로 우리 인테리어디자이너들이라도 이 분야들에 대해 공부하자. 그리고 그들과 긴밀한 협조를 나눌 수 있는 안목을 갖추고 전체 디자인의 조화를 위해 적극적으로 나서야 한다.

그래서 필자의 경우는 가능하면 간판이나 로고디자인에 직접 관여하려고 클라이언트에게 모종의 압력(?)을 넣는다. 그렇게 참여한 작업들을 통해 꽤 경험이 쌓이고 나니, 어떤 때는 주 전공보다 로고디자인 작업이 더 많을 때도 있다. 그리

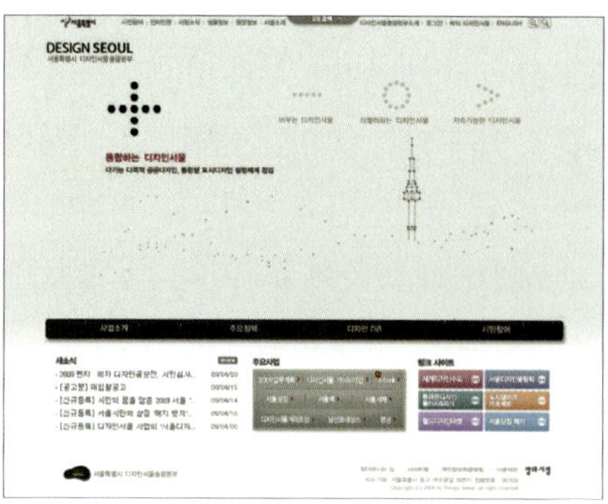

서울시의 경우 '디자인서울가이드라인'을 제정해 도시미관에 관련된 각종 공공시설물, 사인, 간판, 색채 등에 관한 지침을 만들어 도시의 토탈리티를 구현할 수 있는 틀을 구축했다.
http://design.seoul.go.kr

고 실제, 몇몇 인테리어사무실들은 시각디자인 전공자를 직원으로 채용해 내부의 그래픽디자인 및 로고디자인 작업을 직접 하기도 한다. 작업의 통일성을 구축하기 위해서는 가장 이상적인 시스템이 아닐까 생각된다.

최근에 만난 클라이언트들을 통해 느끼는 점인데, 이제는 클라이언트의 인식도 많이 달라졌다. 그만큼 문화적 안목들이 높아졌다는 증거다. 더 이상 간판의 크기와 매출이 일치하지 않는다는 걸 인식하고 있다. 무지막지한 간판들을 보면 촌스럽다고 느끼고는 안 들어가는 눈 높은 소비자들이 늘고 있다는 거다. 디자이너들이 점점 일할 맛 나는 세상이 오고 있다고 믿고 싶다.

이탈리아 밀라노 거리의 매장 사인디자인

디자이너가 건축물의 외관을 디자인할 필요가 있을까 싶을 정도로 도심 대부분의 건물들은 끔찍할 정도의 간판들이 거리풍경을 망치고 있는데도 디자이너가 할 수 있는 일이 없다는 현실이 안타까울 따름이다.

Episode

패밀리레스토랑을 디자인할 때의 일이다. 해산물뷔페를 전문으로 하는 곳이었는데, 그 때 당시 디자인 키워드는 '바다 밑 공간'이었다. 레스토랑 내부에 들어서면 바다 밑에 와있는 느낌을 만들자고 방향을 잡아 디자인을 풀어나갔다. 클라이언트와 협의하는 과정에서 공사금액, 취향 등에 대한 절충점을 찾다가 처음 의도했던 만큼의 공간을 연출할 수는 없었지만 총 공사비용을 생각하면 나름 만족할만한 작업이었다.

공사 후반부가 가까워오면서 BI 를 담당하는 디자이너들과의 미팅이 있었는데, [사실 의도적인 미팅은 아니었고 클라이언트와 우연히 동석한 자리였다] 그들의 대화를 들어보니, 로고디자인 뿐만 아니라 디스플레이에도 약간씩 관여하는 것 같았다. 그런데, 얘기가 재미있게 돌아가는 거다. 그 팀의 한 분이 '레스토랑 내부에 장식을 해서 숲속에 들어온 것 같은 이미지를 만들자'라고 클라이언트에게 얘기하는 게 아닌가? 인테리어 개념은 바다 속 공간인데 숲속 분위기를 만들자니.

게다가 내부 디자인은 나름대로의 품격을 갖춘 공간으로 초점이 맞추어져 있는데, BI 시안은 너무나도 대중적인 이미지를 보여주고 있는 게 아닌가? 서로 협의를 하자고 모인 자리가 아닌데, 나서는 것도 예의가 아닌 것 같아 그 자리를 파하고는 따로 클라이언트에게 전체 디자인 진행과정을 다시 설명했다. 클라이언트도 수긍은 하는데, 더 이상 컨트롤이 안될 만큼 일이 진행이 됐기 때문에 어쩔 수 없다는 거다. 내부를 숲속처럼 꾸미자는 의도만 취소시키는 선에서 만족할 수밖에 없었다.

완공 후, 외부에서 간판을 바라보고 있자니 착잡한 기분이었다. 너무나 이질적인 느낌이 드는데 처음부터 조절하지 못한 우리의 실수인가 하는 생각도 들었지만, 완공 시기를 맞추기 위해 어쩔 수 없었다는 걸로 억지 위안을 삼을 수밖에 없었다. 그 이후로는 되도록 디자인 시작 때부터 BI 디자인을 염두에 두고 작업하는 습성이 생겼다.

아이디어 반짝이는 사인 디자인
크기가 품위를 결정하는 것은 아니다.

- 로고타입 (Logo Type)

- Application design

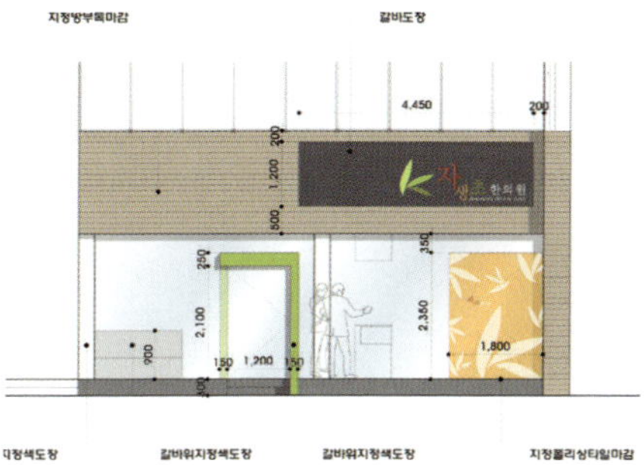

- 입면디자인

- 완공사진

6

다시 말하지만 흙 속에 묻힌 진주는 돌이다.
흙더미 밖으로 나와 반짝반짝 빛나게 닦아야 제대로 된 진주다.

많은 신입 디자이너들이 진주의 잠재력을 가지고 있음에도
사회의 틀과 본인의 미숙함으로 인해 빛 한 번 못 보고 가치 없는 돌 취급을
받으며 사라지는 것이 현실이다.
묻힌 진주가 돌 대접 받지 않고 제대로 상업적인 가치를 지니기 위해서는
어쩌면 가장 힘들 수 있는 신입 시절을 영리하게 보냄으로써 가능한
이야기일 것이다.

자신이 진주인지 돌인지 확인도 해 보지 못하고 무너지지 말고
신명나게 뛰어보지 않겠는가?

좌충우돌
신입에게

누군들 신입이지 않은 적이 있나?
주눅 들거나 계산하지 말고
우직하게 달려갈 수 있는
용기 가득한 모습의 참된 신입을
기대해 본다.

현장 나가기

신입 디자이너들에게 가장 힘든 것 중 하나가 현장의 경험 부족이다. 웬만한 경험이 쌓여도 녹록하지 않는 업무가 현장 관리 업무이다.
그만큼 돌발변수가 많고 예상치 못한 대응력이 필요한 일인데 부딪히기 전에는 어디에서도 가르쳐주지 않는다.

부딪혀 봐야 한다. 부딪힐 때마다 조금씩 단단해지는 자신을 발견할 것이고 어느새 단단해진 자신의 모습을 배우려는 새로운 신입이 나타나면 반은 성공이다.

분야를 막론하고 신입이라는 딱지는 세상에서 가장 무겁고 버거운 갑옷이 된다. 젊음이라는 패기 하나만 갖고 달려들기에는 너무나도 모르는 것투성이고 그 시절만큼은 자신이 세상에서 제일 작은 존재로 느껴질 수밖에 없다. 특히 이론과 실전 사이의 간격이 넓은 학문일수록 더욱 그럴 수밖에 없다.

대학 다닐 때 꽤나 인정받은 학생이 정작 사회에 발을 내딛는 순간부터 초라해지는 자신을 느낄 때가 적지 않은데 인테리어디자인 분야는 특히 더 하다. 작업내용 자체가 소프트한 것 같다가도 그 이면에 거칠게 부딪혀야 하는 현장 상황을 신입의 조그만 가슴으로 받아들이기엔 너무도 벅찬 환경이기에 더욱 그렇다. 마음씨 좋은 사수라도 있다면 다행이겠지만 모진 소장은 덩그러니 신입기사를 현장에 던져놓고 알아서 처리하라는 어설픈 스파르타식 교육법을 사용하는 경우도 허다하다. 참 잔인하다 싶다. 그래도 이런 환경을 잘 이겨내는 신입들을 보면 마음 한가득 박수라도 보내주어야 한다.

업무지역이나 인테리어사무실의 분위기, 그 회사가 주로 하는 디자인이나 공사의 종류의 따라 신입이 부딪혀야 할 난관도 각양각색이다. 그나마 디자인의 가치를 높이 사는 사무실은 디자인을 만들어낸다는 소박한 만족감이라도 얻을 수 있지만 판박이 도면이나, 심지어 도면 한 장 없이 공사위주로 움직이는 사무실의 신입은 1년도 안돼 좌절감을 느끼기도 한다. 신입의 끈기 있는 마인드가 필요한 만큼 제도적, 구조적 환경이 보완되어야 할 안타까운 부분이다.

사람이 제일 어렵다

신입기사가 처음 인테리어 현장을 나가면 사무실에서 도면 그리고 있을 때가 가장 행복하다고 느낄 수 있다. 규모가 제법 되는 회사는 설계팀, 시공팀, 내역팀 등 업무분야가 세분화되어 각자 해당직무가 나누어져 있지만 대다수의 국내 인테리어 사무실들은 설계와 현장관리를 나누어 운영할 만큼 규모가 크지 않은 게 일반적이다. 처음 사람 뽑을 때야 설계파트, 시공파트 생각해서 뽑는다고 하지만 일이 정신없이 돌아가다 보면 구분이 어디 있고 직무가 어디 있겠는가? 남녀노소(?) 구분 없이 부딪히는 게 일반적인 풍경이다. [TV화면에 비치는 연기자들처럼 도면만 들고 다니면서 테이크아웃 커피한잔 손에 들고 이것저것 손가락질만 하는 미화된 모습은 새빨간 거짓말이다]

신입이 처음 시공현장을 나가보면 여간 긴장되지 않는다. 모든 상황이 낯설고 현장 사람들도 친절해 보이지 않고 행여나 자신의 실수로 공사비나 시공일정에 차질이 생기지 않을까 마치 살얼음 위를 걷는 기분이 된다.

무엇보다도 신입기사에게 공사가 시작되기 전부터 가장 먼저 부담으로 다가오는 것은 예상과 달리 공사내용이 아니라 '사람'일 가능성이 크다. 현장에서 만나게 되는 사람들을 분류해 보면 클라이언트, 금속, 도배, 도장, 집기 등의 공종별

현장시공자, 건물주 등이 있을 수 있는데 어디 하나 만만한 사람들이 없다. 이들과 유연한(?) 관계를 만들어내지 못하면 일하는 내내 삐걱거릴 수 있으므로 처음부터 좋은 인상을 심어주는 것이 신입기사에게 가장 중요하다는 것을 꼭 새기고 가야 한다. [어느 정도 직급이 되는 경우야 경험을 등에 업고 현장에서 특유의 카리스마를 발휘하겠지만 경력도 얼마 안 된 상태에서 서로 편하기 위해 힘겨루기 하는 현장치고 잘 되는 현장을 단 한 번도 본 적이 없다] 이 중 가장 힘든 사람은 뭐니 뭐니 해도 클라이언트이다. 현장에서 같이 작업하는 사람이야 서로 부대끼다 보면 정도 쌓이고 서로 협력해서 일을 마무리하는 아군(?)이 될 가능성이 높지만 신입기사가 클라이언트를 아군으로 만들기는 여간해서는 쉽지 않다. 특히 현장 시공자들과 클라이언트 사이의 중재 역할을 맡아야 하는 미묘한 상황들이 빈번하게 발생할 수 있는데, 이 때 현장기사의 기지와 위트가 공사를 무난하게 끝낼 수 있게 하는 가장 중요한 부분이기 때문에 사무실 오너들이 사람 뽑을 때 능력보다도 성품을 가장 우선시하는 이유가 여기에 있다.

경험이 현장의 중요한 기반이 되는 이 분야에서 신입기사는 정말 막막할 수밖에 없다. 공정의 순서도 잘 모르고 어떤 부분을 주의 깊게 관리해야 문제를 최소화할 수 있는지도 잘 모른다. 이럴 때 가장 힘이 될 수 있는 사람이 현장의 작업자들이다. 대부분 여러 현장의 경험치가 누적된 사람들일 가능성이 높기 때문에 모르는 것이 있으면 부끄럽게 생각하지 말고 물어야 한다. 간혹 이런 상황에서 현장기사가 작업자를 부린다고 생각하거나, 아니면 작업자들이 신입이라고 깔볼 수 있다고 생각해 아는 척 넘어 가다가 큰 코 다치는 수가 있다. 디자이너는 디자이너로서 전문가이고 시공자는 시공자로서 전문가이다. 설계에서 원하고자 하는 디자인의 퀄리티를 만들어 내기 위해서는 당당하게 궁금한 점은 짚고 넘어가야 하고 현장상황에 맞게 최선의 답을 찾아내기 위해 서로 협의하는 것이 제일 중요한 신입기사의 자세임을 잊지 말아야 한다.

먹매김이 시작되면

보통 기존 건물에 새로 인테리어를 하게 되면 공사를 시작하기 위해 현장철거와 청소가 말끔하게 되어 있어야 한다. 현장철거야 철거업체 직원들이 와서 정해진 시간 내에 후다닥 해치우고 가지만 나머지 잔 청소는 현장에 남아있는 사람들이 해야 하는 경우가 일반적이다. 현장감독이라 생각해서 현장정리를 나 몰라라 하면 신입으로서는 빵점이다. 청소가 끝나면 먹줄이 바닥에 그려지기 시작한다. 비로소 공사가 본격적으로 시작되는 시점이다.

여기서부터 현장기사도 움직여야 한다. 현장기사는 먹줄놓기가 시작되기 전부터 도면과 줄자를 꺼내들어야 한다. 작업자들이 방해되지 않게 도면치수와 현장치수를 비교해서 차이가 나는 부분이 없는지 반드시 체크해야 한다. 물론 목수가 먹줄을 놓다가 도면과 맞지 않는 부분이 생기면 당연히 현장기사와 상의하는 것이 일반적이지만 어물쩍 넘어가 버리거나 꼼꼼히 대조하지 않는 경우도 간혹 발생한다. 이 때 기사가 그런 부분을 제대로 확인하지 않았다가 추후에 대형 사고가 생기는 경우도 있다. 설계 초기부터 현장치수가 제대로 반영되지 못하고 도면이 그려지는 경우도 있다 보니 [건축도면을 그대로 받아 작업하는 경우에 현장에서 오차가 발생할 가능성이 높은데 이는 건축의 시공오차와 실내건축의 시공오차에 차이가 나기 때문이기도 하고 건축물의 시공과정에서 일부 변경된 내용이 반영되지 않은 도면으로 작업하기 때문이기도 하다] 꼭 확인해야 하는 부분이다. 목수의 먹매김이 완료되고 나면 그 다음부터는 그 기준에 맞춰 뼈대를 만들어 나가기 때문에 잘못된 치수대로 목공이 시작되었다면 인건비나 작업일정에 적지 않은 차질이 생길 수 있으므로 꼭 챙겨서 확인해야 한다. 보통 목공 팀이 구성되면 도목수 아래 3~4명의 목수들이 따라 붙는데, 도목수 정도 되면 거의 재시공이 필요 없을 만큼 꼼꼼히 잘도 만들어 내지만 나머지 목수들의 작업은 경험에 따라 도면을 다르게 이해하거나 잘못된 치수로 작업하는 경우도 종종 발생할 수 있으므로 중간 중간 도면대로 시공이 되고 있는지 확인하는 작업도 현장기사의 중요한 업무이다.

사소한데 목숨 걸지 마라

신입기사가 처음 현장의 책임을 맡으면 하나부터 열까지 신경 쓰이지 않는 부분이 없다. 클라이언트의 불평, 추가요구사항, 작업자들과의 미묘한 신경전, 작업의 완성도 등등… 원래부터 푸근한 성격이라면 그것도 문제이겠지만 너무 세심한 성격이라면 그것 역시 문제가 될 수 있다. 특히 시공기간이 길어지면 노이로제에 걸릴지도 모른다. 이럴 때 가져야 하는 마음가짐은 경중을 가려 에너지를 분산시키는 거다. 합리적이지 못한 클라이언트의 요구는 납득을 시키던지 너무 무리하다 싶으면 슬쩍 무시할 줄도 알아야 하고 작업자의 작업방식이 마음에 들지 않는다고 옆에서 꼬치꼬치 따지는 불안함도 버려야 한다.

인테리어현장은 공정이 여러 가지로 나누어져 있다. 철거작업부터 시작해서 목공, 유리, 전기, 도장, 금속, 도배, 집기 등 하나 하나 신경 써야 할 부분이 한 둘이 아니다. 각 분야별 전문가들이 알아서 한다고 하나 어느것 하나 대수롭게 넘길 수 없는 것도 사실이다. 모든 내용을 완벽히 다 챙길 수 있다면 가장 이상적이긴 하겠지만 사실 신입에게는 너무나 벅찬 것 또한 사실이다. 그러다 보면 문제가 생길 때마다 어찌할 바를 몰라 당황하게 된다. 잘해보고자 하는 욕심에 정작 가장 중요하게 신경 써야할 부분과 전체공정에서 비교적 중요도가 낮은 부분을 구분하지 못하고 어설픈 홍길동이 될 수 있다는 이야기이다.

현장의 상황이나 작업자의 수준, 깔끔하게 해결되지 못한 설계나 디자인으로 인해 100퍼센트 완벽한 현장이란 존재하지 않는다. 주어진 상황이나 여건에서 최선의 결과를 얻어내는 어느 정도 여유로운 마음가짐으로 임해야 하고 최선의 결과를 얻어내기 위해서 내용의 중요도를 나누어 자신의 에너지를 적절히 분산시키는 훈련이 필요하다. 전체작업의 큰 그림을 머릿속에 그려놓고 공정과 비용, 디자인 등을 총체적으로 고려해 욕심을 버려야 할 부분은 순발력 있게 포기할 줄도 알아야 한다. 도덕적으로 들리지 않을 수도 있겠지만 그래야 나도 살고 디자인도 산다. 조그만 몰딩에 집착하다가 바닥의 카펫을 다 들어내는 완벽함은 섬세함이 아니라 무식함이다.

도면을 그릴 때는 최대한 작은 곳까지 보고 실제 시공에서는 최대한 크게 볼 줄 아는 현명함이 가장 필요한 곳이 현장이다.

기록의 중요성

상사가 볼 때, 가장 꼴불견인 경우가 회의나 작업지시 도중 멀뚱멀뚱 고개만 끄덕거리고 있는 후배를 볼 때이다. 이런 친구들이 나중에 보면 꼭 다시 물어본다. 그나마 다시 물어보기라도 하면 다행이지만 그냥 까먹고 넘어가는 상황이 발생하면 그 순간부터 직장생활은 힘들어질 수밖에 없다. 실무는 더이상 학교가 아니다. 선배나 상사가 일일이 모든 상황을 교육하듯 재차 설명해주지 않는다. 당연히 다시 묻게 되면 윗사람은 귀찮아지게 되고 믿음이 사라지기 마련이다. 신입의 입장에서 보면 기록해놓지 않았다가 헷갈리기 시작하면 다시 묻기도 애매하고 안 묻고 넘어가려니 어떻게 해결해야 될

회의명: 매장 유리공사 마무리 건 외

일시: 2007. 3. 21

참석자: 클라이언트, 실장, 현장기사, 유리업체대표 (○명)

No.	변경요구사항	비고
1	LED조명, 작업대의 상판 깨진부분, LED 조명이 내려오는대로 클라이언트 측과 협의해서 시간 맞추어 작업하기로 함	날짜 정해서 연락 주기로 함
2	상부유리(1500x600) 전기 작업하러 들어가면서 같이 작업하기로 함	
3	문짝이 떨어진 것은 피스를 잘못 한 게 아니라 물건을 너무 많이 넣어서 문을 억지로 닫으려고 했기 때문	체크 후 확인 필요
4	할로겐 조명 2개 추가(전기업체측에서 연락주기로 함)	
5	선반 모서리 처리. 샌딩 작업 다 해주고 하나는 너무 길어 추후 손봐주기로 함	
6	벽면 선반 취소함	
7	곡유리 교체를 하지 않고 가격을 낮추는 것으로 합의	
8	전시대 유리 상판 교체	

인테리어 현장의 회의록
꼼꼼히 다 기록해서 확인을 받고 보관해 두어야 추후에 발생할 수 있는 문제를 최소화할 수 있다.

지 확신도 서질 않고 혼자 끙끙 앓아야 한다. 가장 무능한 신입이다.

사무실이든 현장이든 메모하는 습관을 길러야 한다. 회의록이나 현장의 작업일지는 기본이고 상사가 이야기한 것들, 클라이언트가 요구한 문제점들, 현장에서 생긴 문제점들과 해결방안 등 모든 것을 기록으로 남기는 습관이 가장 필요한 때가 신입시절이다. 이 조그만 습관 하나가 클라이언트와의 분쟁에서 증빙자료가 되기도 하고 작업자들과의 책임소재로 말썽이 생길 때 해결의 실마리가 될 수 있다. 그리고 메모의 가장 강력한 힘은 상사의 신임을 얻을 수 있는 기본이라는 점이다.

여자도 현장 나가야 한다?

인테리어디자인은 타 분야에 비해 여성들이 선호하는 직업군에 속한다. 고상한 디자인 업무는 전체업무의 일부임에도 불구하고 여성들이 일하기에 매력적인 분야라고 생각하는 선입견 때문일 가능성이 높다. 그러다 보니, 대다수의 여자 직원들은 인테리어 현장에 나가는 걸 꺼려하는 것이 일반적이다.

사무실에서 디자인만 열심히 하면 된다고 생각하는 절름발이가 되지 않으려면 못 오게 말려도 쫓아가야 되는 게 직접 시공되는 현장인 법이다. 그럼에도 불구하고, 먼지 뒤집어쓰고 육체적인 노동을 하지 않으려는 약한 생각들이 이들을 페이퍼 디자이너로 전락시키고 있다는 점을 잘 이해하지 못한다. 사무실의 상사들도 여자직원들을 현장에 투입시키는 걸 그다지 믿음직스럽게 생각하지 않는다. 상황이 이렇다 보니, 여자직원 입장에서야 편하게 생각될 수도 있겠다. 하지만 제대로 된 디자이너가 되기 위해서 본인이 그린 도면이 어떻게 시공되는지 직접 경험하고 이해하고 문제점들을 파악하기 위해 졸라서라도 현장경험을 쌓아야 한다.

실제로 이 쪽 분야에서 일해 보면 의외로 현장에서 발로 뛰는 여성들을 적지 않게 만날 수 있다. 힘들어 보이긴 해도 매력적인(?) 모습이다. 비록 육체적으로 남성들만큼 거친 일을 하기가 수월하진 않지만 반대로 생각해 보면 현장시공만 관리하는 일반적인 남자 직원들보다 훨씬 유리한 점을 지니고 있다.

남자 신입들과 얘기해 보면 많은 경우가 디자인할 기회를 주지 않는데 불만을 가진다. 반대로 여자 신입들은 입사하자마자 능력에 넘치는 디자인 업무를 맡기고 현장 나갈 기회는 거의 주지 않는 경우가 대부분이다. 그러다 보니, 도면작업을 하면서도 실제 현장에서 도면대로 제대로 시공이 되는지, 그리고 있는 도면이 현장상황에 적합한 도면인지, 그리고 있는 도면이 시공이 가능한 도면인지, 현장감이 떨어지는 경우가 허다하다.

이런 차이로 인해 시공자는 설계자를 신용하지 않고 설계자는 도면대로 시공이 안 된다고 불만을 가지는 경우를 적잖이 만나볼 수 있다. 상황이 이렇다면 현장감과 디자인 감을 모두 지닌 디자이너가 제대로 된 디자이너 대접을 받지 않겠는가?

참된 디자이너가 되려면 여성들도 사무실에만 꽁꽁 묶여있지 말고 현장에서 구를 수 있는 용기가 필요하다. 수단과 방법(?)을 가리지 말고 현장으로 뛰쳐나가는 용기를 미래의 여성디자이너들에게 기대해 본다.

신입의
현실 공감

마지막 이야기는 신입들이 자신의 경험을 토대로 한
짤막한 이야기들이다.

참고하고 자신에게 비추어 보자.

인테리어 시공현장에서의 신입들

- 대부분의 소규모 사무실에서는 남자들이 현장업무를 주로 보고, 현장업무가 없거나 사무업무가 바쁠 때를 제외하면 대부분 여자들이 설계업무를 담당하는 것이 일반적이다.

- 사무실마다 현장을 보거나 또 신입직원에게 교육을 시키는 스타일도 다른데, 어떤 사무실은 신입 기사가 어느 정도 분위기를 파악하고 혼자 일처리를 할 때까지 옆에서 가르쳐 주기도 하지만 어떤 사무실은 신입기사가 어느 정도의 일들은 혼자 경험으로 배우게끔 내버려 두는 곳도 적지 않다. 즉, 못 미더워서 믿음이 갈 때까지 가르쳐 주거나, 아니면 알아서 잘 배울 것이라 생각하는 지나친 긍정적인 마인드를 보인다.

- 대개 신입 기사일 경우, [혼자 현장을 볼 능력이 되지 않을 경우] 현장 업무를 볼 때 현장책임자[팀장이나 소장급]와 신입기사가 동행하여 현장에 간다. 전체업무내용이나 그 날의 주요사항은 현장 책임자가 지시하고 현장 책임자는 다른 업무를 위해 그 현장을 떠난다. 신입기사는 남아 부수적인 상황을 관리 하는 구조를 갖고 있다. 이 경우, 신입 기사는 현장의 업무를 혼자 책임져야 한다는 것에 겁부터 먹고 상사가 지시한 내용에 너무 신경을 쓴 채 다른 사항들을 놓치기도 한다.

- 신입기사가 현장에 나가면 자신의 업무를 현장 청소 정도로만 생각한다. 실제로는 이것저것 스스로 공부하며 관리하는 자세가 필요한데도 불구하고 대부분의 상사들이 구체적인 업무를 가르쳐 주지 않는 경우가 많다 보니 주변 청소만 하는 수동적인 모습을 보인다.

- 보고를 꺼려한다. 현장을 관리함에 있어 보고 단계가 중요한 것은 알고 있지만, 중요하고 큰일에 있어서는 보고를 잘 하는 반면 사소하거나 애매한 상황에 있어서는 원활히 해결하지도 못하면서 사소하다는 이유로 보고를 꺼려한다.

인테리어 사무실에서의 신입들

- 처음 취업해서는 대부분 사무실의 전체적인 흐름과 사무 업무의 기초 정도를 배우게 된다. 이것도 어떤 사무실에서는 신입 직원에게 가르쳐 줄만한 바로 윗사람이 없어 그런 기초를 배우지도 못하고 바로 업무에 던져지는 경우도 있다.

- 업무를 함에 있어 강약을 모른다. 중요한 부분이나 새로 검토해야 할 만한 부분의 경중을 몰라 별로 신경 쓰지 않아도 되는 부분에 지나치게 신경 써서 작업이 늦어지는 경우가 적지 않다.

- 도면 작업이나 컬러링 등 프로그램 작업에서 자신이 모르는 부분에 기죽고 눈치를 지나치게 보면서 특별한 업무지시가 없으면 자신에게 부족한 부분에 투자한다기보다 무엇을 해야 할지 몰라 어색해 한다.

- 반대로 눈치를 지나치게 안 보는 경우도 있다. 바쁘지 않다고 개인적인 일을 하거나 채팅을 하는 빵점짜리 신입도 있다.

- 전화 받는 예절이나 손님의 방문이 있을 때, 대접하는 방법 등을 잘 모르고 어려워한다. 이는 의식적으로라도 훈련해서 유연하게 대처하는 능력을 키워야 한다.

- 상사가 업무 지시할 때 귀로만 듣는다. 메모하는 습관이 없어 또 질문하게 되는 원인이 된다.

워낙 사무실마다 업무환경들이 다양해서 자신의 경험과 완전히 일치하지는 않겠지만 대부분 공감이 가는 내용들일 것이다. 위에서 언급된 내용의 주요 요지는 '자발성'이다. 신입이랍시고 주어진 업무만 하기보다는 스스로 공부하고 찾아서 해야 할 업무가 훨씬 더 많은 곳이 대부분의 인테리어 사무실 분위기임을 다시 한 번 생각해 봐야 한다.

다음은 현재 실무에 종사하고 있는 신입이나 년차가 조금 있는 직원들의 힘든 점을 요약한 내용이다. 자신과 한 번 비교해 보고 무엇을 고쳐야 하는지 고민해 보기 바란다.

실무 경험_ 1개월 조금 넘음

힘든 점: 퇴근시간이 확실하지 않아 개인생활이 힘들다 / 상사가 밥 빨리 먹을 때 몹시 어색하다 / 사무실에 일이 없을 때 뭘 해야 할지 모른다 / 일하다가 모르는 상황이 오면 물을까 말까 고민만 한다 / 전화 받는 예절을 완전히 익히지 못해 상사로부터 꾸중을 듣는다.

실무 경험_ 1년 6개월

힘든 점: 직장에 한 몇 년 다닌 사람처럼 사무실에 모든 걸 다 알고 있어야 될 것 같다 / 프린터가 원래 오래 된 제품임에도 고장 나면 본인이 못해서 그런 것 같은 눈치가 보인다 / 존칭이나 전반적인 예절이 어렵다 / 급하지 않은 일도 퇴근시간 지나서 까지 하면서 힘들어하고 투덜댄다 / 잦은 도면 수정에도 불구하고 “이건 간단해서 쉽지?”라는 상사의 말을 들을 때 정말 힘 빠진다 / 대표가 정작 자신은 컴퓨터 못하면서 내가 다른 프로그램 사용 못하면 컴맹 다루듯 무시할 때 화가 난다.

실무 경험_ 4년

신입 때 힘들었던 점: 정해진 시간 안에 업무를 끝내야 하는데, 처음 하는 일이니까 시간이 얼마나 걸릴지, 퀄리티도 얼마나 나올지 모르고 일해야 할 때가 가장 힘들었다 / 사무실에 손님이라도 오면 처음 대접을 어떻게 해야 할지 막막해했다 / 전화가 오면 첫인사를 뭐라고 하고 받아야 할지 난감할 때가 많았다 / 사무실 청소는 언제 어떻게 해야 할지 고민했다 / 할일이 없을 때는 뭘 하면서 있어야 할지 어색했다 / 내가 한일이 제대로 맞는 건지 확신이 안서는 경우가 많았다 / 한번 설명 해준 업무에 대해 시간이 좀 지난 후에 헷갈려 다시 물어야 하나 고민했다 / 위에서 얘기하기 전에 미리 알아서 체크하고 챙겨야 하는데 신입이라 눈치 없이 가만있었다 / 시킨 일이 있는데 메모해놓지 않아서 깜빡하고 당황한 적이 있었다.

현재 상사로서 신입 직원들을 볼 때 안타까운 점: 아침 출근 시간부터 지각하고 알아서 먼저청소 시작해야 하는데 내가 시작해야 그제서 할 때 / 그것도 내가 안하면 자기도 안하고 그냥 꾹 앉아 있을 때 / 손님이 오면 차 대접 안하고 멀뚱멀뚱 있을 때 / 전화 오면 어떻게 받을지 몰라 가만있을 때 / 분위기 파악 못 하고 말실수할 때 / 일 시켜놨는데 제대로 못 해서 몇 번이고 설명하게 만들 때 / 뭘 해야 할지 몰라서 인터넷 쇼핑이나 하고 있을 때.

거의 비슷한 고민과 문제점들이다.

디자인만 잘하고 일만 잘하면 된다고 착각하면 곤란하다. 모든 직장생활이 사람들과의 관계로 이루어진다는 점을 고려할 때 신입으로서 지켜야 될 기본적인 매너와 업무 파악, 상사로부터의 눈총이나 클라이언트와의 예절 등등 실질적인 업무 내용의 밑바닥에 사회인으로서 갖추어야 할 기본부터 배워야 하는 것이 신입이다.

자, 이제 신발 끈을 묶었으면 달릴 때이다.

신입디자이너들이여,

흙 속의 진주가 제대로 그 가치를 발할 수 있도록 멋지게
도약해 보자!

에필로그

신입 디자이너들에게

마지막으로
신입디자이너들에게 하고 싶은 이야기이다.

사람은 확신이 서면 누구든 열심히 할 수 있다.
문제는 확신이란 놈이 그렇게 쉽게 생기지 않는다는 거다.

시대가 발전할수록 확신은 더더욱 어려워지기 마련이다.
그래서 나는 내게 채찍질한다.

확신이 없기 때문에 행동하는 용기를 내고
확신이 없기 때문에 용기를 낸 만큼
열정을 불태우자고.

세상에서 성공한 사람들 대다수는
다들 그렇게 성공했으므로…….